Energiewende

Klaus-Dieter Maubach

Energiewende

Wege zu einer bezahlbaren Energieversorgung

2. Auflage

Klaus-Dieter Maubach
Düsseldorf
Deutschland

ISBN 978-3-658-05473-1 ISBN 978-3-658-05474-8 (eBook)
DOI 10.1007/978-3-658-05474-8

Die Deutsche Nationalbibliothek verzeichnet diese Publikation in der Deutschen Nationalbibliografie; detaillierte bibliografische Daten sind im Internet über http://dnb.d-nb.de abrufbar.

Springer VS

Gedruckt auf säurefreiem und chlorfrei gebleichtem Papier

Springer VS ist eine Marke von Springer DE. Springer DE ist Teil der Fachverlagsgruppe Springer Science+Business Media
www.springer-vs.de

Vorwort zur zweiten Auflage

Ende Frühjahr 2014 veröffentlicht die Universität Hohenheim die Ergebnisse einer repräsentativen Umfrage zur Energiewende. Neun von zehn Befragten sehen die Bundesregierung für dieses gesellschaftliche Großprojekt in der Pflicht, aber nur jeder Vierte ist der Auffassung, dass sie dieser Verantwortung gerecht wird. Nicht nur Umfragen signalisieren, dass die Energiewende eine Großbaustelle bleiben wird. Auch eine zeitgleiche Vermessung der Energiewende lässt aufhorchen: Die Strompreise steigen, die bundesweiten CO_2 Emissionen auch und die Sicherheit der Stromversorgung kann nur mit staatlichen Interventionen garantiert werden. Kurzum: Soll und Ist liegen auseinander. Nur der steigende Anteil der erneuerbaren Energien am Primärenergieverbrauch liegt im Soll. In 2013 werden in Deutschland immerhin fast zwölf Prozent des Gesamtbedarfs aus erneuerbaren Quellen bereitgestellt; Tendenz steigend.

Nach den Entscheidungen in Folge der Fukushima-Katastrophe macht sich hinter den Kulissen Ernüchterung breit. So hatten sich Kunden, Politik, Energiewirtschaft und Zivilgesellschaft die Energiewende nicht vorgestellt. Nach außen zeigt sich die Bundesregierung trotzdem zuversichtlich. Im Koalitionsvertrag aus dem Dezember 2013 gibt sie das Ziel aus: „Wir wollen sie (die Energiewende) zu einer Erfolgsgeschichte machen und Deutschland zu einem der modernsten Energiestandorte der Welt entwickeln".

Das hört sich gut an und folglich wäre ein Koalitionsvertrag zu erwarten, der präziser beschreibt, was zu tun ist, und unausweichliche Zumutungen für die Bürger nicht ausspart. Der Zeitpunkt wäre günstig, denn die Energiewende erfreut sich immer noch überwiegender Zustimmung. Dem Wähler hätte mitgeteilt werden können, dass es die Energiewende weder zum Nulltarif noch ohne umstrittene Großprojekte geben wird. Wirklich konkret wird das Regierungsprogramm der großen Koalition nur bei der Ankündigung einer Reform des Erneuerbare-Energie-Gesetzes. Hier sollen endlich mehr Markt und Wettbewerb Einzug halten und die überflüssige Differenzierung der Fördersätze nach Technologien und Anlagengrößen zurückgefahren werden.

Die ersten, konkreten EEG-Reformvorschläge der Bundesregierung kommen schon im Januar 2014 auf den Tisch und sie zeigen überwiegend in die richtige Richtung. Trotzdem bricht der politische Streit los. Dass sich Vertreter der Verbraucherverbände, der deutschen Industrie, der etablierten Energiewirtschaft und der Betreiber erneuerbarer Stromerzeugungsanlagen kritisch zu Wort melden, war zu erwarten. Dass sich die Länderfürsten aus Bayern, Baden-Württemberg, Nordrhein-Westfalen und Niedersachen derart kritisch äußern, verwundert hingegen schon. Schließlich saßen die Ministerpräsident(Inn)en bei den Koalitionsverhandlungen mit Ausnahme des Vertreters aus Baden-Württemberg mit am Tisch. Die EEG-Vorschläge geraten trotzdem ins Räderwerk der Einzelinteressen. Am Ende steht ein politischer Kompromiss, der versucht, die Schmerzen der Reform möglichst gleichmäßig zu verteilen, um so die Zustimmung der Länder im Bundesrat zu erhalten.

Über die Reformankündigungen zum EEG hinaus hat der Koalitionsvertrag in Sachen Energiewende wenig Konkretes zu bieten. Er ist eine Liste der richtigen Themen und vagen Ankündigungen, wie zum Beispiel zur Netzregulierung oder zur Reformierung der Strommärkte. Sieht man es von der positiven Seite, so ist die Tür für ehrgeizigere Energiereformen noch offen.

Kritisch betrachtet müssen besonders die fehlenden Impulse bei Innovationen und die Absage an eine substantielle Reform des Emissionshandels angesprochen werden.

Apropos Emissionshandel: Hier formuliert die Bundesregierung eine klare Position im Koalitionsvertrag. Eine wirksame Intervention in den Emissionshandel wird es in dieser Legislaturperiode nicht geben. Damit stagniert der Preis für CO_2 Emissionen weiterhin auf einem Niveau, das einstweilen keine Investitionsanreize für klimaschonende Technologien bieten wird. Der Emissionshandel bleibt ein grundsätzlich funktionierendes, aber leider wirkungsloses Instrument zur weitergehenden Reduzierung der CO_2 Emissionen. Die Chance, eine europaweite Harmonisierung der Instrumente zur Bekämpfung des Klimawandels anzugehen, wird von der Bundesregierung nicht genutzt. Deutschland setzt auf das EEG und die EU Kommission (vergeblich) auf den Emissionshandel.

Ist es ein Zufall, dass sich die EU Kommission für diese mangelnde Unterstützung zeitgleich revanchiert? Schließlich eröffnet sie zum einen in Bezug auf das EEG ein Beihilfeverfahren gegen Deutschland. Sie prüft die Befreiung bestimmter Unternehmen von der EEG-Umlage. Zum anderen macht die Kommission im Frühjahr 2014 erste energie- und klimapolitische Vorschläge für das Jahr 2030. Ein klares CO_2-Reduktionsziel soll für die Mitgliedsstaaten verbindlich vereinbart werden. Hingegen verzichtet der Kommissionsvorschlag auf ein verbindliches Ziel zum Anteil erneuerbarer Energien. Die Mitgliedsstaaten sollen selbst entscheiden, wie sie ihre Reduktionsziele erreichen. Mehr Energieeffizienz, mehr erneuerbare Energien oder auch mehr Kernenergie, alles ist möglich. Mehr Entscheidungsfreiheit für die Mitgliedsstaaten bei der Wahl der Mittel und Wege, so ist die Botschaft der Kommission zu verstehen. Aus Deutschland kommt leiser Protest. Die Bundesregierung wünscht sich auch für den Ausbau der erneuerbaren Energien ein verbindliches Ziel für jeden Mitgliedsstaat, so ist zu lesen. Dies ist ein gleichermaßen bemerkenswerter, wie ungewöhnlicher Vorgang, denn in der Regel beklagen sich die Vertreter der Mitgliedsstaaten über zu viel Einmischung aus Brüssel. In Summe lassen die Auseinandersetzungen zwischen Brüssel und Berlin in der Energie- und Klimapolitik befürchten, dass die Fliehkräfte in Europa auch auf diesem Politikfeld zunehmen.

Energiewende findet nicht nur in Deutschland statt. Während wir uns in Deutschland immer noch für einen Vorreiter halten, bauen andere Länder an ihrer eigenen Energiewende. Beispielsweise ist Australien vor allem als weltgrößter Exporteur von Steinkohle bekannt. „down-under" erlebt jedoch seit Jahren eine Welle neuer Photovoltaik Installationen. Mehr als eine Millionen Anlagen befinden sich auf Australiens Dächern. In einigen Staaten ist der Anteil der Gebäude mit einer Photovoltaik-Anlage auf 25 % gestiegen. Unzählige, zumeist kleine Unternehmen sind als Installationsbetriebe entstanden oder betreiben Warenhäuser mit Solartechnik. Und in Kalifornien sind zwei Cousins mit ihren jeweiligen Unternehmen angetreten, die Auto- bzw. die Energiebranche umzukrempeln. Tesla Motors wird von Elon Musk geführt; sein Cousin Lyndon Rive führt SolarCity. Tesla Motors berichtet regelmäßig von steigenden Verkaufszahlen seiner Elektroautos. Die Nobelkarossen aus Kalifornien sind ein Hoffnungsträger in der ansonsten eher hinter den Erwartungen zurückbleibenden Entwicklung von Stromautos. Für Tesla Motors scheinen andere Gesetze zu gelten. Die Aktie steigt proportional zu den Verkaufszahlen von 17 US$ (Mitte 2010) auf 155 US$ (Ende 2013). Einen ebenso beeindruckenden Sprung machte die Solarcity Aktie. Ende 2012 geht Solarcity mit 8 US$ pro Aktie an die Börse. Ende 2013 steht der Kurs bereits bei 50 US$ und steigt weiter. Solarcity verkauft seinen Kunden Photovoltaik-Dachanlagen. Der Solarcity Kunde unterschreibt einen langfristigen Stromlieferungsvertrag und stellt sein Dach zur Verfügung. Den Rest macht Solarcity. Der Strom aus der Photovoltaikanlage wird an die Kunden zu einem Preis geliefert, der niedriger ist als der Bezugspreis von seinem Energieversorger – ein simples und erfolgreiches Geschäftsmodell.

Sind Tesla Motors und Solarcity die Vorboten einer neuen Zeit? Oder werden beide Unternehmen schon bald auf dem Boden der Tatsachen angekommen sein? Für Deutschland sind diese Nachrichten aus dem Ausland gleichermaßen ermutigend wie alarmierend. Ermutigend, weil neue Technologien mit E-Autos und Photovoltaikanlagen den Durchbruch schaffen können, ohne dauerhaft auf Subventionen angewiesen zu sein. Alarmierend, weil ausländische Unternehmer mit erfolgreichen Geschäftsmodellen in Auto- und Energiemärkte vorstoßen könnten und deutschen Unternehmen Marktanteile abnehmen. Ausländische Innovationen sind für die Energiewende grundsätzlich zu begrüßen. Sie sollten nur nicht dazu führen, dass für deutsche Unternehmen irgendwann der Satz gilt: „Wer nicht mit der Zeit geht, geht mit der Zeit!"

Seit der ersten Veröffentlichung im Oktober 2013 gibt es aus Anlass der zweiten Auflage dieses Buches folglich Positives und Ernüchterndes zu berichten. Den Weg, „Deutschland zu einem der modernsten Energiestandorte der Welt (zu) entwickeln", geht Berlin weiterhin ohne Koordinierung mit Brüssel und er ist nicht weniger steinig geworden. Alle Empfehlungen im Kapitel Politik für die Energiewende dieses Buches sind grundsätzlich noch richtig. Die Empfehlung zur besseren politischen Koordinierung der Energiewende ist umgesetzt. Deutschland hat einen Energieminister mit weitgehender und gebündelter Gestaltungskompetenz. Beim Emissionshandel haben die Empfehlungen hingegen kaum noch Chance auf kurzfristige Realisierung, während sie beim EEG auf weitgehende Umsetzung hoffen dürfen. In allen anderen Punkten ist abzuwarten, wie sich die Politik entscheidet.

Die Politik sollte nach der mutigen Entscheidung zum Ausstieg aus der Kernenergie weitere mutige Schritte wagen. Es braucht solche Schritte und verlässliche Rahmenbedingungen für Investoren, damit sie die deutsche Energiewende weiter finanzieren.

Das zentrale Ziel der Energiewende ist nach wie vor richtig. Die weitgehende Dekarbonisierung der Energieversorgung muss gerade von reichen Ländern angestrebt werden – Deutschland zählt dazu. Und die vorhandenen gesetzlichen Instrumente reichen immer noch grundsätzlich aus, um diesem Ziel in den nächsten Jahren näher zu kommen. Eine Nachjustierung und Nachschärfung muss schnell erfolgen und zwar über das EEG hinaus. Die Gefahr einer Entgleisung der Energiewende ist nach wie vor nicht gebannt. Steigen die Strompreise weiter ungebremst, dann sinkt die Akzeptanz beim Bürger weiter. Ein Mangel an Zustimmung kann in offene Ablehnung umkippen. Zukünftige Umfragen würden dies belegen und politische Populisten, die auf einen solchen Trend aufspringen, wären nicht fern. Insoweit haben die fast 90 % der Befragten aus der eingangs erwähnten Umfrage der Universität Hohenheim Recht: Die Bundesregierung ist in der Pflicht.

Vorwort

Die Energiewende ist eine wichtige und eine gemeinschaftliche Aufgabe für diese und für kommende Generationen. Deutschland hat, vielleicht als eines der wenigen Länder der Welt, das Potential, eine solche Energiewende anzugehen, und Deutschland hat die Chance, sie zu einem Erfolg werden zu lassen. Es wird Kraft und Geld kosten sowie Geduld und Ausdauer brauchen, bis eine fundamentale Transformation des gesamten Energiesystems vollendet sein wird; genau das ist der Anspruch an eine Energiewende.

Die Energiewende wird nur gemeinsam gelingen. Politik, Wirtschaft, Wissenschaft und wichtige gesellschaftliche Gruppen wie Kirchen und Gewerkschaften müssen zusammen arbeiten. Die Zusammenarbeit dieser Gruppen war und ist gerade in Klima- und Energiefragen schwierig. Das trifft nicht nur auf die Beziehungen der Gruppen untereinander zu, wie sich am Beispiel des Verhältnisses zwischen Energiewirtschaft und Politik zeigen ließe. Es trifft auch auf die Vertreter innerhalb der Gruppen zu, wie sich besonders deutlich an den unterschiedlichen Positionen der politischen Parteien zu Klima- und Energiefragen zeigt.

Es wäre eine Illusion zu glauben, dass sich die Interessenvertreter der vorgenannten Gruppen auf eine einheitliche, gemeinsame Marschrichtung für die Energiewende verständigen könnten. Dazu sind die Gräben leider selbst nach dem Ausstieg aus der Kernenergie immer noch zu tief. Gleichwohl wird in diesem

Buch versucht, Brücken zwischen unterschiedlichen Positionen zu bauen. Dies soll gelingen, indem bei der Behandlung von kontroversen Themen beide Seiten zu Wort kommen. Das Buch will nicht zusätzlich polarisieren und geht damit das Risiko ein, in einer Medienwelt, in der häufig nur Zuspitzungen Aufmerksamkeit erhalten, unbeachtet zu bleiben. Es geschieht gleichwohl in der Überzeugung, dass die Energiewende mehr Brückenbauer als Brunnenvergifter braucht, auch wenn Letztere bisweilen unterhaltsamer sind.

Energiewende ist ein abstrakter Begriff, der im Wandel der Zeit immer wieder anders ausgelegt wird. Wenn wir uns die Energiewende auch emotional etwas näher bringen wollen, könnten wir ihr ein paar menschliche Züge geben. Das Vorwort dieses Buches würde sich dann so anhören:

„Dies ist die Lebensgeschichte einer einzigartigen ‚Dame', also eine Biografie. Die Dame heißt ‚Energiewende'; sie ist weiblich, intelligent und manchmal ein bisschen stur. Sie könnte eine der großen deutschen Errungenschaften werden – so berühmt wie das deutsche Wirtschaftswunder nach dem zweiten Weltkrieg vielleicht. Sie ist heute schon international bekannt. Es wird genau beobachtet, wie sie sich entwickelt, auch im Ausland. Noch ist unklar, ob sie den globalen Durchbruch schaffen wird, aber sie hat das Zeug ein weiterer Markenartikel Deutschlands zu werden.

Geschrieben ist die Biografie anlässlich des 60. Geburtstags unserer Energiewende – zugegeben etwas voreilig, denn sie wird diesen runden Geburtstag erst im Jahre 2050 feiern. Geboren wurde die Dame 1990, heute ist sie eine junge Frau. Sie hat erst den kleineren Teil ihres Lebens hinter sich und hoffentlich noch viele gesunde Jahre vor sich. Der erste Teil dieses Buches beschreibt den Lebensweg über die letzten 23 Jahre. Der zweite Teil widmet sich den 37 Jahren bis 2050; hier ist die Biografie überwiegend Fiktion, allerdings verbunden mit der Überzeugung, dass sich einiges genauso ereignen wird.

Im ersten Teil des Buches wird das Leben nachgezeichnet. Die Biografie geht zurück in das Jahr 1980 und zwar in eine Zeit, in der sich die „Eltern“ den Lebensweg unserer Energiewende sehr genau überlegt hatten. Auch den Namen hatten sie schon früh ausgewählt: „Die Energiewende“. Zwischen den ersten Plänen der Eltern und der tatsächlichen „Geburt“ vergehen ziemlich genau 10 Jahre.

23 Lebensjahre liegen mittlerweile hinter unserer Energiewende. Die Deutschen fühlen sich ihr freundschaftlich verbunden; die Meisten ohne sie wirklich gut zu kennen. Manche fühlen sich als „Patentanten“ oder als „Patenonkel“. Wenige haben sogar versucht, unsere Energiewende zu „adoptieren“ und sich die „Elternschaft“ anerkennen zu lassen. Angesichts der Popularität unserer Energiewende ist der Versuch verständlich; historisch betrachtet ist das trotzdem nicht in Ordnung.

Der zweite, fiktive Teil der Biografie überspannt die Zeit bis zum 60. Geburtstag. Unsere Energiewende hat sich ambitionierte, langfristige Ziele gesetzt, die den Lebensweg vorzeichnen. Sie darf sich nicht aus dem Konzept bringen lassen, um diese Ziele zu erreichen. Das wird nicht einfach, denn gefragt oder ungefragt gibt es jede Menge Ratschläge, was sie tun und was sie lassen sollte.

Die nächsten 3 bis 5 Jahre werden jedenfalls entscheidend sein. Wie geht das Leben unserer Energiewende in dieser Zeit konkret weiter? Was sind die nächsten Schritte? Diese Fragen sollen beantwortet werden. Einen langfristigen Plan braucht es mit 23 Jahren nicht; in diesem Alter zählen noch Optionen, denn es kann immer noch Unerwartetes passieren.

Die langfristige Erwartung unserer Energiewende ist klar. Wenn im Jahre 2050 der 60. Geburtstag kommt, soll sie auf ein erfülltes und auf ein erfolgreiches „Berufsleben“ zurückblicken. Alle Ziele sind erreicht, stolz lässt sich unsere Energiewende in die ganze Welt einladen, erhält Preise für ihr Lebenswerk und hält Vorträge über eine nachhaltige und wettbewerbsfähige Energieversorgung".

Genug der menschlichen Züge, für ein nicht menschliches Projekt. Es geht in diesem Buch um die Energiewende, um die Vergangenheit der Energiewende (Teil 1) sowie um die Gegenwart und die Zukunft (Teil 2).

Wenn ich mich in diesem Buch über die Energiewende kritisch äußere und erlaube, Vorschläge zu machen, dann nur, um zum Gelingen der Energiewende beizutragen und nicht um sie grundsätzlich infrage zu stellen. Ich nehme übrigens weder bei der Kritik noch bei den Vorschlägen für mich in Anspruch, in jedem Fall geistiger Vater der dahinter liegenden Ideen zu sein. Das vorliegende Buch ist keine wissenschaftliche Arbeit, auch wenn Daten und Fakten grundsätzlich nachvollziehbar sein sollten und die folgenden Aussagen und Positionen kritischen Beleuchtungen standhalten sollten. Es wurde nirgendwo wörtlich abgeschrieben, ohne dies kenntlich zu machen, und es wurde sorgfältig recherchiert, um auf einer überprüfbaren Datenbasis zu argumentieren. Wenn sich dabei Fehler eingeschlichen haben, bitte ich diese zu entschuldigen.

Anders als manch andere Veröffentlichung zum gleichen Thema ist dieses Buch keine Auftragsarbeit. Es ist nicht durch eine politische Partei oder eine den politischen Parteien nahestehende Organisation beauftragt. Dieses Buch ist keine abgestimmte Positionierung mit einer wichtigen gesellschaftlichen Gruppe, wie den Gewerkschaften, Kirchen oder anderen wichtigen Nicht-Regierungsorganisationen. Es ist auch nicht durch die Energiewirtschaft oder deren Zulieferindustrie beauftragt, weder durch deren Verbände, noch durch Unternehmen. Ich selbst hatte in meinem bisherigen Berufsleben die Freude, für verschiedene Unternehmen der Energiewirtschaft zu arbeiten. Jede nachfolgende Kritik an der Energiewirtschaft ist daher auch Selbstkritik und Eingeständnis von eigenen Fehlern oder Versäumnissen.

In diesem Buch gebe ich meine Meinung wider. Bemüht habe ich mich um die Ausgewogenheit der Argumente, auch dann, wenn ich abschließend zu einer eigenen Position gekommen bin. Aufgeschrieben habe ich all dies in einer Zeit, in der ich völlig frei war zu schreiben, was ich für richtig und wichtig halte. Ich möchte den Menschen herzlich danken, die mit ihren wertvollen Hinweisen, kritischen Anmerkungen und Fragen zum Gelingen des Buches beigetragen haben. Es sind insbesondere Dr. Hans-Dieter Harig, Hans-Georg Koberg, Prof. Markus Lienkamp und Gabrielle Pfaff. Nicht zuletzt danke ich meiner Frau Andrea. Ohne sie wäre mir vieles nicht gelungen, so eben auch dieses Buch.

Es wird sich zeigen, für wen dieses Buch interessant ist. Ganz sicher habe ich es für die Studierenden geschrieben. Dieser Begriff wird an den Universitäten genutzt, um nicht jedes Mal von „Studentinnen und Studenten" sprechen zu müssen. Sofern sie aus Deutschland kommen und im Land bleiben, müssen sie mit der Energiewende und ihren positiven und negativen Folgen noch lange leben. Das ist den jungen Menschen sehr wohl klar und vermutlich interessieren sie sich auch deshalb für die Energiewende in zunehmendem Maße.

Seit einigen Jahren lese ich an der TU Clausthal „Elektrizitätswirtschaft", so der Name der Vorlesung. Sie beschäftigt sich mit der Stromwirtschaft in Deutschland und versucht zu vermitteln, wie dieser Zweig der Energiewirtschaft in seinen einzelnen Wertschöpfungsstufen und als Gesamtsystem funktioniert. In diesen spannenden Jahren der Energiewende bleibt am Ende der Veranstaltung häufig eine gewisse Unzufriedenheit. Immer wenn die Sache mit dieser einzigartigen Energiewende spannend werden könnte, ist regelmäßig die Zeit um. Die zu vermittelnden Daten, Fakten und grundsätzlichen Zusammenhänge verbrauchen leicht die zur Verfügung stehenden Wochenstunden.

In der Vorlesung bleibt jedenfalls keine Zeit für die Geschichte vieler historischer Entwicklungen und auch keine Zeit für tiefergehende Ausführungen. Es kann auch nicht erläutert werden, dass die Energiewende ein völlig anderes Energiesystem schlechthin erfordert und damit weit über die Stromwirtschaft hinausgeht. Die Studierenden sind aber gerade daran interessiert und zwar gleichgültig, ob sie aus Deutschland oder aus dem Ausland kommen. Vermutlich hatte Martin Kießling als Autor nicht nur die Wissbegierde von Studierenden im Kopf, als er sein Gedicht „Fragen" schrieb:

Du kannst so vieles erst verstehen
Wenn du dir selbst die Neugier lässt.
Wer Augen schließt um Schönes nur zu sehen,
der wird dem Blinden gleich und vieles ihm entgehen
Von all dem Welt gewordenen Rest.

Gestatte dir, dich hin zu neigen
zu dem, was dich zur Frage drängt.
Das ist uns Menschen seltsam eigen
Drum möge man uns bitte zeigen
Wie alles stets zusammenhängt.

Sie haben also jede Menge „Fragen" die Studierenden und sie wollen verstehen, „wie alles stets zusammenhängt" in dieser Energiewende. Und sie sind nicht die Einzigen. Für mich lag es jedenfalls nahe, diese Fragen aufzunehmen und meine Antworten in einem Buch aufzuschreiben. So ist dieses Buch entstanden – und lesen dürfen es natürlich nicht nur die Studierenden.

Inhalt

Teil II

Abkürzungen

BDI	Bundesverband der deutschen Industrie
BKartA	Bundeskartellamt
BNetzA	Bundesnetzagentur
BUND	Bund für Umwelt und Naturschutz Deutschland
CCS	Carbon Capture and Storage
CDU	Christlich Demokratische Union
CO_2	Kohlendioxid
CSU	Christlich Soziale Union
DM	Deutsche Mark
DNS	Desoxyribonukleinsäure
EEG	Erneuerbare-Energien-Gesetz
EnWG	Energiewirtschaftsgesetz
ETS	Emissions Trading System
EU	Europäische Union
FDP	Freie Demokratische Partei
GROWIAN	Große-Wind-Anlage
GuD	Gas-und-Dampf
GWB	Gesetz gegen Wettbewerbsbeschränkungen
H	Stunde
J	Joule
kW	Kilowatt
kWh	Kilowattstunde
Cbm	Kubikmeter
MW	Megawatt

MWh	Megawattstunde
OECD	Org. for Economic Co-operation and Development
PKW	Personenkraftwagen
PS	Pferdestärke
RegTP	Regulierungsbehörde für Telekommunikation und Post
RÖE	Rohöleinheit
SKE	Steinkohleeinheit
SPD	Sozialdemokratische Partei Deutschland
TEHG	Treibhausgas-Emissionshandelsgesetz

Einführung

Worum geht es bei der deutschen Energiewende? In Kurzform geht es um die vollständige Transformation des Energiesystems eines Industrielandes, das sich von einer kohlenstoffbasierten Versorgung mit Energie verabschiedet und auf eine nachhaltige, regenerative Basis der Energieversorgung umstellt. Um diesen Prozess der Transformation zu erläutern, müssen einerseits politische und gesellschaftliche Entwicklungen, aber andererseits auch technische und energiewirtschaftliche Zusammenhänge beschrieben werden. Dazu braucht es physikalische Einheiten, mit denen die Dimension vergangener und zukünftiger Entwicklungen auch zahlenmäßig erfasst werden kann.

Für Energiewirtschaftler sind diese Zahlen und Einheiten zumeist selbstverständliches Instrumentarium. Die nachfolgende Einführung in einige elementare Einheiten ist daher nicht für den Energieexperten gedacht; sie können die nachfolgenden Seiten getrost überspringen. Die Leser, die sich jedoch immer schon fragten, warum das alles so kompliziert sein muss und warum sich energiewirtschaftliche Beschreibungen besonders durch ein Wirrwarr von Zahlen und Einheiten auszeichnen, mögen die nachfolgende Zeilen hingegen hilfreich finden.

Die Energiewirtschaft umfasst die Erdöl-, Kohle-, Erdgas-, Fernwärme-, Strom-, Solar-, Windkraftwirtschaft usw. Viele Energiewirtschaftszweige nutzen ihre eigenen jeweils branchenspezifischen Einheiten, um Energiemengen und Leistungseinheiten zu bezeichnen. Aber was ist Energie und Leistung eigentlich, und wie hängen diese beiden Dinge zusammen?

„Energie" und „Leistung" sind physikalische Größen, die über die physikalische Einheit „Zeit" miteinander verknüpft sind: Erbringt eine technische Anlage über eine bestimmte „Zeit" eine konstante „Leistung", benötigt diese Anlage dafür „Energie". Diese „Energie" errechnet sich aus dem Produkt von „Leistung" und „Zeit". Oder als Formel:

$$\text{Energie} = \text{Leistung} \times \text{Zeit}.$$

Entsprechend kann „Leistung" auch aus folgender Formel errechnet werden:

$$\text{Leistung} = \text{Energie}/\text{Zeit}.$$

Die Begriffe Energie und Leistung verwenden wir auch umgangssprachlich. Unbewusst, aber wie selbstverständlich stützen wir uns auf die oben genannte Formel ab. Wir sprechen von einer großen Leistung, wenn jemand eine bestimmte Arbeit (= Energie) in einer sehr kurzen Zeit erledigt hat. Die Leistung war geringer, wenn die gleiche Arbeit eine längere Zeit gedauert hat.

Als physikalische Größen können wir Arbeit und Leistung berechnen, wenn wir die Zeit berücksichtigen. Ein Beispiel: Auf jedem Leuchtmittel, umgangssprachlich manchmal auch als Glühbirne bezeichnet, finden wir eine Leistungsgröße, die üblicherweise in Watt (kurz: „W") angegeben ist. Ein Leuchtmittel mit 20 W leuchtet weniger hell, als ein Leuchtmittel mit 100 W. Physikalisch würde man bei der 20 W Glühbirne von einer geringeren Leistung sprechen.

Lässt man die 100 W Glühbirne 10 h „brennen", verbraucht sie in dieser Zeit elektrische Energie. Entsprechend der oben genannten Formel berechnet sich der Energieverbrauch aus dem Produkt von Leistung und Zeit, wobei die Zeit mit der physikalischen Einheit „h“ (lat.: hora) abgekürzt wird. Die Formel für den Energieverbrauch lautet: 100 W × 10 h = 1.000 Wh. Der Energieverbrauch beträgt 1.000 Wattstunden. Wenn nunmehr 1.000 wiederum mit Kilo (kurz: „k“) abgekürzt wird, beträgt der Energieverbrauch 1 kWh (sprich: eine Kilowattstunde).

Physikalisch ist die Bezeichnung Energieverbrauch genauso wie die Bezeichnung Energieerzeugung nicht korrekt. Energie wird weder verbraucht noch erzeugt, sondern nur umgewandelt. Auf längere Ausführungen, warum dies so ist, wird verzichtet. Alle Experten der Physik und Thermodynamik mögen verzeihen, dass in diesem Buch gleichwohl umgangssprachlich von Energieverbrauch und Energieerzeugung gesprochen wird.

Wie einfach wäre es, wenn sich die Energiewelt darauf verständigen würde, Energie in Wattstunden und Leistung in Watt anzugeben. Tut sie aber leider nicht. Der angesprochene Wirrwarr der Einheiten entsteht durch zwei in den technischen Einheiten miteinander verbundene Effekte. Erstens werden in den verschiedenen Wirtschaftszweigen und den Energiestatistiken unterschiedliche Energieeinheiten verwendet; hier einige Beispiele:

Mineralölwirtschaft: 1 RÖE (= 1 Rohöleinheit)
Erdgaswirtschaft: 1 cbm (= 1 Kubikmeter)
Kohlewirtschaft: 1 SKE (= 1 Steinkohleeinheit)
Fernwärmewirtschaft: 1 J (= 1 Joule)
(und viele weitere Statistiken)

Alle vorgenannten Einheiten für Energie lassen sich mit entsprechenden Faktoren ineinander umrechnen, auch in Kilowattstunden. So entspricht zum Beispiel 1 kg SKE (sprich: ein Kilogramm Steinkohleeinheit) genau 8,141 kWh (sprich: 8,141 kWh). Zur Vereinfachung wird im Weiteren auf die Verwendung von branchenspezifischen Energieeinheiten verzichtet. Für die Energie wird die Einheit „Kilowattstunden“ und für die Leistung die Einheit „Kilowatt“ verwendet. Beides ist zwar für einige Energiewirtschaftszweige unüblich, dient aber der Vereinfachung und dem besseren Verständnis.

Zweitens werden zur Beschreibung von Sachverhalten bisweilen kleine bzw. große Energiemengen und Leistungseinheiten benötigt. Dies geschieht üblicherweise über Abkürzungen, die den Einheiten für Energie und Leistung vorangestellt werden. Wie schon erwähnt, entspricht eine Kilowattstunde (kurz: 1 kWh) 1.000 Wattstunden (kurz: 1.000 Wh). Kilo steht also für den Faktor 1.000 und wird mit „k“ abgekürzt. Im Weiteren werden ausschließlich die folgenden Abkürzungen verwendet:

1.000: ein Tausend oder ein Kilo; abgekürzt: 1 k
1.000.000: eine Million oder ein Mega; abgekürzt: 1 M

Für Energieeinheiten werden entweder Kilowattstunden (kurz: „kWh“) oder Megawattstunden (kurz: „MWh“) verwendet, für Leistungseinheiten gilt entsprechend Kilowatt (kurz: „kW“) oder Megawatt (kurz: „MW“).

Eine Auseinandersetzung mit der Energiewende kommt zudem nicht aus, ohne über betriebswirtschaftliche und volkswirtschaftliche Entwicklungen zu berichten und diese zu bewerten. Dazu sind Preise und Preisentwicklungen essentiell. Preise werden üblicherweise in Form von Geldeinheiten pro Produktionseinheit erfasst. Für die Energiewirtschaft gibt es eine Vielzahl von solchen Preisen, die zumeist eng mit den unterschiedlichen, branchenspezifischen Energie- oder Leistungseinheiten verknüpft sind.

Zur Vereinfachung werden im Weiteren die bereits eingeführten Einheiten für Energie und Leistung auch als Bezugsgrößen für Preise verwendet. Im Ergebnis werden Energiepreise ausschließlich in „Euro pro Kilowattstunde“ oder in „Euro pro Megawattstunde“ ausgewiesen und Leistungspreise werden ausschließlich in „Euro pro Kilowatt“ oder in „Euro pro Megawatt“ angegeben. Dies geschieht selbst dann, wenn es im entsprechenden Kontext branchenunüblich sein sollte.

Das vorher gesagte lässt sich an einem, uns allen bekannten Beispiel anwenden: Dem Automobil. Wie selbstverständlich verwenden wir unsere automobilspezifischen Leistungs- und Energiebegriffe und natürlich Preise. Es wird an diesem Beispiel schnell deutlich, wie ungewöhnlich für uns die Umstellung auf Kilowatt und Kilowattstunden ist.

Jeder kennt aus dem Alltag die Abkürzung „PS“ für die Leistung eines Automobils. Es ist eine typische, branchenspezifische Abkürzung, die in keinem anderen Sektor Anwendung findet. Die Abkürzung steht für Pferdestärken und stammt aus einer Zeit, in der das Automobil mit Pferden als Transportmittel für den Güter- und Personenverkehr im Wettbewerb stand und „PS“ damit eine nützliche, weil vergleichbare Leistungseinheit war. Diese Einheit hat sich bis in heutige Zeiten erhalten, auch wenn der Wettbewerb zwischen Automobil und Pferd schon lange zugunsten des Automobils entschieden ist. In Deutschland ist es seit vielen Jahren über eine entsprechende Norm vorgeschrieben, dass die Leistung eines Automobils in „kW“ (sprich: Kilowatt) anzugeben ist. Ein Kilowatt (oder kurz: 1 kW) entspricht 1.000 W (oder kurz: 1.000 W). Und ein Kilowatt entspricht 1,36 Pferdestärken (also: 1 kW = 1,36 PS).

Der durchschnittliche Spritverbrauch eines Automobils wird üblicherweise in Liter Benzin oder Diesel pro 100 km angegeben, so wie auch das Betanken des Fahrzeuges über Liter abgerechnet wird. Tatsächlich wird damit der Energieverbrauch des Fahrzeuges auf einer Wegstrecke bzw. die Beladung des Energiespeichers im Auto, dem Tank, beschrieben. Ein Liter Benzin enthält eine Energie von ca. 8,5 kWh (sprich: 8,5 kWh). Ein mit Normalbenzin betriebenes Automobil verbraucht folglich bei 8 L auf

100 km Wegstrecke ca. 70 kWh Energie oder speichert bei einem Tankvolumen von 80 L entsprechend ca. 700 kWh Energie.

Wird ein Automobil an einer Tankstelle vollgetankt und werden innerhalb von ca. 6 Min 80 L in den Tank gefüllt, findet der Tankvorgang mit einer bestimmten Leistung statt. Diese durchschnittliche Tankleistung könnte mit 80 L pro 6 min, also mit 800 L pro Stunde (= 60 min) angegeben werden. 800 L entsprechen ca. 7.000 kWh, damit wäre die Tankleistung mit 7.000 kWh pro Stunde, also mit einer Leistung von 7.000 kW oder 7 MW richtig beschrieben.

Wem dies alles noch natürlich erscheint, dem sei der Preis des Benzins in anderen Energieeinheiten als üblich angeboten. Wer könnte an einer Tankstelle etwas mit einem Preis von 18 Cent pro Kilowattstunde oder 180 € pro Megawattstunde für den Liter Sprit anfangen? Obgleich eine solche Tankstelle ihre Spritpreise korrekt, ab er eben anders ausweisen würde, wäre sie vermutlich sehr schnell pleite. Kein Kunde würde kommen und tanken, weil die Vergleichbarkeit der Preise nicht gegeben ist.

Das Jonglieren mit den entsprechenden Einheiten und Zahlen gehört zum Alltag eines Energiewirtschaftlers. Leider passieren dabei schon einmal Fehler, auch für diese Arbeit können solche nicht ausgeschlossen werden. Die jeweiligen Branchenexperten werden vielleicht erwarten, dass Energie-, Leistungs- und Preisangaben in den branchenüblichen Einheiten erfolgen. Darauf habe ich allerdings mit dem Ziel einer Vergleichbarkeit und mit Rücksicht auf die Nicht-Experten verzichtet.

Teil I

Eine kurze Geschichte der Energiewende

Fukushima und Ausstieg (2011)

Am 12. Juni 1896 ereignet sich vor der Ostküste Japans das sogenannte Meiji-Sanriku Erdbeben. Sanriku ist der Küstenname im Nordosten der japanischen Hauptinsel Honshu. In knapp 200 km Entfernung vor der Küstenlinie schiebt sich auf einer Strecke von mehreren 1.000 km die Pazifische Platte unter Ausläufer der Eurasischen und Nordamerikanischen Platte. Die Bewegung der Erdplatten bauen Spannungen gegeneinander auf, die sich irgendwann über Erdbeben abbauen.

Das Meiji-Sanriku Erdbeben löst einen schweren Tsunami aus. Tsunami ist dem allwissenden Internet zufolge der japanische Ausdruck für „Hafenwelle". Japanische Fischer haben dieser furchterregenden Naturerscheinung einen Namen gegeben. Der Tsunami im Jahre 1896 ist eine riesige Hafenwelle. Sie wird an der Küste teilweise mit über 38 m Höhe gemessen. Die Fischer auf hoher See bemerken von dieser Hafenwelle nichts. Als sie jedoch in ihre Häfen zurückkehren, können sie nur noch die Verwüstung von fast 10.000 Häusern und den Tod von mehr als 20.000 Mitmenschen feststellen.

Trotz dieser furchtbaren Katastrophe ereignet sich erst noch ein weiteres, schweres Erdbeben mit anschließendem Tsunami, bevor die Menschen beginnen ein Frühwarnsystem aufzubauen. Das Shōwa-Sanriku Erdbeben erschüttert die Erde im Jahre 1933 an fast gleicher Stelle, allerdings etwas weiter von der Küstenlinie entfernt. Auch bei diesem Erdbeben lassen viele Japaner ihr Leben.

Das Shōwa-Sanriku Erdbeben aus dem Jahre 1933 nimmt Platz drei der stärksten Erdbeben in Japan ein. Das Meiji-Sanriku Erdbeben aus dem Jahre 1896 steht auf dem unrühmlichen zweiten Platz. Am 11. März 2011 ereignet sich das schwerste und folgenreichste Erdbeben im Nordosten Japans. Es wird als Tōhoku-Erdbeben in die Geschichtsbücher und bei Wikipedia eingehen.

Die Epizentren der drei Erdbeben aus den Jahren 1896, 1933 und 2011 liegen nicht einmal 200 km auseinander. Drei schwere Erdbeben und drei Tsunami innerhalb von etwas mehr als 100 Jahren. Und Japan erlebte noch viele weitere Erdbeben und Tsunami, die glücklicherweise nicht die gleichen Ausmaße haben und nicht die gleichen Schäden verursachen. Zwischen den Erdbeben aus den vorherigen Jahrhunderten und dem Erdbeben aus 2011 gibt es gleichwohl einen Unterschied. Nur 2011 trifft der durch das Erdbeben ausgelöste Tsunami auf eine japanische Küste mit Standorten für mehrere Kernkraftwerke.

Das Tōhoku-Erdbeben ereignet sich um 14.47 Ortszeit. Vom Zeitpunkt des Bebens braucht die Flutwelle keine Stunde bis sie die Strecke bis zur Ostküste Japans überwunden hat. Die Welle landet nicht nur an den Küsten Japans. Nach 6 h Reisezeit erreicht sie Indonesien, nach 9 h die Kanadische- und US-Amerikanische-Westküste, und sie braucht fast einen ganzen Tag, bis sie auch Süd-Amerika erreicht.

Die Schäden und Opferzahlen sind nur in Japan hoch. Die Flutwelle rast mit einer Geschwindigkeit von mehreren 100 km pro Stunde auf die Küste Japans zu. Auf hoher See wäre für einige Menschen ein sicherer Platz gewesen als in ihren Häusern in den Küstenstädten und -dörfern. Je nach Küstenformation türmt sich die Welle bis zu 40 m in die Höhe. Trotz eines Tsunami Warnsystems lassen mehr als 15.000 Menschen ihr Leben.

Unmittelbar infolge des Erdbebens wird eine ganz Reihe von Kernkraftwerken automatisch abgefahren. Wie für solche Fälle vorgesehen, wird die Stromproduktion sofort eingestellt. Zu den betroffenen Anlagen zählen auch mehrere Blöcke des Kernkraftwerkes Fukushima-Daiichi (kurz: Fukushima). Als der Tsunami auf die japanische Ostküste trifft, ist nicht nur die Stromproduktion eingestellt, die Blöcke sind auch vom Netz getrennt. Dies ist eine Folge der Erdbebenschäden im Versorgungsnetz. Die Notstromdiesel der Kraftwerke laufen zu diesem Zeitpunkt. Sie versorgen die Reaktoren mit Strom, der u. a. zur Nachkühlung der Brennelemente in den Reaktoren und in den Abklingbecken benötigt wird.

Die Bilder der Verwüstung durch den Tsunami gehen um die Welt. Der Tsunami zum Weihnachtsfest 2004 an der thailändischen Küste ist noch in Erinnerung, aber diese Verwüstung geht über das seinerzeit Gesehene hinaus. Mit unvorstellbarer Kraft bahnt sich die Flutwelle ihren Weg in das Herz japanischer Küstenstädte und zerstört alles, was sich ihr in den Weg stellt. Es sind apokalyptische Bilder, die wir im Fernsehen ungläubig verfolgen.

Häuser werden aus den Fundamenten gehoben, schwimmen einige Meter mit der Flutwelle, bis sie schließlich durch die Wassermassen zerdrückt werden. Ganze Straßenzüge werden überspült, Autos und Busse werden schwimmend mitgerissen. Boote werden losgerissen, an Brücken gespült und so lange von der Kraft des Wassers an Brückenkörper gedrückt, bis sie dem Druck nicht mehr standhalten und zerschellen. Verwüstung ist das Wort, das richtig beschreibt, was wir im Fernsehen und Internet live erleben müssen.

Die Bilder des 11. September 2001 schockierten die Menschen weltweit in vergleichbarer Weise, damals war es ein Terroranschlag, diesmal eine Naturkatastrophe. Das Leid der betroffenen Menschen und die Ohnmacht, sich gegen das nicht Vorhersehbare in Sicherheit zu bringen, sind gleich. In diesen Stunden und nachfolgenden Tagen schaut die Welt nach Japan und viele Menschen bewundern die Japaner. Mit einer uns Europäern fremden Demut und Selbstdisziplin ertragen die Japaner diese Katastrophe, so jedenfalls die überwiegende Berichterstattung der Medien.

Während die Medien in aller Welt insbesondere über die Folgen des Tsunami berichten und Hilfsangebote von den Regierungen aus aller Welt in Japan eingehen, haben die Deutschen schnell ein Thema gefunden, was außerhalb Deutschlands bei weitem nicht die gleiche Aufmerksamkeit erhält. Es sind die Kernkraftwerke an der japanischen Ostküste, über die in Deutschland rund um die Uhr berichtet wird. Bisweilen könnte man glauben, diese Kernkraftwerke stehen an der britischen Ostküste.

Japan, ein den Deutschen seit vielen Jahrzehnten eng verbundener Partner, kämpft mit den tragischen Folgen von Erdbeben und Tsunami, trauert um die Toten, bangt um die Vermissten. Wir Deutschen haben uns gleichwohl entschieden, nicht nur über die Ereignisse in Japan zu sprechen, sondern auch über die Folgen dieser Katastrophe für Deutschland zu debattieren. Im Ausland schüttelt man den Kopf über uns Deutsche.

Die allermeisten Bürger und Politiker, die sich in jenen Tagen in Deutschland öffentlich äußern, sind ehrlich betroffen und mitfühlend mit dem japanischen Volk. Wenigen Mitbürgern ist eine gewisse Pflichtschuldigkeit der Anteilnahme anzusehen. Sie wollen die Gelegenheit, das Thema Kernenergie in Deutschland neu aufzurufen, nicht verpassen. Die Frage, wie gefährlich deutsche Kernkraftwerke sind, kann offenbar nicht einmal Tage warten. Für den Mann auf der Straße entsteht der Eindruck, als ob tatsächlich Gefahr im Verzug wäre; wohlgemerkt in Deutschland, 9.000 km entfernt von Japan. Erdbeben und Tsunami sind in Deutschland zwar nie erlebte Naturkatastrophen, aber zu dieser Transferleistung sind nicht alle in der Lage. Jodtabletten und Geigerzähler sind jedenfalls ausverkauft.

Die Emotionalität des Moments wird von den Gegnern der Kernenergie geschickt und professionell genutzt. Ein rationaler Umgang mit den Ereignissen in Japan ist nicht möglich. Angetrieben wird die öffentliche Meinung durch Live-Bilder im

Fernsehen und Internet, die wiederholt folgende Bildsequenzen zeigen. Da sieht man die Flutwelle mit ihrer unvorstellbaren Zerstörungskraft. Bilder der zerstörten Regionen, Städte und Landstriche zeigen in dramatischer Weise, was vorher war und nun nicht mehr ist. Das Fernsehen sendet Direktübertragungen von den Fukushima Reaktoren. Die Wasserstoffexplosionen der Reaktorgebäude in Fukushima werden immer und immer wieder gezeigt. Alle Bilder brennen sich in das Gedächtnis der Menschen ein, wie das Anfliegen der Flugzeuge auf die World Trade Center in New York im Jahre 2001. Und über allem das unvorstellbare Leid der Menschen in Japan, die realisieren, dass sich dieser Albtraum in ihrem Lande wirklich abspielt.

Nicht wenige Menschen, auch und vielleicht gerade in Deutschland, werden die Bilder der Tsunami Katastrophe mit Bildern aus Kriegsgebieten in Verbindung bringen. Wir kennen die Bilder flächendeckender Zerstörung von Städten, insbesondere nach dem zweiten Weltkrieg. Wir kennen auch Bilder aus den japanischen Städten Hiroshima und Nagasaki nach den Atombombenabwürfen kurz vor Ende des 2. Weltkrieges. Es ist den Menschen bewusst, dass die Zerstörungen in den japanischen Küstengebieten eine Folge des Erdbebens und des anschließenden Tsunami sind. Sie sind eben nicht durch die tragischen Ereignisse im Kernkraftwerk Fukushima zustande gekommen. Gleichwohl scheinen viele Menschen diese Bilder und Erlebnisse emotional miteinander zu verbinden.

Was will man unseren Landsleuten also Vorwürfe machen, wenn sie aufgrund der eigenen Geschichte anders reagieren, als die meisten europäischen Nachbarn? Über die Medien äußern sich auf allen Kanälen wirkliche Experten und solche, die sich dafür halten. Bemerkenswert sachlich übrigens, so lange es um die tatsächlichen Vorgänge in japanischen Kernkraftwerken geht. Werden manche dieser Experten aber zur Sicherheit der deutschen Anlagen befragt, sieht es mit der Sachlichkeit schon wieder anders aus. Auch dies schürt Besorgnisse im Lande. Anders als in einer ähnlich schwierigen Situation (sozusagen in Anlehnung an die Reaktion nach dem Kollaps von Lehman Brothers im Jahre 2008) treten übrigens Kanzlerin und der für Reaktorsicherheit zuständige Umweltminister nicht vor die Kameras und Mikrofone der Journalisten und sagen: „... Wir sagen den Bürgerinnen und Bürgern, dass ihre Anlagen sicher sind. Auch dafür steht die Bundesregierung ein ...".

Bei den Kernkraftwerksbetreibern weltweit, aber eben auch in Deutschland, werden die Vorgänge in Japan aufmerksam und mit hohem Aufwand begleitet. Die Krisenstäbe der Unternehmen sind rund um die Uhr im Einsatz. Jeder Schritt, jede Maßnahme wird nachvollzogen, sobald sie über die Vorgänge informiert werden. Vor dem Hintergrund der insgesamt dürftigen Informationslage ist es schwierig, sich ein Bild der Lage in den japanischen Kernkraftwerken zu machen. Alle fiebern mit den Kollegen in Japan und hoffen, dass die Japaner die Lage in den betroffenen Reaktoren stabilisieren können. Viele ahnen schon frühzeitig, dass es sich um sehr schwere Unfälle handelt, die vermutlich mit sogenannten Kernschäden in einigen betroffenen Reaktoren enden werden.

Viele Mitarbeiter in deutschen Kernkraftwerken kennen Kollegen der japanischen Betreiberfirma aus internationalen Gremien und Konferenzen. Sie haben wenigstens eine Vorstellung davon, was sich vor Ort in Japan abspielt und welche schwierigen Entscheidungen dort zu treffen sind. Der gigantische Sachschaden spielt bei den Diskussionen keine Rolle. Es geht ausschließlich um die Menschen vor Ort. Kann man Kollegen immer noch in die Anlage schicken? Was kann vor Ort noch verantwortet werden? Wenn niemand mehr in der Anlage ist, wird diese dann ihrem Schicksal überlassen, mit anschließend noch weitreichenderen und kaum kalkulierbaren Folgen? Welche Hilfe kann angeboten werden? Was fällt den Experten in Deutschland ein? Was würden sie tun, wenn sie Verantwortung in Japan tragen würden?

All diese Fragen beschäftigen die Menschen, die in der deutschen Kernenergie Industrie tätig sind in jenen Tagen rund um die Uhr.

In den Fachkreisen der Nukleartechnik gibt es zudem eine intensive Diskussion, ob die Kernenergie noch verantwortbar ist. So intensiv und zweifelnd hat es dies in der Gemeinschaft der Befürworter der Kernenergie selten gegeben. Die fundamentale Frage in dieser Diskussion lautet: Haben wir in Fukushima einen Unfall im sogenannten Restrisiko erlebt? Die Diskussion erscheint fast zynisch vor dem Hintergrund der immer noch ablaufenden Katastrophe in Japan. Doch sie entsteht in diesen Fachkreisen aus Selbstzweifeln und aus der Erschütterung eines Urvertrauens in diese Technologie.

Das Restrisiko ist ein Begriff, der durch das deutsche Bundesverfassungsgericht im sogenannten Kalkar Urteil aus dem Jahre 1978 geprägt wurde. In einer heute noch lesenswerten Urteilsbegründung spricht das Gericht im Zusammenhang mit möglichen Schäden in und durch kerntechnische Anlagen von einem Restrisiko, „wenn die Wahrscheinlichkeit eines künftigen Schadens nicht mit letzter Sicherheit ausgeschlossen werden kann.“ Dabei ist das Restrisiko kein statischer Risikobegriff, sondern er kann und muss sich dynamisch dem Kenntnisstand der Wissenschaft anpassen. Umgekehrt heißt dies: Ein Restrisiko bleibt, weil bestimmte Ereignisse, Vorfälle oder sogar Unfälle nur mit an Sicherheit grenzender Wahrscheinlichkeit ausgeschlossen werden können. Ein solches Restrisiko ist sozialadäquat und damit vertretbar, so das Gericht, weil es sich nicht materialisieren wird.

Gegner und Befürworter der Kernenergie trennt nicht nur, aber insbesondere ihre Einstellung zum Restrisiko. Während die Befürworter der Kernenergie dieses Risiko für vertretbar halten, und zwar auch im ethischen Sinne, lehnen die Gegner genau dieses Risiko ab. Ihnen ist aufgrund der weitreichenden Folgen eines noch so unwahrscheinlichen Unfalls selbst dieses Risiko zu groß. Sie fühlen sich in ihrer Haltung spätestens seit der Tschernobyl Katastrophe bestätigt und jetzt passiert auch noch Fukushima.

Die Definition des Restrisikos findet in der Auslegung der kerntechnischen Anlagen ganz praktischen Eingang. Das Sicherheitsniveau der kerntechnischen Anlagen wird soweit angehoben, dass nur noch ein Restrisiko verbleibt. Dieses Prinzip gilt natürlich grundsätzlich auch für Japan. Niemand kann sich am Wochenende der Fukushima Katastrophe vorstellen, dass die japanischen Anlagen nicht nach diesem Prinzip ausgelegt sind und betrieben werden. Sicherlich spielt auch eine Rolle, dass Japan ein hoch entwickeltes, technologisch führendes Industrieland ist. Wenn dies in Japan passieren kann, warum nicht auch in Deutschland? Das ist die Frage, die sich alle gestellt haben und nicht nur die Kernenergiegegner.

Dies ist auch eine der zentralen Fragen, mit der sich die Bundeskanzlerin in ihrer Regierungserklärung vom 17. März 2011, also weniger als eine Woche nach dem Erdbeben und dem Tsunami in Japan, beschäftigt. Sie begründet im Deutschen Bundestag den Schwenk der Bundesregierung in ihrer Haltung gegenüber der Kernenergie; die relevanten Passagen zum Restrisiko lauten:

> … Die unfassbaren Ereignisse in Japan lehren uns, dass etwas, was nach allen wissenschaftlichen Maßstäben für unmöglich gehalten wurde, doch möglich werden konnte.
>
> Sie lehren uns, dass Risiken, die für absolut unwahrscheinlich gehalten wurden, doch nicht vollends unwahrscheinlich waren, sondern Realität wurden.
>
> Wenn das so ist, wenn also in einem so hoch entwickelten Land wie Japan das scheinbar Unmögliche möglich, das absolut Unwahrscheinliche Realität wurde, dann verändert das die Lage.
>
> Dann haben wir eine neue Lage, dann muss gehandelt werden. Und wir haben gehandelt. Denn die Menschen in Deutschland können sich darauf verlassen: Ihre Sicherheit und ihr Schutz waren und sind für die Bundesregierung oberstes Gebot. …

Ohne dass die Kanzlerin, die selbst eine promovierte Physikerin ist, explizit vom Restrisiko spricht, geht es ihr genau darum. Das

Restrisiko wird zur politischen Schicksalsfrage der Kernenergie. Tatsächlich, und dies wissen wir seit entsprechende Expertenberichte vorliegen, haben wir in Japan nicht einen Unfall im Restrisiko Bereich erleben müssen, jedenfalls nicht „nach allen wissenschaftlichen Maßstäben", um die Kanzlerin nochmals zu zitieren. Das lässt sich an einem einfachen Beispiel verdeutlichen. Der Hochwasserschutz ist für deutsche Anlagen auf 100.000 jährige Hochwasser ausgelegt. Dies bedeutet, dass der Hochwasserschutz für Kernkraftwerke in Deutschland so angehoben werden muss, dass ein Hochwasser mit an Sicherheit grenzender Wahrscheinlichkeit zu keinem Kernschaden führen kann.

Der Hochwasserschutz in den betroffenen Anlagen in Fukushima war gegen die 14 m hohe Flutwelle nicht ausreichend geschützt und dies, obwohl sich ähnliche Flutwellen in den letzten mehr als 100 Jahren bereits mehrfach ereignet hatten. In der Fachsprache der Kernenergie würde das wie folgt ausgedrückt: Es existierte in Fukushima kein ausreichender Schutz gegen ein 100 jähriges Hochwasser. Das hat nichts mit Restrisiko, sondern nur mit mangelnder Vorsorge und falscher Auslegung der technischen Anlagen zu tun. Erschwerend kommt hinzu, dass auf den unzureichenden Hochwasserschutz hingewiesen wurde. Der Hochwasserschutz wurde aber nur auf eine Widerstandshöhe von 5,7 m verbessert, bei weitem nicht ausreichend für den Tsunami, der durch das Tōhoku-Erdbeben ausgelöst wurde.

Selbstverständlich stellen sich infolge solcher Erkenntnisse weitere Fragen. Wie konnte es zu solchen Versäumnissen kommen, schließlich gibt es auch in Japan nicht nur Betreiber auf der einen, sondern auch Aufsichtsbehörden auf der anderen Seite? Warum haben Aufsichtsbehörden diese Defizite zugelassen? Wieso sind an einer Küste mit diesen Hochwassergefahren überhaupt Kernkraftwerke ohne einen ausreichenden Hochwasserschutz genehmigt worden? usw. Und es ist wichtig anzumerken: Dies alles kann nur versuchen zu erklären, aber nicht entschuldigen, dass es zur Katastrophe in Fukushima kommen konnte.

Hinsichtlich der Übertragbarkeit der Ereignisse aus Japan auf die deutschen Verhältnisse werden unmittelbar nach Fukushima Expertenkommissionen eingesetzt, die einige Monate später mit Empfehlungen aufwarten, wie insbesondere der Hochwasserschutz und die Notstromversorgung in deutschen Kernkraftwerken noch weiter verbessert werden kann. Einer Beurteilung schließen sich diese Expertenkommission gewissermaßen implizit an. Fukushima war kein Unfall mit einem Kernschaden, der dem Restrisiko zuzurechnen ist.

Dies ist eine wichtige Schlussfolgerung, denn im umgekehrten Fall wäre das Paradigma des Restrisikos nicht mehr haltbar. Alle deutschen Kernkraftwerke wären umgehend abzuschalten und nicht nur die Älteren. Und bei allem geschuldeten Respekt gegenüber der Kanzlerin und der von ihr geführten Bundesregierung: Wenn die Kanzlerin in ihrer Regierungserklärung Recht gehabt hätte, dann hätten sich dem Ausstieg aus der Kernenergie auch andere Länder anschließen müssen. Dies ist bekanntlich nicht geschehen.

Selbstverständlich kann eine demokratisch gewählte Bundesregierung nach reiflicher Prüfung zu dem Ergebnis kommen, dass der Betrieb von Kernkraftwerken eingestellt werden muss, wenn es dazu einen begründeten Anlass gibt. Die Terroranschläge in New York und Washington im September 2001 hätten einen solchen Anlass begründen können. Seit diesen tragischen Ereignissen ist ein terroristischer, gezielter Anschlag mit einem vollgetankten Flugzeug auf ein Kernkraftwerk ein reales Bedrohungsszenario. Deutsche Kernkraftwerke sind in ihrer Widerstandsfähigkeit beispielsweise nicht gegen einen vollgetankten Airbus A 380 ausgelegt. Doch im Jahre 2001 hat es weder übereilte Entscheidungen der damaligen Bundesregierung noch eine Ethikkommission gegeben, die sich mit der Zukunft der Kernenergie beschäftigt hätte. Hingegen ist die Abschaltung der Kernkraftwerke in 2011 weder nach reiflicher Prüfung noch aufgrund neuer, relevanter Erkenntnisse erfolgt. Den tatsächlichen Anlass zur Abschaltung deutsche Kernkraftwerke hat die von der Bundesregierung eingesetzte Ethikkommission in ihrem lesenswerten Abschlussbericht aus dem Juni 2011 beschrieben, sie schreibt u. a.: „Die Risiken der Kernenergie haben sich mit Fukushima nicht verändert, wohl aber die Risikowahrnehmung."

Für diese tieferen, fachlich fundierten Analysen bleibt in den Tagen unmittelbar nach der Fukushima Katastrophe keine Zeit. Es muss hinzugefügt werden, dass Berichte von unabhängigen Experten zum Zeitpunkt der Regierungserklärung der Kanzlerin noch nicht vorlagen. Die internationalen und nationalen Aufsichtsbehörden ordnen zwar unmittelbar Untersuchungen zu der Frage an, welche Konsequenzen aus den Fukushima Ereignissen zu ziehen sind. Die Ergebnisse werden aber Wochen und Monate auf sich warten lassen. Für den politischen und gesetzgeberischen Prozess der Meinungsbildung kommen sie schlicht viel zu spät. Im Übrigen hätten sie in der aufgeladenen Stimmung in Deutschland vermutlich auch keine Wirkung erzielt.

Der öffentliche Druck auf die Bundesregierung und Landesregierungen mit Standorten von Kernkraftwerken ist groß; auf Untersuchungsergebnisse können die Regierungen im Bund und in den Ländern nicht warten. Es sei angemerkt, dass Deutschlands Kernkraftwerke im Frühjahr 2011 ausnahmslos in Bundesländern stehen, in denen CDU und CSU den Regierungschef stellen; Schleswig-Holstein, Niedersachsen, Hessen, Baden-Württemberg und Bayern.

Am Fukushima Wochenende glühen die Drähte und Telefone zwischen den Staatskanzleien der Länder, dem Bundeskanzleramt und den Bundes- und Landesumweltministerien. Atomaufsicht ist Ländersache. Mit jeder Verschlimmerung der Lage in den japanischen Kernkraftwerken steigt der Druck auf die Verantwortlichen, bei den deutschen Kernkraftwerken zu reagieren.

Erst vor wenigen Monaten hatten Bundesregierung und Landesregierungen im Dezember 2010 eine Laufzeitverlängerung für alle Kernkraftwerke durchgesetzt, gegen den erbitterten Widerstand der Opposition im Parlament und gegen lautstarken Protest von Kernenergiegegnern auf der Straße. Der Druck gegen die Laufzeitverlängerung kam nicht nur von der Opposition, den Kernenergiegegnern und den Medien. Der Druck kam auch aus der Mitte der eigenen Partei und von Regierungsmitgliedern; mancher Parteifreund hatte der Laufzeitverlängerung nur zähneknirschend zugestimmt.

In hektischen Verhandlungen und Gesprächen hinter verschlossenen Türen wird die Idee eines Moratoriums geboren. Am 15. März 2011, also nur 4 Tage nach dem Erdbeben in Japan, verkündet die Kanzlerin nach einem Treffen mit den Regierungschefs der relevanten Länder ein Moratorium für die 8 ältesten deutschen Kernkraftwerke. Auf einem rechtlich durchaus umstrittenen Weg erfolgt zunächst die vorläufige Einstellung des Leistungsbetriebes der 8 Kernkraftwerke. Begründet wird das Moratorium mit notwendigen Sicherheitsüberprüfungen, die nach den Ereignissen von Fukushima nach Ansicht der Behörden notwendig sind. Die noch vor wenigen Monaten gesetzlich verankerte Laufzeitverlängerung wird zunächst ausgesetzt. Sie wird, wie schon am gleichen Tage nicht anders zu erwarten, wenig später vollständig zurück genommen. Alle betroffenen Kernkraftwerke kommen nie wieder ans Netz.

War durch die 8 Kernkraftwerke für die deutschen Bürgerinnen und Bürger Gefahr im Verzug? Und wenn, warum ausgerechnet nur durch die 8 ausgewählten Kernkraftwerke und nicht alle weiteren Anlagen, die auch im Betrieb waren? Welche belastbaren Erkenntnisse konnten deutsche Aufsichtsbehörden 4 Tage nach der Katastrophe in Fukushima haben, mit denen sie genau die ausgewählten Anlagen per Weisung außer Betrieb nehmen konnten? Warum wurden die Betreiber vor vollendete Tatsachen gestellt? Wäre eine Anhörung der Betroffenen nicht angemessen gewesen? Die Liste der Fragen, die gestellt werden können, ist lang. Und die rechtliche Grundlage, auf der die Bundesregierung mit dem Moratorium agiert, ist wenigstens nach der Meinung mancher Juristen dünn.

Die Gerichte beschäftigen sich mit diesem Moratorium noch heute, nachdem wenigstens ein Betreiber entschieden hat, gegen dieses Vorgehen der Bundesregierung zu klagen. In einem Urteil aus dem Frühjahr 2013 wird dem Betreiber durch das Verwaltungsgericht in Kassel Recht gegeben. Ob und in welchem Umfang daraus Schadenersatzansprüche entstehen, wird abzuwarten sein. Nicht alle Betreiber entscheiden sich für den Weg der Anfechtung des Moratoriums. Einige setzen auf Kooperation mit der Bundesregierung und demonstrieren, dass sie das Primat der Politik in dieser Frage jenseits rechtlicher Bedenken akzeptieren.

Was treibt die in Verantwortung stehenden Mitglieder von Bundes- und Landesregierungen zur Eile? Was sind die Handlungsmotive, derjenigen, die bis Fukushima Befürworter der Kernenergie sind, und denen es nun nicht schnell genug gehen kann, zu den Gegnern der Kernenergie überzulaufen?

Die Stimmung im Lande spielt eine Rolle. Ministerpräsidenten, Staatssekretäre und andere hohe Beamte sind Familienväter, haben Verwandte und Freunde. Sie müssen sich in diesen Tagen unbequeme Fragen gerade von Frauen stellen lassen. Frauen, dies ist durch zahlreiche Umfragen belegt, stehen der Kernenergie in der Regel deutlich skeptischer gegenüber als Männer. Es sind ethische Fragen, die im privaten Umfeld diskutiert werden und viele in hohen Staatsämtern umtreiben.

Auch politische Niederlagen im Streit um die Laufzeitverlängerung der Kernkraftwerke sind noch nicht vergessen, gerade innerhalb der Volkspartei CDU. Es war immerhin ein Regierungsmitglied, das im Vorfeld der Laufzeitverlängerung gemahnt hat, die Befürwortung der Kernenergie nicht zum Alleinstellungsmerkmal der Volksparteien CDU/CSU zu machen. Die Vertreter dieses Lagers fühlen sich bestätigt und sie reiten jetzt gekonnt auf der Ablehnungswelle, die durch Fukushima geboten wird.

Und es ist die Sorge um den Verlust politischer Macht, die ein Motiv ist, die Dinge mit hoher Geschwindigkeit voran zu treiben. Plötzlich wollen einige Politiker nicht mehr daran erinnert werden, dass sie noch kürzlich zu den Befürwortern der Kernenergie gehörten. Sie bangen um ihre Macht, und zwar nicht nur auf Landes-, sondern auch auf Bundesebene. Schließlich stehen in wenigen Tagen Wahlen in Baden-Württemberg an. Seit dem Jahre 1953 stellt die CDU den Ministerpräsidenten im Ländle; das soll auch so bleiben. Die Grünen haben mit dem Thema Stuttgart 21 ohnehin schon Aufwind und jetzt auch noch Fukushima.

Alle denkbaren, politischen Szenerien werden durchgespielt, auch in Bezug auf das Kanzleramt: Kann sich die Kanzlerin im Amt halten, wenn sie auf Fukushima mit einer besonnenen Strategie des Abwartens und Prüfens reagiert? Muss sie einen Aufstand in der eigenen Partei fürchten, wenn ihre Partei anschließend die Wahl im CDU Kernland Baden-Württemberg verliert?

Es ist eine Mischung aus echten Zweifeln an der Kernenergie, aus politischer Rache, aus Opportunismus und kühlen, taktischen Abwägungen zum Machterhalt, die einen Schwenk von CDU/CSU möglich machen und dies innerhalb von wenigen Tagen.

Die Opposition jedenfalls behauptet in diesen Tagen, mit der Verlängerung der Laufzeiten der Kernkraftwerke im Jahr 2010, wäre ein gesellschaftlicher Konsens aufgekündigt worden, den sie selbst mit dem Atomkonsens im Jahre 2001 vermittelt hätte. Dies würden die Regierungen auf Bundes- und Landesebene nunmehr zu spüren bekommen. Diese Argumentation scheint insbesondere durch die Wahl des ersten grünen Ministerpräsidenten in Baden-Württemberg, 14 Tage nach der Fukushima Katastrophe, gestützt zu werden.

Empirisch ist dies allerdings nicht belegt. Das Land war bis zu Fukushima ohne Konsens zur Kernenergie. Wie sonst ist erklärbar, dass eine Bundesregierung im September 2009 ins Amt gewählt wird, die bereits im Wahlkampf klar und deutlich sagt, dass sie die Laufzeiten der deutschen Kernkraftwerke verlängern wird? Tatsache ist, dass in dieser Frage erst nach Fukushima von einem echten Konsens zu sprechen ist. Die Kernenergie ist in Deutschland ein Auslaufmodell, darüber besteht nun ein breiter Konsens in der Gesellschaft.

Die Tage im März des Jahres 2011 sind in Japan dramatisch und in Deutschland spannend. In den nachfolgenden Monaten werden weitere Fakten geschaffen. Die erst Ende 2010 entschiedene Laufzeitverlängerung der Kernkraftwerke wird zurückgenommen. Der Status quo ante wird durch eine weitere Novellierung des Atomgesetzes wieder hergestellt. 8 Kernkraftwerke bleiben vom Netz. Es sind genau die vom Moratorium betroffenen Anlagen. Die restlichen Kernkraftwerke werden längstens noch bis zum Jahre 2022 betrieben. Danach ist auch für diese Anlagen definitiv Schluss.

Anders als die rot-grüne Bundesregierung im Jahre 2001 begrenzt die amtierende Bundesregierung im Jahre 2011 die Laufzeiten nicht über maximale Produktionsmengen für jedes Kernkraftwerk, sondern über kalendarische Verfallsdaten der jeweiligen Betriebsgenehmigungen. Es ist nicht die einzige Veränderung, mit der die Bundesregierung über den ersten sogenannten Atomkonsens aus 2001 hinausgeht. Diese Bundesregierung schafft mit der neuerlichen Novelle des Atomgesetzes irreversible Fakten. Das Ende der Kernkraft in Deutschland ist beschlossen. Kann die Energiewende jetzt beginnen?

Der Mann auf der Straße sieht die Entscheidung im Jahre 2011 zum endgültigen Ausstieg aus der Kernenergie als die Geburtsstunde der sogenannten Energiewende an. Gefühlt befreit sich Deutschland von einer gesellschaftlich über viele Jahrzehnte hoch umstrittenen Form der Stromerzeugung, die für viele Menschen bereits seit der Katastrophe in Tschernobyl eine unverantwortliche Risikotechnologie war. Deutschland muss aussteigen; dieser Meinung schließen sich weite Teile der Bevölkerung nunmehr an.

Es gibt im Grunde keine ernst zu nehmende gesellschaftliche Gruppe, die dies anders sieht. Parteien, Kirchen, Gewerkschaften, Nicht-Regierungsorganisationen und Wirtschaftsverbände alle stimmen der Energiewende zu, meinen aber in diesen Tagen Zustimmung zum Ausstieg aus der Kernenergie. Die entsprechenden Beschlüsse werden mit großer Mehrheit in den zuständigen Parlamenten gefasst und dies bei gleichzeitig großer Zustimmung in der Bevölkerung. Selten waren sich die Bürger und Bürgerinnen im Lande so einig.

Auch die Kernkraftwerksbetreiber stellen sich dieser Entwicklung nicht mehr entgegen, sondern akzeptieren den Auslaufbetrieb der deutschen Kernkraft. Die betroffenen Unternehmen sind gezwungen, sich den neuen Realitäten zu stellen, denn die Zustimmung zum Ausstieg ist übermächtig. Gleichwohl ist es für die Führungskräfte und Mitarbeiter in den betroffenen Unternehmen ein Wechselbad der Gefühle. Der noch frischen Freude über die Laufzeitverlängerung aus dem Jahre 2010 folgt die Ernüchterung über das vorzeitige Ende von 8 Kernkraftwerken in 2011. Und es schmerzt die Führungskräfte und Mitarbeiter in der kerntechnischen Industrie, dass ein Unfall im entfernten Japan und nicht etwa ein Fehler oder Unfall in einer eigenen Anlage das Schicksal über die Kernenergie in Deutschland besiegelt.

Nur wenige in der Energiewirtschaft versuchen ernsthaft, diesen politischen und gesellschaftlichen Prozess zu einem beschleunigten Ausstieg aus der Kernenergie aufzuhalten. Die anpassungsfähigeren Vertreter der Energiebranche arrangieren sich schnell angesichts der demokratisch legitimierten Mehrheiten gegen die Kernenergie.

Auch wenn das Ergebnis akzeptiert wird, so bleibt die Kritik am eingeschlagenen Weg, um das Ziel Ausstieg zu erreichen. Dies gilt besonders für die unmittelbar betroffenen Unternehmen, die den Ausstieg hinnehmen müssen. Die Frage nach Entschädigungen wird von den Unternehmen und deren Aktionären schnell gestellt. Ist die Rücknahme der Laufzeitverlängerung ein enteignungsgleicher Vorgang? Hätte diese Frage in der Novelle des Atomgesetzes durch eine entsprechende Entschädigungsregelung adressiert werden müssen? Noch viele Jahre wird sich die Justiz bis hin zum Bundesverfassungsgericht mit Entschädigungsforderungen der Betreiber beschäftigen müssen. Nur selten wird in den Medien oder in der Öffentlichkeit über die Erfolgschancen der Klagen gegen das novellierte Atomgesetz diskutiert. Wenn dies geschieht, so erhält der interessierte Bürger diametral unterschiedliche Antworten, abhängig davon auf wessen Gehaltsliste der jeweilige Jurist steht.

Der Kernenergieausstieg findet nicht nur in Parlamentsdebatten und durch die Novellierung des Atomgesetzes statt. Die Einstellung des Leistungsbetriebes von 8 Kernkraftwerken führt unmittelbar zu einer veränderten Struktur der Stromversorgung in Deutschland. Mit den Entscheidungen entfallen auf einen Schlag fast 10 % der Stromerzeugung. Weitere 15 % werden in den nächsten Jahren bis 2022 wegfallen. Kein anderes Industrieland der Welt hat sich jemals zu so weitreichenden Entscheidungen durch den Verzicht auf eine Technologie durchringen können.

Die Tragweite des Ausstiegs geht über den bedeutenden Anteil der Kernenergie an der Stromversorgung hinaus. Der Wegfall von mehreren 1.000 Arbeitsplätzen für hoch qualifizierte Spezialisten in den Kernkraftwerken und den entsprechenden Zulieferindustrien, die Wertschöpfung durch die Anlagen selbst und die entgangenen Körperschafts- und Gewerbesteuern wiegen schwer. Welches Land kann es sich leisten, mit einem solchen Schritt auf einen mittleren dreistelligen Millionen Euro Betrag an jährlichen Steuereinnahmen zu verzichten?

Es sollte in Erinnerung bleiben, dass die deutschen Kernkraftwerke trotz eines nicht unerheblichen Durchschnittsalters immer noch über eine erstaunliche Leistungsfähigkeit verfügen. Stromproduktion und Verfügbarkeit zeigen Spitzenwerte im weltweiten Vergleich. Die Sicherheit der Anlagen ist hoch und die Störanfälligkeit ist gering, jedenfalls wenn man internationale Vergleiche zum Maßstab macht.

Die öffentliche Meinung über die Sicherheit der deutschen Kernkraftwerke sieht anders aus. Dies hat mit der politischen Auseinandersetzung um diese Technologie zu tun. So hat sich niemals belegen lassen, was wichtige Politiker in Deutschland gleichwohl öffentlich behaupteten, nämlich, dass es sich bei einigen Anlagen um „Schrottreaktoren" handeln würde. Die Gegner der Kernenergie in Deutschland haben ihr Ziel gleichwohl erreicht, dies ist zu konstatieren.

Seit dem endgültigen Ausstieg im Jahre 2011 sind die sprachgewaltigen Auseinandersetzungen um die Kernenergie beendet. Deutschland hat seinen Frieden mit der Kernenergie gefunden. Nur wenigen politischen Entscheidungsträgern ist in dieser Zeit klar, dass mit dem Ausstieg aus der Kernenergie keine Energiewende beschlossen wurde. Weder wurde infolge von Fukushima in 2011 beschlossen, die Energiewende zu beginnen, noch wurde beschlossen, wie sie zu einem erfolgreichen Ende geführt werden kann. Es wird zwar beschlossen, aus einer Technologie auszusteigen, aber es wird nicht beschlossen, wohin (weiter und zusätzlich) eingestiegen werden soll und was ein solcher Einstieg insgesamt bedeuten würde.

Aus der Sicht aller politischen Parteien kommt der Ausbau der erneuerbaren Energien gut voran. Die Akzeptanz bei den Bürgern ist hoch und die preislichen Auswirkungen scheinen beherrschbar. Warum sollte dies nicht genauso weitergehen? Ein wirtschaftlich starkes Deutschland scheint für eine Energiewende reif zu sein. Ein gesellschaftlich kontroverses Politikfeld wird nachhaltig befriedigt und die christlich-liberale Koalition kann sich auf Bundes- und Länderebene als Reformer der Energieversorgung präsentieren. Alles gut…?

Tatsächlich markieren die Beschlüsse aus dem Jahre 2011 nicht den Anfang der Energiewende. Die Energiewende kam nicht urplötzlich im Jahre 2011 und Fukushima war nicht das tragische Ereignis, das die Energiewende auslöste. Die Energiewende begann viel früher. Es ist im Übrigen davon auszugehen, dass sich die Energiewende auch ohne die Katastrophe in Fukushima fortgesetzt hätte. Die Ereignisse um Fukushima haben allerdings die schon laufenden Entwicklungen beschleunigt. Insofern wirkte Fukushima wie ein Katalysator für die deutsche Energiewende. Oder zusammengefasst: Die Energiewende war zum Zeitpunkt von Fukushima schon in vollem Gange, aber das tragische Unglück in Fukushima verhalf der deutschen Energiewende zu ihrem irreversiblen, nachhaltigen Durchbruch.

Die Beschlüsse der Bundesregierung, die im Jahre 2011 an der Macht ist, sind es nicht, die die Energiewende zum Leben erweckt. Gleichwohl sind es anfangs politische Gruppen und später auch Regierungen, denen es zu verdanken ist, dass es überhaupt zur Energiewende kommt. Allen beteiligten politisch Verantwortlichen ist für die Energiewende zu danken, weil sie für Deutschland mehr Chancen als Risiken mit sich bringt. Gleichwohl gibt es vieles in der Umsetzung zu kritisieren, manches aber auch zu loben. Doch bei aller Kritik, die an die Adresse der politisch Verantwortlichen gerne und häufig geäußert wird, ist eines festzuhalten. Es ist nicht die Energiewirtschaft und nur in bescheidenem Maße die Wissenschaft, die sich in frühen Jahren für eine Energiewende in Deutschland eingesetzt haben.

Fundamente der Energiewende (1980–1998)

Das Kernkraftwerk Wyhl ist in Vergessenheit geraten. Wyhl ist eine Kleinstadt im Breisgau am Rhein. Der Rhein ist dort Grenzfluss und so liegt das Gemeindegebiet von Wyhl an der Grenze zu unserem französischen Nachbarn. In Wyhl soll in den 70er Jahren durch den Energieversorger Badenwerk ein Kernkraftwerk mit zwei Blöcken gebaut werden. Im Jahre 1977 wird das Projekt zunächst gerichtlich gestoppt und später vollständig eingestellt, nachdem das Verwaltungsgericht Freiburg in einem viel beachteten Urteil einen verbesserten Berstschutz des Reaktorgebäudes fordert.

Der Widerstand gegen das Kernkraftwerk bringt nicht nur das Projekt Wyhl zu Fall. Eine kleine Gruppe von Menschen, die die Kernenergie generell und das Projekt Wyhl im Speziellen ablehnen, gründet 1977 einen Verein, das „Institut für angewandte Ökologie", kurz „Öko-Institut" mit Sitz im benachbarten Freiburg im Breisgau. Über die nächsten Jahrzehnte wird dieser privat getragene, gemeinnützige Verein vielfach auf sich aufmerksam machen. Der Verein wächst schnell und gründet später weitere Standorte in Darmstadt und Berlin.

Zu den Impulsen des Öko-Institutes gehört eine Studie, die im Jahre 1980 veröffentlicht wird. Der vollständige Titel der Studie lautet „Energie-Wende, Wachstum und Wohlstand ohne Erdöl und Uran". Diese Studie beschreibt die Idee für eine Energiewende in Form einer Vision und diese Vision bekommt den mittlerweile allseits bekannten Namen. Es kann über den wissenschaftlichen Tiefgang der Studie gestritten werden. Den Autoren gehören jedenfalls die Namensrechte an der Energiewende.

Die Energiewende beginnt im Widerstand gegen die friedliche Nutzung der Kernenergie und zwar in Baden-Württemberg. Die Gründung des Öko-Institutes und deren Arbeit ist in den späten 70er Jahren eine Facette einer insgesamt an Bedeutung gewinnenden Umweltbewegung, für die sich immer mehr Menschen interessieren und engagieren. Der Bund für Umwelt und Naturschutz Deutschland (kurz: BUND) wird 1975 gegründet und „Die Grünen“ werden als bundesweite Partei 1980 aus der Taufe gehoben. Die Proklamierung der Energiewende ist also kein Zufall, sondern Teil eines gesellschaftlichen Prozesses. Damit liegt der tatsächliche Anfang der Energiewende gegenüber der im Jahre 2011 vermeintlich ausgerufenen Energiewende mehr als 30 Jahre zurück.

In der Studie zur Energiewende analysieren die Autoren vom Öko-Institut in einem Szenario für den Zeitraum von 1973 bis 2030 wie eine weitgehende Umstellung der Energieversorgung in Deutschland möglich ist. Im Ergebnis soll vollständig und sofort auf Kernenergie sowie bis 2030 ebenso vollständig auf Erdöl verzichtet werden. In 2030 kann die Versorgung Deutschlands mit Primärenergie zu 50 % auf Kohle und zu 50 % auf erneuerbaren Energien basieren.

Um diese Ziele zu erreichen, sind eine Reihe von Maßnahmen und erhebliche Investitionen nötig. Neben der Umstellung bei der Primärenergieversorgung muss insbesondere die Energieeffizienz verbessert werden, um den Endenergiebedarf substanziell abzusenken. Als Endenergie werden die Energieformen bezeichnet, die dem Kunden zum Verbrauch zur Verfügung gestellt werden. Dazu gehören zum Beispiel Mineralölprodukte wie Benzin und Diesel, aber auch Strom und Fernwärme. Der Endenergiebedarf im Jahre 2030 soll laut Studie auf 60 % des Bedarfes aus dem Jahre 1973 zurückgehen. Dies entspricht einer jährlichen Absenkung um 0,9 %.

Aus heutiger Sicht ist eine Forderung nach Absenkung des Endenergiebedarfes um weniger als 1 % moderat. Die Studie ist jedoch in Zeiten erstellt, in denen sich die Überzeugung erst noch durchsetzen musste, dass Wirtschaftswachstum und Anstieg des Energieverbrauchs nicht zwangsläufig miteinander verbunden sind. Entkopplung ist das Stichwort, das erst noch die Runde machen muss. Gemessen daran ist eine Prognose mit Wirtschaftswachstum und gleichzeitiger Absenkung des Energieverbrauchs ziemlich revolutionär.

Die Studie ist das Fundament, auf dem alternative Energie- und Umweltpolitiker in den nächsten Jahren aufbauen. Sie fordert eine andere Art der Energieversorgung, die heute mit den Begriffen Nachhaltigkeit, Dezentralität und Ressourcenschonung beschrieben wird. Die in der Studie angelegten politischen Forderungen schließen den Verzicht auf die Kernenergie, die Forderung nach mehr Kraft-Wärme-Kopplung und die Nutzung regenerativer Energien ein. Auch die herausragende Bedeutung des Themas Energieeffizienz ist bereits bekannt. Insofern findet sich frühzeitig vieles wieder, was noch über Jahrzehnte ein Dauerbrenner der Energiepolitik sein wird. Auch die politische Handschrift der Vereinsgründer ist erkennbar. Es ist der Widerstand gegen die Kernenergie, der sie zusammenbrachte. Aber auch die zwei Erdölkrisen der 70er Jahre und die Ablehnung der großen Ölkonzerne hinterlassen ihre Spuren in der Zielsetzung der Studie.

An dieser Studie ist zu würdigen, dass sie sich nicht nur mit dem Stromsektor beschäftigt, sondern die Energieversorgung insgesamt im Blick hat. Zu Recht wird darauf hingewiesen, dass im Jahre 1980 nur ca. 10 % des Endenergiebedarfes elektrisch sind und gerade die restlichen 90 % ein Schwerpunkt der Energiewende sein müssen. Zum Vergleich: Der Anteil des Strombedarfes am Endenergiebedarf beträgt im Jahre 2011 ca. 20 % und hat sich damit in 30 Jahren gerade einmal verdoppelt.

Die Studie des Öko-Institutes sagt im Jahre 1980 vieles richtig voraus, was zum Gegenstand späterer Energiekonzepte und Energieprogramme gehören wird. Gleichwohl liegt sie in Teilen nicht richtig bzw. berücksichtigt bedeutende Aspekte nicht. So weist sie der Kohle eine bedeutende Rolle zu. Keine später erstellte Studie wird Kohle, d. h. Braunkohle und Steinkohle, in einem „grünen" Szenario zu einem derart wichtigen fossilen Energieträger machen. Grund dafür ist die erst später einsetzende Diskussion um den globalen Klimawandel und die Tatsache, dass die Verbrennung von Kohle mit die höchsten CO_2 Emissionen verursacht. Die Studie unterschätzt zudem Erdgas in seiner späteren Bedeutung für den Klimaschutz und die Energiewende. Erdgas ist die fossile Primärenergie, deren Einsatz nur einen vergleichsweise geringen CO_2 Ausstoß verursacht. Aber im Jahre 1980 spielt Erdgas in Deutschland noch nicht die große Rolle. Die Zeiten von Erdgas kommen erst noch. Weiterhin schlägt die Studie nur nationale Lösungen vor, um den Herausforderungen um die Energieversorgung zu begegnen. Sie unterschätzt die Notwendigkeit internationaler Kooperation gerade auf europäischer Ebene.

Die alternative Szene macht sich die Arbeit des Öko-Institutes schnell zu eigen. Hinter den energiewirtschaftlich ausgerichteten Forderungen der Studie stehen politische Fragen der Gesellschafts- und Wirtschaftsordnung. Den alternativen Politikern geht es um Selbstbestimmung und Demokratisierung, wie es in dieser Zeit häufig heißt. Aus diesen Motiven entsteht bei den Anhängern der grünen Energiepolitik der Wunsch nach Dezentralisierung in der Energieversorgung. Dem Wähler wird ein anderes Konzept für die Energieversorgung und folglich erstmalig ein Gegenentwurf in der Energiepolitik angeboten.

Der politische Erfolg stellt sich ein. Bei der Bundestagswahl im Jahre 1983 überspringen die Grünen mit ihrer Anti-Atom Politik erstmalig die 5 % Hürde und ziehen in den Deutschen Bundestag ein. Mit den Grünen ist im Deutschen Bundestag nur eine Partei vertreten, die sich klar gegen die Kernenergie positioniert. Alle anderen im Parlament vertretenen Parteien unterstützen die Kernenergie und deren Ausbau, auch wenn einige Politiker außerhalb des „grünen" Lagers beginnen, von einer Zustimmung zum Bau zusätzlicher Kernkraftwerke abzurücken.

Vielen in der Bewegung gegen Atom und Öl geht es um die Unabhängigkeit von Energieimporten und die Unabhängigkeit von angeblich undurchsichtigen und machtvollen Energiekonzernen. Diese sind im Ölgeschäft weltweit und im Stromgeschäft national tätig. Sie sind gleichermaßen ein Feindbild für alternative Gruppen. Die grünen Politiker wollen die Kernenergie als Risikotechnologie so schnell wie möglich loswerden. Die Technologie wird genauso abgelehnt wie die Energiekonzerne und deren Geschäftsmodell. Das Geschäftsmodell der Konzerne basiert auf Milliarden schweren Investitionen in Großkraftwerke, die nur von kapitalstarken Unternehmen gestemmt werden können.

Die beiden Motive, Ablehnung der Kernenergie als Technologie und Ablehnung des Geschäftsmodells, sind miteinander eng verbunden. Die Ablehnung bestimmter Formen der Stromerzeugung wie der Kernenergie führt zur Ablehnung der Konzerne, die diese Technik einsetzen. Eine Mitwirkung oder sogar Teilhabe an diesem Geschäft ist nahezu ausgeschlossen. Als Kunden sind die Bürger aufgrund der bestehenden Gebietsmonopole an ihre Strom- und Gaslieferanten gebunden. Und als Aktionäre fehlt ihnen das Kapital, um maßgeblichen Einfluss zu nehmen. Der über Jahrzehnte wiederkehrende Protest vor und während der jährlichen Hauptversammlungen großer Publikumsgesellschaften legt Zeugnis ab, wie wenig alternative Aktivisten und Aktionäre mit dem Kurs der Konzerne einverstanden sind. Um tatsächlich etwas in der Energiewirtschaft zu ändern, bleibt den Alternativen nur der Weg über die Politik. Mit dem Einzug in den Deutschen

Bundestag ist der Marsch durch die politischen Instanzen vollendet. Es beginnt die Zeit grüner Politikgestaltung.

Mit einer Wende in der Energiepolitik soll nicht nur eine andere Energieversorgung geschaffen werden. Es sollen auch andere Akteure her. Damit identifizieren sich grüne Politiker und der Begriff Energiewende ist ein Synonym für eine andere, alternative Energieversorgung. Viele Jahre bleibt es bei theoretischen Abhandlungen und politischen Debatten, wie eine Energiewende aussehen könnte. Die konventionellen Formen der Stromerzeugung sind in den 80er Jahren vorherrschend. Nur vereinzelt basteln Tüftler an der technischen Realisierung einer Energiewende, vor allem auf der Basis von Windkraft.

In der etablierten Energiewirtschaft wird derweil weiter auf Großkraftwerke gesetzt. Eine ganze Reihe von Kernkraftwerken geht erst in den 80er Jahren in Betrieb. Fast alle sind deutlich teurer geworden als ursprünglich geplant. Die zahlreichen Projektverzögerungen wegen gerichtlich erwirkter Baustopps und zusätzliche, sicherheitstechnische Auflagen haben maßgeblichen Anteil an den Kostensteigerungen. Die großen Kohlekraftwerke sind im gleichen Zeitraum auf der Grundlage der sogenannten Großfeuerungsanlagen-Verordnung zu ertüchtigen. Die immer weiter zunehmende Bedeutung des Umweltschutzes wird deutlich, indem der Gesetzgeber höhere Standards der Luftreinhaltung durchsetzt. Hohe Investitionen sind durch die Stromerzeuger zu tätigen, um die Rauchgase aus den Kesseln von Schadstoffen zu reinigen und so gesetzlich vorgeschriebene Emissionsgrenzwerte zu unterschreiten.

Aus heutiger Perspektive entsteht für die Unterstützer der Energiewende nur in der kommunalen und industriellen Stromversorgung eine Erzeugungsform, die auch späteren Ansprüchen an Nachhaltigkeit und Ressourcenschonung gerecht wird. Diese sogenannten Kraft-Wärme-Kopplungsanlagen erzeugen gleichzeitig Strom und Wärme. Sie kommen auf hohe Energieausnutzungsgrade von über 80 % und sind daher besonders effizient.

Dies kann von den konventionellen Kohlekraftwerken bei weitem nicht erreicht werden.

Mancher Versuch, alternative und regenerative Stromerzeugung aufzubauen scheitert. Der GROWIAN (Abkürzung für Große-Wind-Anlage) ist in den 80er Jahren ein Versuch, die Stromerzeugung aus Windkraft voranzubringen. GROWIAN, errichtet am Kaiser-Wilhelm-Koog bei Marne, wird zu einer Bauchlandung; die technischen Probleme der Anlage lassen sich nicht in den Griff bekommen. Die Anlage mit einer installierten Leistung von 3 MW kommt nie in Gang und wird im Jahre 1987 wieder abgebaut.

Es wird weitere 20 Jahre brauchen, bis Anlagen dieser Größenklasse zum Standardprodukt der Windindustrie gehören. Es ist weitgehend in Vergessenheit geraten, dass unmittelbar nach dem Abbau des GROWIAN an gleicher Stelle Deutschlands erster Windpark entsteht und über viele Jahre erfolgreich Strom produziert. Dänische Technologie mit Anlagen in einer Größenordnung von mehreren 100 kW macht es möglich.

Über Jahre hält sich das Gerücht, der Misserfolg wäre eine Art Verschwörung der großen Stromerzeuger. Es sollte angeblich nachgewiesen werden, dass die Nutzung der Windkraft im industriellen Maßstab nicht möglich ist. Energiekonzerne wie auch Regierungsvertreter tragen zu diesem Gerücht nicht unerheblich bei. Sie erklären öffentlich, dass es genau darum geht, nämlich zu zeigen, dass es nicht geht. Die tatsächliche Erklärung ist dagegen erschreckend simpel. Innovation braucht Zeit und Geduld sowie Demut vor der Aufgabe.

Dass die Energiewirtschaft innovativ sein kann, zeigt sie an den etablierten konventionellen Stromerzeugungsanlagen. Hier wird ständig und mit großem Erfolg an der Verbesserung der bestehenden Technologien gearbeitet. Die beeindruckenden Leistungskennzahlen der Kernkraftwerke belegen deutsche Ingenieurkunst in der Energieversorgung.

Innovationen im und um das Bestandsgeschäft funktionieren sehr gut, nur bei den darüber hinaus gehenden Innovationen hapert es. Bei solchen Innovationen geht es nicht nur um technische Verbesserungen oder Neuerungen. Es geht um völlig neue Technologien, die noch in der Entwicklung oder Erprobung stecken und die gleichzeitig das bestehende Geschäftsmodell infrage stellen. Für diese Art der Innovation hat die Branche keine Zeit, kein Geld und keine Geduld. Diese Ressourcen und Eigenschaften sind in der Energiewirtschaft für keine regenerative Technologie zur Stromerzeugung ausreichend vorhanden, wenn die Wasserkraft für einen Moment als Teil der konventionellen Stromerzeugung angesehen wird. Nach dem GROWIAN Desaster wird die Windkraftnutzung in Deutschland nur noch durch Idealisten vorangetrieben. So braucht es für die Energiewende noch bis zum Anfang der 90er Jahre bis Materielles geschieht.

Bevor es dazu kommt, wird zunächst noch ein weiteres Fundament der deutschen Energiewende gelegt. Die Politik in Europa baut am Projekt des Binnenmarktes: Ein Binnenmarkt mit vier Freizügigkeiten für Waren, Dienstleistungen, Kapital und Arbeitskraft innerhalb der europäischen Gemeinschaft. Wie so häufig sind es Staatsmänner aus dem alten Kerneuropa, die die europäische Integration weiter vorantreiben. Nach den vielen unverbindlichen Absichtserklärungen wird im Jahre 1987 mit der Einheitlichen Europäischen Akte ein Startpunkt für die Schaffung des Binnenmarktes gesetzt. Der Binnenmarkt kommt schließlich zum 1. Januar 1993. Auch die Strom- und Gasmärkte sollen als Teil des großen Binnenmarktprojektes geöffnet werden. Für die Strommärkte wird die Marktöffnung über eine entsprechende Richtlinie aus dem Jahre 1996 angeschoben. Die Öffnung der Gasmärkte folgt mit einer entsprechenden Richtlinie nur zwei Jahre später. Diese Richtlinien verpflichten alle Mitgliedsstaaten, innerhalb festgelegter Fristen nationales Recht zu schaffen, mit dem die Strom- und Gasmärkte liberalisiert und für Dritte geöffnet werden.

Die europäische Gemeinschaft entschließt sich, den Strom- und Gassektor aus seinem Monopol zu entlassen und soweit wie möglich in Marktwirtschaften zu überführen. Nur die natürlichen Monopole im Netz sollen reguliert werden, die übrigen Geschäftsaktivitäten in der Energiewirtschaft werden in den Wettbewerb gestellt. Netzzugang und Netznutzung von Transport- und Verteilungsnetzen werden durch staatliche Regulierungsbehörden überwacht. Die Erzeugung, der Einkauf sowie Vertrieb und Handel von Gas und Strom sollen marktwirtschaftlich organisiert werden. Jeder Gas- und Stromkunde soll seinen Lieferanten frei wählen können. Die Grenzen der Nationalstaaten sollen langfristig nicht mehr die Grenzen für Strom- und Gasgeschäfte sein und ein Binnenmarkt jeweils für Strom und für Gas soll entstehen.

Die Liberalisierung der nationalen Energiemärkte erfordert erhebliche Anstrengungen in den Mitgliedsstaaten. Deren Ausgangssituation ist insbesondere unter zwei Gesichtspunkten unterschiedlich.

Erstens sind der Stand der Liberalisierung und die Einstellung zur Liberalisierung in den Mitgliedsländern verschieden. Die skandinavischen Länder und Großbritannien haben bereits früher mit der Liberalisierung ihrer Energiemärkte begonnen und wichtige Erfahrungen gesammelt, wie Energiemonopole in den Wettbewerb überführt werden können. Andere Länder sind soweit noch nicht. Dazu zählt auch Deutschland. Die meisten Länder sehen die Potenziale einer Marktöffnung. Sie begreifen diesen Prozess insgesamt als Chance, um mehr Wettbewerb in die Märkte zu tragen und mehr Wettbewerbsfähigkeit in den Unternehmen zu erreichen. Im Kontrast dazu ist in Frankreich die Ablehnung der Marktöffnung frühzeitig spürbar; bei den Unternehmen, bei den Regierungen und bei den Behörden.

Zweitens trifft die Marktöffnung in den jeweiligen Mitgliedsländern auf eine unterschiedliche Unternehmenslandschaft. In den meisten Mitgliedsländern kennt die Strom- und häufig auch die Gaswirtschaft nur eine geringe Anzahl von Staatsunternehmen. Paradebeispiel ist der Strommarkt in Frankreich. Dort ist nahezu die gesamte Stromwirtschaft in der Hand eines einzigen Unternehmens. Die deutsche Strom- und Gaswirtschaft ist völlig anders strukturiert. Auf dem deutschen Strom- und Gasmarkt tummeln sich viele 100 Unternehmen, von klein bis groß. Diese Unternehmen haben entweder kommunale oder private Eigentümer oder eine gemischte Eigentümerstruktur aus öffentlicher Hand und privatem Kapital. In Deutschland tritt der Bund, anders als zum Beispiel der französische Staat, als Eigentümer in der Energiewirtschaft überhaupt nicht auf.

Die Ausgangspositionen zur Öffnung der nationalen Strom- und Gasmärkte könnten in den Mitgliedsländern nicht unterschiedlicher sein. Die unterschiedlichen Geschwindigkeiten, mit denen der Prozess der Marktöffnung vorangetrieben wird, sind ein entsprechendes Ergebnis. Bevor die Wirkung dieser europäischen Weichenstellungen für die Stromwirtschaft bei den Bürgern in Deutschland tatsächlich ankommt, wird es noch viele Initiativen auf europäischer und nationaler Ebene brauchen. So wird von der Einheitlichen Europäischen Akte bis zur Öffnung der Strommärkte in Deutschland mehr als ein Jahrzehnt vergehen.

Während auf den großen politischen Bühnen an der wirtschaftlichen Integration Europas und an der deutschen Einheit gebaut wird, kommt es im Jahre 1990 zu einer für die Energiewende bedeutenden Gesetzesinitiative. Der Name des Gesetzes lautet: „Gesetz über die Einspeisung von Strom aus erneuerbaren Energien in das öffentliche Netz" oder auch Stromeinspeisungsgesetz (kurz: Einspeisegesetz). Die Initiatoren des Gesetzes sind zwei Parlamentarier; ein für diese Zeit noch ungewöhnliches Gespann aus einem CSU- und einem Grünen-Politiker. Sie verfolgen gleichermaßen einfache, wie auch nachvollziehbare Ziele. Die Monopole der integrierten Energiekonzerne in der Stromerzeugung sollen aufgeweicht werden. Unabhängige Stromerzeugung aus Kleinanlagen und auf regenerativer Basis soll möglich sein.

Es muss bezweifelt werden, dass den Initiatoren die langfristige Tragweite ihres Gesetzes tatsächlich bewusst ist. Es wird ein Gesetz geschaffen, dass im Laufe der Jahre einiges in den Strommärkten in Bewegung setzen wird. Das Gesetz selbst ist eine Innovation. Wie so häufig bei bahnbrechenden Innovationen werden diese ursprünglich massiv unterschätzt, manchmal sogar belächelt.

Diese gesetzliche Innovation ist sehr einfach konzipiert. Das erste Gesetz hat nur wenige Paragraphen. Es verpflichtet die traditionellen Energieversorger gegenüber Dritten, Strom aus deren regenerativen Kleinanlagen in ihre Netze aufzunehmen. Für den eingespeisten Strom sind staatlich festgesetzte Preise zu zahlen, sogenannte Einspeisevergütungen. Die Einspeisevergütungen sind an die Strompreise der Endkunden gekoppelt. Zudem schreibt das Gesetz vor, dass die Energieversorger nicht an den Vergünstigungen partizipieren dürfen. Den Energieversorgern ist natürlich nicht untersagt, entsprechende regenerative Kleinanlagen zu bauen und zu betreiben. Sie dürfen sich selbst nur nicht die entsprechenden Vergütungen zahlen.

Im Kern setzt das Einspeisegesetz einen Regulierungsrahmen und gleichzeitig ein Anreizsystem. Beides wird für die kommenden Jahrzehnte Bestand haben. Allein dies belegt den Erfolg des Ansatzes. Die Vision der Energiewende stammt aus dem Beginn der 80er Jahre. Der Startschuss für die Umsetzung der Energiewende fällt zum 1. Januar 1991, als das Einspeisegesetz in Kraft tritt. Der Deutsche Bundestag beschließt dieses Gesetz im Oktober 1990 mit großer Mehrheit. Dass dieses Gesetz die Vision der Energiewende in einem ersten konkreten Schritt Realität werden lässt, ist kaum einem Parlamentarier bewusst. In dieser Legislaturperiode beschäftigt sich das Parlament vornehmlich mit der Deutschen Einheit und nicht etwa mit der Energiewende. So fällt der Startschuss für die Energiewende fast unbemerkt.

Weder Bundesregierung noch der Deutsche Bundestag sind sich über die Tragweite des Einspeisegesetzes bewusst. In der Begründung des Gesetzes wird die Wirkung auf einen veränderten Stromerzeugungsmix als gering eingeschätzt. Es wird über einen möglichen Kostenanstieg für die Stromversorgung spekuliert. Dieser soll sich in den folgenden Jahren auf bis zu 100 Mio. DM belaufen.

Die Macher des Gesetzes können die Gründe nicht kennen, warum das ziemlich einfach strukturierte Gesetz langfristig eine weitreichende Wirkung entfalten wird. Das Einspeisegesetz legt die Grundlage für eine stärker regenerative Stromerzeugung, weil nur solche Anlagen in den Genuss von gesetzlich festgelegten Einspeisevergütungen kommen. Und es fördert die Stromerzeugung aus Kleinanlagen, weil die gesetzlich vorgegebenen Vergütungen eben nur bis zu Anlagengrößen von wenigen Megawatt gezahlt werden dürfen. Viel später wird dies als die Dezentralisierung der Stromversorgung thematisiert; das Einspeisegesetz schafft dafür die Voraussetzung.

Das Gesetz liberalisiert die Stromversorgung, ohne dass dies in irgendeiner Weise mit diesem Begriff beschrieben worden wäre. Es schafft neue Märkte, insbesondere für eine Herstellerindustrie von regenerativen Stromerzeugungsanlagen; ohne dieses Gesetz wären diese Märkte in Deutschland entweder überhaupt nicht, aber jedenfalls nicht mit dieser Geschwindigkeit entstanden. Es sollte erwähnt sein, dass beispielsweise unser nördlicher Nachbar Dänemark zu diesem Zeitpunkt bereits über eine nicht unerhebliche Windkraftnutzung und eine entsprechende Industrie verfügte.

Das neue Gesetz legt die Grundlage für technologiespezifische Einspeisevergütungen. Dies erfolgt noch relativ rudimentär, weil nur zwischen zwei Technologiegruppen unterschieden wird. Die erste Gruppe umfasst bereits etablierte Stromerzeugungstechnologien. Sie erhalten im Vergleich zur zweiten Gruppe geringere Einspeisevergütungen, die aber immer noch hoch genug sind, um einen Anreiz zu schaffen, dass sie weiter ausgebaut werden. Kleine Wasserkraftwerke gehören zu den begünstigten Technologien. Die zweite Gruppe mit höheren Einspeisevergütungen umfassen Stromerzeugungsanlagen auf Basis von Wind und Sonne. Diese beiden Technologien stehen Anfang der 90er Jahre noch am Beginn ihrer technischen und betriebswirtschaftlichen Lernkurve.

Für die Windkraft reichen die gesetzlich festgelegten Vergütungen für die eingespeiste elektrische Energie aus, um über die kommenden Jahre eine deutsche Herstellerindustrie entstehen zu lassen. Die Stromerzeugung aus Sonnenkraft wird hingegen noch viele Jahre ein Schattendasein fristen.

Ein weiterer nicht unwichtiger Aspekt des Einspeisegesetzes sind die Spielregeln für die Energieversorger, die in geschlossenen Versorgungsgebieten tätig sind. Sie haben sich bis dato skeptisch bis ablehnend zu den politischen Ambitionen zum Ausbau der regenerativen Stromerzeugung positioniert. Der Gesetzgeber will neuen Technologien aber eine echte Chance geben und zwar ohne, dass die Energieversorger dies durch Ausnutzung ihrer Monopolstellung verhindern können. Nach den Erfahrungen aus dem GROWIAN Projekt und der allseits bekannten, skeptischen Haltung der Energieversorger zu den regenerativen Technologien, wird die Öffnung der Netze für bestimmte Formen der Stromerzeugung erzwungen.

Die gesetzlich festgelegten Einspeisevergütungen gelten nicht für Anlagen der Energieversorger. Sie sind von den Vorzügen der Vergütungsregeln aus dem Einspeisegesetz ausgenommen. Erneuerbare Erzeugungsanlagen können die Versorger selbstverständlich bauen und betreiben. Die Investitions- und Betriebskosten der Anlagen könnten sie über Tarifanträge bei der Preisaufsicht der Länder auch erstattet bekommen. Einen besonderen wirtschaftlichen Anreiz gibt es aber für sie nicht.

Den Energieversorgern bietet sich durch das Gesetz keine Chance für neues Geschäft. Sie betrachten das kleinteilige und regenerative Erzeugungsgeschäft auch nicht als Herausforderung für ihr konventionelles Erzeugungsgeschäft. Auch dies hätte ein Grund sein können, sich in diesem Feld zu engagieren. Das neue Geschäft ist für sie eher ärgerlich und lästig. Diese Haltung entsteht nicht zuletzt, weil sich auf Seiten der Befürworter der erneuerbaren Stromerzeugung genau die handelnden Personen wieder finden, die gegen Kernenergie und gegen Großkraftwerke sind. Es gibt wie schon in den 80er Jahren auch in den 90ern klare Fronten auf beiden Seiten und weder politische noch betriebswirtschaftliche Gründe, diese zu beseitigen. So wird das Gesetz im Zweifel eher bekämpft und dies wird sich in den nächsten Jahren auch nicht ändern.

Die großen Energieversorger haben in den 90ern andere Dinge zu tun, als ihr Geld in regenerative Kleinanlagen zu stecken. Es gilt die Stromversorgung in den neuen Bundesländern aufzubauen und dies verschlingt Milliarden. In den Chefetagen aller großen Energieversorger liegt der Fokus auf dem Aufbau Ost. In den neuen Bundesländern wird neben vielen anderen Investitionen auch eine völlig neue Energieinfrastruktur benötigt.

Über viele Jahre wird den etablierten Energieversorgern später regelmäßig vorgehalten, sie hätten die Anfänge der erneuerbaren Stromerzeugung verschlafen und so einen wichtigen Trend in ihrer Industrie verpasst. Diese Kritik unterschlägt die absichtliche Ausgrenzung der Energieunternehmen im Einspeisegesetz, die Konzentration des Managements sowie fast aller verfügbaren Mittel auf den Aufbau Ost und schließlich die nahende Liberalisierung der Energiemärkte, die eher in Richtung Wettbewerb als in Richtung nach mehr staatlicher Regulierung in der Stromerzeugung zeigte. Und trotz guter Gegenargumente ist die Kritik an den etablierten Energieversorgern nicht völlig unangebracht. Wie in so vielen anderen Industrien, die durch neue Technologien und Innovationen tiefgreifend verändert wurden, wird ein Trend verpasst, weil er als solcher nicht erkannt bzw. in seiner Bedeutung unterschätzt wird. Für die Etablierten ist es bisweilen schlicht unvorstellbar, dass das eigene Geschäft völlig anders aussehen könnte.

Die Saat des Einspeisegesetzes geht in den 90er Jahren jedenfalls auf, zunächst bei der Windkraftnutzung. Es sind mittelständische Unternehmen, die beginnen kleine Windkraftanlagen in Serie zu bauen und zu errichten. Ein Vermarktungsrisiko für den aus Windkraft produzierten Strom besteht nicht. Wenn sich die Anlage zuverlässig dreht und elektrische Energie produziert, sind die Umsätze über das Einspeisegesetz gesichert. Es braucht keine Stromkunden und keinen Vertrieb; die erneuerbaren Stromerzeuger können sich voll auf die Entwicklung von Windkraftanlagen konzentrieren.

Die Herstellerindustrie und Zulieferbranche von Windkraftanlagen wächst mit überdurchschnittlichen Raten. In dieser Industrie entstehen aus der Gruppe der Tüftler und Idealisten beachtliche mittelständische Unternehmer. Deren Belegschaften arbeiten mit hoher Motivation und Innovationskraft. Sie finden Stück für Stück heraus, wie ihre Anlagen immer größer, immer kostengünstiger und immer zuverlässiger gebaut werden können.

Eine durchschnittliche Windkraftanlage hat im Jahre 1990 eine installierte Leistung von 200 kW, einen Rotordurchmesser von 40 m und eine Nabenhöhe von 50 m. Im Jahre 2000 sind die Standardanlagen bereits in die 1 MW (= 1.000 kW) Klasse vorgedrungen, der Rotordurchmesser beträgt bereits 70 m und die Nabenhöhe ist auf 100 m gewachsen. Eine wachsende elektrische Leistung und die verbesserte Winderne durch höhere Anlagen drücken die Stromproduktionskosten. Die Zusammenlegung von Anlagen zu Windparks senkt die Infrastrukturkosten, insbesondere die Netzanbindungskosten. Ein immer tieferes Verständnis über die richtigen Standorte mit günstigen Windbedingungen führt zu einer immer höheren Windausbeute. Windgutachten sind bei der Standortauswahl ein Muss und lassen mit immer höherer Genauigkeit vorhersagen, welche Anlage welche Ausbeute an welchem Standort haben wird.

Mit den Herstellern der Windkraftanlagen wachsen eine Zulieferindustrie im Stahl- und Maschinenbau und ein ganzer Dienstleistungssektor. Projektentwickler durchlaufen eine Professionalisierung, die es ihnen im Laufe der Jahre erlaubt, nicht nur einzelne Windkraftanlagen, sondern auch große Windparks zu errichten. So werden viele 1 000 Arbeitsplätze in einer jungen Industrie rund um regenerative Energien geschaffen. Gerade für die Politik in strukturschwachen Regionen ist dies ein wichtiges Argument. In den Regionen Nord- und Ostdeutschlands wächst die politische Unterstützung quer durch alle Parteien in dem Maße, in dem örtliche Unternehmer Arbeitsplätze schaffen und helfen, die viel zu hohe Arbeitslosigkeit gerade unter den jungen Menschen zu senken.

Mit diesem beträchtlichen Wachstum nimmt auch der Widerstand zu, vor allem durch die etablierten Energieversorger. Die Windkraft ist vom kaum ernst zu nehmenden Ärgernis zur echten Herausforderung geworden. Dies gilt besonders für die Regionen, in denen die Windkraft überproportional wächst, so geschehen in Schleswig-Holstein. Der Streit um den sogenannten doppelten 5 % Deckel ist ein Paradebeispiel aus dieser Zeit und zeigt, wie sich etablierte Energieunternehmen und Windindustrie begegneten.

Als der Ausbau der Windkraft in Schleswig-Holstein in den 90er Jahren immer schneller wächst, sind die Belastungsgrenzen für den dortigen regionalen Stromversorger schnell erreicht. Dieser ist gesetzlich verpflichtet, ständig steigende Windstrommengen zu festgelegten Preisen abzunehmen. Gegenüber den üblichen Einkaufspreisen für elektrische Energie entstehen erhebliche Mehrkosten, die der Energieversorger an seine Kunden weitergeben muss. Der durch ein Bundesgesetz angetriebene Windkraftausbau in Schleswig-Holstein wird ausschließlich von den Stromkunden vor Ort bezahlt.

Im Jahre 1998 führt der Gesetzgeber eine Härteklausel in das Einspeisegesetz ein, den doppelten 5 % Deckel. Der erste Deckel ist erreicht, wenn die per Einspeisegesetz begünstigte Strommenge in einem Versorgungsgebiet 5 % der im gleichen Netzgebiet an Kunden abgegebenen Strommenge überschreitet. Der so betroffene lokale Energieversorger kann nach Erreichen des ersten Deckels alle weiteren Mehrkosten an den überregionalen Energieversorger weiterreichen. Dieser ist in einem deutlich größeren Netzgebiet tätig und verteilt die Mehrkosten auf eine deutlich größere Absatzmenge. Werden auch bei dem überregionalen Energieversorger wiederum 5 % der Absatzmenge erreicht, greift der zweite Deckel. Die Überschreitung der zweiten 5 % Grenze führt zu einem automatischen Ende der gesetzlichen Vergütungspflicht für alle zusätzlichen regenerativen Erzeugungsanlagen.

Der doppelte 5 % Deckel droht Ende der 90er Jahre, den Ausbau der Windkraft in Norddeutschland zum Erliegen zu bringen. Rechtzeitig vorher finden jedoch Bundestagswahlen statt und eine Koalition aus Sozialdemokraten und Grünen stellt die neue Bundesregierung. Diese wird einiges in der Energiepolitik ändern und auch den doppelten 5 % Deckel abschaffen.

Gleichzeitig läuft ein viel beachteter, juristischer Prozess um den doppelten 5 % Deckel, der es durch alle Instanzen bis zum Europäischen Gerichtshof schafft. Im Kern muss das Gericht prüfen und entscheiden, ob die gesetzlich vorgeschriebenen Einspeisevergütungen mit europäischem Beihilferecht vereinbar sind. Als das höchstrichterliche Urteil im Jahre 2001 verkündet wird, ist der doppelte 5 % Deckel schon seit Jahren Geschichte. Gleichwohl ist das Urteil von hoher Bedeutung und für die Energiewende geradezu historisch. Die Richter bestätigen die Vereinbarkeit von gesetzlich vorgeschriebenen Einspeisevergütungen mit europäischem Beihilferecht. Das ist ein Meilenstein für das Einspeisegesetz und das darin angelegte Vergütungsprinzip. Der Staat kann per Gesetz Einspeisevergütungen, d. h. Preise, festlegen, wenn dies höheren Zielen, wie dem Umweltschutz dient.

Ende der 90er Jahre sind nicht nur die Windstrommengen, sondern auch die Folgekosten des Einspeisegesetzes kräftig angestiegen. Die Stromerzeugung aus Windkraft ist teurer, als Stromerzeugung in konventionellen Kraftwerken. Damit die Strommengen aus Windkraft zu höheren Preisen trotzdem abgenommen werden, hat sich der Gesetzgeber nicht nur die Abnahmeverpflichtung für die lokalen Energieversorger ausgedacht. Der Staat, vertreten durch entsprechende Preisaufsichtsbehörden der Länder, genehmigt den Unternehmen Preisanträge mit Mehrkosten, so dass diese über höhere Tarife an die Kunden weitergegeben werden können.

Der Windkraftausbau boomt, die Folgekosten steigen und die lokalen Stromversorger zahlen für den Windstrom. Dort, wo der Ausbau in windreichen Regionen besonders gut vorankommt, werden die Kunden zunehmend zur Kasse gebeten. Transparenz? Fehlanzeige. Der komplexe Mechanismus der Kostenverteilung ist dem Kunden nicht zu vermitteln und die Energieversorger, die ein vitales Interesse an dieser Transparenz haben müssten, versäumen es, diese herzustellen. Die Unternehmen verlassen sich auf die eingespielten Prozesse der Preisgenehmigung. Sie erkennen nicht, dass der Mangel an Kostentransparenz vor allem zu ihren Lasten geht, weil er Vertrauen bei ihren Kunden kostet.

Die Energieversorger konzentrieren sich lieber auf die Kritik am Einspeisegesetz gegenüber der Politik. Natürlich sind hier eigene Interessen im Spiel, weil ein immer größerer Marktanteil an der Stromproduktion an ihnen vorbei geht und die überwiegende Anzahl der Energiemanager die regenerativen Kleinanlagen ohnehin für überflüssig hält.

Die Politik wiederum überlässt es allein den Energieunternehmen, den Menschen vor Ort die preislichen Konsequenzen aus dem Einspeisegesetz zu erklären. Dieses Verhalten wird sich noch über Jahre fortsetzen. Ist ein Windpark zu eröffnen oder eine neue Produktionsstätte einzuweihen, drängeln sich Politik und Regierungsvertreter, um rote Bänder durchzuschneiden und die Vorzüge der erneuerbaren Energien zu preisen. Kommt es aber zu Preiserhöhungen, überlässt es die Politik den Energieversorgern, die schlechten Botschaften an die Kunden weiterzugeben. Mancher Politiker übt sogar Schelte, wenn an der Preisschraube gedreht wird und negiert die Gründe. Die Energieversorger selbst tun zu wenig, um diesem Vorwurf entschlossen und geschlossen entgegen zu treten. Dies schadet der Reputation der Energiewirtschaft erheblich und kostet Vertrauen beim Kunden.

Die öffentliche Debatte um Preiserhöhungen aufgrund der Folgekosten aus regenerativer Erzeugung wird die Energiewende über Jahre begleiten. Sie wird zum Teil heftig geführt und überschreitet bisweilen auf allen Seiten akzeptable Grenzen. In Expertenrunden wird derweil hitzig über die Angemessenheit der Einspeisevergütungen diskutiert. Neben der Polemik, die auch diese Debatte ertragen muss, geht es im Kern um die Frage der Internalisierung von externen Kosten.

Es ist ein seit Jahren bekanntes und zutreffendes Argument der Umweltbewegung, dass Folgeschäden aus industrieller Produktion nicht hinreichend in den Produktionskosten reflektiert werden. Dies lässt sich auch auf die Energiewirtschaft übertragen. Hier wird kritisiert, dass Stromproduktion aus Kohle und Uran schlicht zu billig ist. Dieser Strom würde erheblich teurer sein, wenn alle relevanten Folgekosten internalisiert würden. Die hohen Einspeisevergütungen seien folglich gerechtfertigt, weil die so geförderten Erzeugungsarten keine Folgekosten verursachen würden. Besonders deutlich wird dies am Beispiel der Verstromung von Kohle und den damit verbundenen CO_2 Emissionen. Die aufkommende Klimadebatte stärkt das Argument, dass Kohleverstromung für die entstehenden CO_2 Emissionen bezahlen müsste. Die Energiewirtschaft verweist hingegen auf die hohen Umweltstandards, die weltweit ihresgleichen suchen, und hält am Argument zu hoher Einspeisevergütungen fest.

Das Einspeisegesetz war der Startpunkt der Energiewende Anfang der 90er Jahre. Dieses und auch das Nachfolgegesetz, das sogenannte Erneuerbare-Energien-Gesetz (kurz: EEG), haben weltweit im Laufe der Jahre viele Nachahmer in anderen Ländern gefunden. Auch wenn es ein Exportschlager wurde, hatte es bereits von Beginn an eine Reihe von Schwächen, die nicht genügend beachtet und deswegen auch nicht frühzeitig beseitigt wurden.

So lange der Ausbau der erneuerbaren Energien noch in den Anfängen steckte, wurde die Förderung der entsprechenden Technologien über staatlich festgesetzte Preise nicht zu Unrecht mit dem Argument begründet, dass es sich um eine junge Industrie handelt, die erst noch aufgebaut werden muss. Im politischen Raum stellte niemand die Frage, wann diese Aufbauphase abgeschlossen sein wird, und was nach dieser Aufbauphase geschehen soll.

So etabliert sich über das Einspeisegesetz ein Fördersystem mit staatlich garantierten Abnahmepreisen, das sich einigen Prinzipien der Marktwirtschaft viel zu lange entzieht. Entschuldigt wird dies häufig damit, dass diese Prinzipien in der Energiewirtschaft generell nicht besonders verbreitet sind. Gleichwohl, die staatlich garantierten Preise verhindern Wettbewerb, und dies in mehrfacher Hinsicht.

Der staatlich festgelegte Preis, z. B. für Einspeisungen aus Windkraftanlagen, erzeugt keinen Wettbewerbsdruck bei den Windkraftprojekten untereinander. Die Absatzmenge für Windstrom ist unbegrenzt, jede Investition in eine Windkraftanlage findet garantierten Absatz. Mit einem unbegrenzten Absatzmarkt generiert auch die teuerste und ineffizienteste Investition in eine Anlage noch Umsatzerlöse. So ist der Anreiz zur ständigen Verbesserung der Windkrafttechnik in Bezug auf ihre Kosteneffizienz nicht so hoch, wie in anderen Märkten für Investitionsgüter.

Es gibt auch keinen Wettbewerb der Erzeugungsarten untereinander, z. B. kleine Wasserkraft gegen Windkraft. Dieser Wettbewerb wird durch unterschiedliche Einspeisevergütungen für die einzelnen Technologien ausgeschaltet. Oder aus anderer Perspektive: Es entstehen mehrere, separate Teilmärkte für regenerative Stromerzeugungstechnologien. Dies hat zur Folge, dass in Deutschland nicht nur die Stromerzeugungstechnik besonders stark zum Ausbau kommt, bei denen das natürliche Angebot hoch und die Investitionskosten niedrig sind. Theoretisch hätte auf eine Differenzierung der Einspeisevergütung vollständig verzichtet werden können. Es wären anschließend vergleichsweise einseitige Verhältnisse entstanden. Dass dies im Ergebnis nicht schlechter sein muss, sieht man in Dänemark, in dem sich die Windkraft durchgesetzt hat, oder in Norwegen, das sich zu fast 100 % auf Wasserkraft verlässt.

Nicht zuletzt berücksichtigt das Einspeisegesetz die Kosten für die Systemintegration der erneuerbaren Erzeugungsanlagen von Anfang an nicht. Weder die unmittelbaren Netzanschlusskosten, noch die Kosten für die Erweiterung der Transport- und Verteilungsnetze werden berücksichtigt. Dass die stark schwankende Einspeisung von Windkraftanlagen und Solarmodulen zudem auch zusätzliche Anforderungen an die Flexibilität des restlichen Kraftwerksparks stellt, scheint zunächst auch niemanden wirklich zu interessieren.

All diese Nachteile des Einspeisegesetzes sind zu rechtfertigen, so lange die Stromerzeugung aus Erneuerbaren noch zu einer gewissen technischen Reife entwickelt werden muss und so lange sich die Strommengen im Bereich weniger Prozent am Gesamtmarkt bewegen. Ende der 90er wird diese Grenze erreicht, aber dann beginnt mit der Liberalisierung der Energiemärkte ohnehin eine neue Zeitrechnung, auf die es sich in der Energiewirtschaft zu konzentrieren gilt.

EnWG und EEG (1998–2003)

Die Energiewende startet im Jahre 1990. Gemessen an ihrer späteren Entwicklungsgeschwindigkeit geht es mit ihr in den 90ern fast gemütlich voran. Zur Jahrtausendwende wird sich das ändern; jetzt nimmt die Energiewende richtig Fahrt auf. Sie wird in dieser Zeit von zwei unterschiedlichen Bundesregierungen und durch einige Gesetzesnovellen angetrieben. Dass der Weg der Energiewende in diesen Jahren alles andere als geradlinig ist, soll an einem einfachen Beispiel gezeigt werden. Das Beispiel stützt sich auf zwei Gesetzestexte. Beide Gesetze werden im Jahre 1998 in den Deutschen Bundestag eingebracht und treten in kurzer zeitlicher Folge in Kraft. Auf die Inhalte der Gesetze wird noch im Einzelnen einzugehen sein. Hier soll nur ein einzelner Aspekt aus dem Gesetzestext heraus gegriffen werden. Er beschäftigt sich mit dem Einfluss des jeweiligen Gesetzes auf die Endkundenpreise. Der Preisaspekt sollte eine besondere Bedeutung für diejenigen haben, die im Namen des Volkes Gesetze für den Bürger machen. Es wäre zu erwarten, dass sich die politischen Parteien wenigstens darauf verständigen können, ob die Energiepreise gerade hoch oder niedrig sind. In vielen anderen Fragen der Energiepolitik ist eine unterschiedliche Position der Parteien nachvollziehbar. Beim Preisniveau ist es das eigentlich nicht.

Der Text über das am 11. April 1998 in Kraft getretene Energiewirtschaftsgesetz (kurz: EnWG) beginnt wie folgt:

> A. Zielsetzung
> Im internationalen Vergleich leidet der Wirtschaftsstandort Deutschland unter zu hohen Strom- und Gaspreisen …

Der Text über das am 1. Januar 1999 in Kraft getretene Stromsteuergesetz beginnt hingegen wie folgt:

> A. Problem
> Energie ist ein knappes und endliches Gut. Die Preise für seine Nutzung sind in Deutschland zu niedrig …

Dem Beispiel könnten viele weitere hinzugefügt werden, die die Widersprüchlichkeit der deutschen Energiepolitik kennzeichnen. Diese Widersprüchlichkeit zieht sich wie ein roter Faden durch die nächsten mehr als zehn Jahre. Jedes einzelne Gesetz macht für sich Sinn und liefert in aller Regel den politisch gewünschten Effekt. Insgesamt sind die Gesetze allerdings untereinander nicht widerspruchsfrei. Diese inkonsistente Energiepolitik ist ineffizient, teuer und verunsichert gleichermaßen Energiekunden und Energieunternehmen.

Am 1. April 1998 tritt das oben erwähnte EnWG in Kraft. Noch ist eine schwarz-gelbe Bundesregierung im Amt, die mit diesem Gesetz eine europäische Richtlinie aus dem Jahre 1996 in deutsches Recht umsetzt. Diese Richtlinie sieht vor, die Strommärkte europaweit zu liberalisieren. Im Jahre 1998 lässt die EU Kommission eine entsprechende Richtlinie zur Öffnung der Gasmärkte folgen. Beide europäischen Richtlinien gehen auf die Einheitliche Europäische Akte zurück, mit der sich die Europäische Gemeinschaft die Vollendung eines europaweiten Binnenmarktes vorgenommen hat.

Die Ziele der Liberalisierung sind klar. Alle Kunden, von Privatkunden bis zu Industriekunden, sollen ihren Lieferanten frei wählen können. Die Netze müssen für Dritte geöffnet werden. Jeder soll freien Zugang zu Transport- und Verteilungsnetzen erhalten, damit Strom oder Erdgas von A nach B transportiert werden kann. Dies soll auch Händlern ermöglicht werden, die ansonsten kein weiteres Interesse am Strom- oder Gasgeschäft verfolgen und nicht in Netze, Kraftwerke oder Gasspeicher investiert sind.

Das EnWG ist eine Zäsur. Für mehr als 60 Jahre manifestierte das jeweils gültige Energiewirtschaftsrecht Gebietsmonopole. Demarkationen, also Gebietsabsprachen, waren üblich und rechtlich zulässig. Es gab keine Kunden, sondern Abnehmer. Wettbewerb beim Kunden und um den Kunden? Weitgehend Fehlanzeige. Das bedeutet nicht, dass es nicht auch unternehmerisches Denken und Handeln gab. Und es bedeutet auch nicht, dass es unter den Energieunternehmen keinen Wettbewerb gab, ganz im Gegenteil. Dieses unternehmerische Denken und Handeln sowie die wettbewerblichen Aktivitäten konzentrierten sich nur nicht auf den Kunden und auf Kundennutzen. Warum auch? Der Kunde war durch die rechtliche Monopolstellung der Unternehmen bis dato an seinen Lieferanten gebunden.

Die Veränderungen durch das EnWG sind dramatisch und abrupt für die gesamte Energieindustrie. Die EU Vorgaben ermöglichen die stufenweise Einführung des Wettbewerbs und fast alle Länder in Europa machen davon Gebrauch. Die Bundesregierung entscheidet hingegen, dieses Wahlrecht nicht zu nutzen. Voller Wettbewerb und zwar sofort, so lautet ihre Entscheidung. Die Kunden nutzen die neuen Freiheiten. Insbesondere große Industriekunden und Stadtwerke setzen ihre gewonnene Verhandlungs- und Einkaufsmacht gegenüber den Energiekonzernen zum eigenen bzw. zum Vorteil ihrer Kunden ein.

Besonders die Entwicklung der Stadtwerke in Zeiten der Liberalisierung straft viele Experten mit ihren düsteren Prognosen Lügen. Solche Experten hatten den Stadtwerken ein regelrechtes „Stadtwerkesterben“ vorhergesagt. In der Erwartung eines deutlichen Wettbewerbsdrucks würden die kleineren Energieversorger unweigerlich in die Knie gehen, so die Vorhersage. Wenigstens in den ersten Jahren der Liberalisierung kommt es völlig anders. Stadtwerke, die nicht über eigene Kraftwerke verfügen, profitieren von den stetig fallenden Einkaufspreisen. Sie können bei ihren Kunden wettbewerbsfähige Angebote unterbreiten und so spielend mithalten. So verlieren sie kaum Kunden und keine Marktanteile. Es stellt sich bald heraus, dass gut geführte Stadtwerke auch dauerhaft durch ihre Kundennähe und durch die Verzahnung mit der Kommunalpolitik unbestreitbare Vorteile gegenüber so manchem Wettbewerber haben.

Stadtwerke und regionale Energieversorger gehören zu der Gruppe der sogenannten Weiterverteiler. Sie sind der Großhandel von elektrischer Energie und Erdgas. Ihnen und den endverbrauchenden Kunden kommt zugute, dass die großen Stromerzeuger auf die neue Wettbewerbssituation nicht gut vorbereitet sind. Die Preise für Großkunden fallen innerhalb von wenigen Monaten. Im Jahre 2000 werden den Kunden, d. h. großen Endkunden und Weiterverteilern, Preise angeboten, mit denen die Stromerzeuger nicht einmal mehr ihre Einstandskosten für den Brennstoff verdienen. Die Kunden jubeln, die Politik fühlt sich in ihrem Kurs bestätigt und die Stromerzeuger leiden.

Die amtierende Bundesregierung ergreift die Gelegenheit sinkender Strompreise und führt die Ökosteuer auf Strom, kurz Stromsteuer, ein. Die Stromsteuer erreicht ihren höchsten Steuersatz mit 20,50 € pro Megawattstunde auf die verbrauchte, elektrische Energie Ende 2002 und führt im folgenden Jahr zu einem Steueraufkommen von ca. 6 Mrd. € für den Bundeshaushalt. Gerade für den deutschen Haushaltskunden bleiben die Vorteile aus der Liberalisierung der Strommärkte dadurch überschaubar. Die Bundesregierung schöpft einen nicht unerheblichen Teil der sinkenden Strompreise ab, bevor sie den Endkunden erreichen.

Man muss dieser Bundesregierung allerdings attestieren, dass sie in der Gesetzesbegründung ehrlich ist. Niedrige Strompreise senken den Anreiz zur Energieeffizienz, heißt es dort sinngemäß. Und dies ist zutreffend. Die erfolgreichsten Programme zur Steigerung der Energieeffizienz waren und sind Preiserhöhungen. Das will später zwar niemand mehr hören und schon gar nicht aussprechen. Es ist aber gleichwohl zutreffend. Es gilt als politisch unkorrekt, weil es den Eindruck erweckt, man würde sich nicht um die sozialen Folgen einer Energiepreiserhöhung scheren. Die Grünen haben dies vor etlichen Jahren mit voller Wucht zu spüren bekommen, als sie auf einem Parteitag beschlossen, dass der Liter Benzin 5,00 DM kosten solle.

Auch die Stromerzeuger reagieren auf den Preisverfall. Wie in anderen Märkten sinken die Preise, weil das Angebot die Nachfrage übersteigt. Die Überversorgung entsteht durch Überkapazitäten im Kraftwerkspark, die die großen Stromerzeuger in Monopolzeiten aufgebaut hatten. In 2001 kündigen einige Stromerzeuger die Stilllegung von mehreren 1000 MW an Kraftwerksleistung an. Kraftwerksstilllegungen und Personalabbau sind ein Tabubruch in einer Branche, die durch Monopole über Jahrzehnte geschützt war. Die Liberalisierung der Strommärkte wird für die etablierten Energieversorger zu einem Fitnessprogramm und das Jahr 2001 markiert nur den Anfang dieses Prozesses.

Die Stromerzeuger lernen zudem schnell und unter Schmerzen, wie sie sich auf Wettbewerbsmärkten verhalten sollten. Einen Kunden an sich zu binden, koste es was es wolle, dies kann kein nachhaltig erfolgreiches Konzept sein. So wechseln gerade Großkunden zwar häufig ihren Lieferanten. Das irrationale Verhalten der Stromerzeuger, nahezu bei jedem Preis noch mitzuhalten, findet jedoch in den folgenden Jahren ein Ende.

Das neue Energiewirtschaftsgesetz erzeugt nicht nur Wettbewerb bei der Stromerzeugung. Auch die gesetzlich geforderte Entflechtung der integrierten Energieversorger bedeutet einen tiefen Einschnitt. Die strikte Trennung von Netzgeschäft auf der einen sowie Erzeugungs- und Vertriebsgeschäft auf der anderen Seite ist für Wettbewerb zwingend notwendig. Diese Entflechtung wird gleichwohl erst über Jahre schrittweise durchzusetzen sein.

Für die sogenannten Verbundunternehmen, zu denen alle wesentlichen großen Stromversorger zählen, ist die Entflechtung von Transport- und Erzeugungsgeschäft ein Bruch mit ihrer bisherigen Geschäftsphilosophie. Diese Unternehmen haben bis dato für die Stromversorgung Systemverantwortung übernommen, d. h. sie waren für die Stabilität und Zuverlässigkeit der Stromversorgung insgesamt verantwortlich. Kraftwerke und Netze, das war ein geschlossenes technisches System, das als ein solches geplant, gebaut und betrieben wurde. Die Forderung nach Entflechtung lautet nicht weniger als diese integrierte Sicht erst einmal zu verlassen.

Es wird mit der Entflechtung nicht weniger aufgegeben als ein Prinzip, dass seit vielen Jahrzehnten Grundlage für die Planungen der Stromversorgungssysteme war. Dieses Prinzip heißt verbrauchernahe Stromerzeugung. Es entstand aus der betriebswirtschaftlich richtigen Überzeugung, dass Strom so verbrauchsnah wie möglich zu erzeugen ist. Damit werden die Verluste beim Energietransport und bei der Energieverteilung reduziert, der Ausbau der Transportnetze wird begrenzt und die Zuverlässigkeit der Stromversorgung wird insgesamt erhöht. Das alles spiegelt sich auch in der üblicherweise benutzten Bezeichnung der Transportnetze wider, die in Deutschland als „Verbundnetze" bezeichnet werden. Die Verbundunternehmen sind in der DVG, Deutsche Verbund Gesellschaft, zusammen geschlossen. Dieser Verband hat seinen Sitz in Heidelberg, gegründet wurde er nach dem zweiten Weltkrieg. Er existiert nur bis 2001 und verschwindet anschließend von der Landkarte der Verbände. Auch die Verbändelandschaft kommt durch die Liberalisierung in Bewegung.

Die Bezeichnung Verbundnetz beschreibt die Rolle der entsprechenden Netze zutreffend. Die Netze bilden einen Verbund aus im Grunde eigenständigen Netzzellen mit definierter regionaler Ausdehnung. Diese Zellen sind über eine begrenzte Anzahl von Höchstspannungsleitungen miteinander „verbunden". Diese Leitungsverbindungen dienen der Stabilisierung der Stromversorgung und dem Stromaustausch im Störungsfall. Sie sind nicht mit der Absicht eines überregionalen und andauernden Stromtransports konzipiert, auch wenn sie dazu in begrenztem Umfang grundsätzlich in der Lage sind.

Dies wird in Zukunft so lange kein Problem sein, wie sich die Erzeugungsschwerpunkte in Deutschland nur unerheblich verschieben. So lange die Standorte der Stromerzeugung weitgehend bestehen bleiben, kann das deutsche Verbundnetz auch die neuen Anforderungen aus der Liberalisierung, nämlich einen begrenzten Stromtransport, stemmen. Mit dem Ausstieg aus der Kernenergie und dem gleichzeitigen Ausbau der Windkraft in Norddeutschland und vor den Küsten ändert sich dies allmählich und wird letztendlich Konsequenzen haben.

Strukturelle Veränderungen in der Unternehmenslandschaft, die den Begriff Umbruch verdienen, lassen nicht lange auf sich warten. Bei den großen Unternehmen führen Fusionen zu einer Konsolidierung in der Energiewirtschaft, die bis dato unvorstellbar war. Von ehemals 9 Verbundunternehmen bleiben durch Fusionen nach nur wenigen Jahren nur noch 4 große Stromversorger übrig. Nach der Fusion der Stromversorger untereinander, kommt es anschließend auch noch zu Übernahmen einiger Gasversorger.

Die Liberalisierung der Energiewirtschaft hat in vielfältiger Weise Einfluss auf die Energiewende. Der Kunde rückt durch die Liberalisierung in den Mittelpunkt des Geschehens. Schon nach kurzer Zeit kann sich insbesondere der Haushaltskunde aus einer Vielzahl von Anbietern einen passenden Lieferanten auswählen. Das Angebot geht von frühen und erfolgreichen Produkten, die dem Strom eine Farbe geben, bis zu späteren, weniger erfolgreichen „Mix-it“ Produkten, bei denen sich der Kunde seine eigene Strommischung aus Kohle-, Kern-, Gas- oder Wasserkraftwerken zusammenstellen kann. Die Produkt- und Angebotsvielfalt reicht bis in Öko-Stromprodukte, bei denen angeboten wird, reinen, zertifizierten Öko-Strom zu liefern. Sehr schnell erkennen auch die traditionellen Anbieter, dass sie solche Produkte in ihrem Angebotsportfolio haben müssen. Auch wenn die Kunden diese Produkte kaum kaufen, der eigene Lieferant sollte sie nach ihrer Meinung jedenfalls anbieten.

Die Liberalisierung und die dadurch erzwungene Entflechtung der Netze vom Erzeugungs- und Vertriebsgeschäft schaffen zudem bessere Voraussetzungen für den Netzzugang von Erzeugungsanlagen auf der Basis erneuerbarer Energien. Gleichwohl hat die eigentliche Energiewende unmittelbar nach der Liberalisierung erst einmal eine Phase schwächeren Wachstums. Aber nur kurz, denn noch im gleichen Jahr 1998 kommt es zum Regierungswechsel in Berlin und die erste rot-grüne Bundesregierung übernimmt die Macht.

Die neue Bundesregierung macht gleich zu Beginn Druck in Sachen Energiewende. Da ist zunächst und vor allem der Ausstieg aus der Kernenergie zu verhandeln. Schließlich haben die Koalitionäre auf diesen Tag mehr als 16 Jahre warten müssen. Im Wahlprogramm von Grünen und SPD wurde versprochen, mit den Kernkraftwerken kurzen Prozess zu machen. Deren Wähler, gerade die der Grünen, erwarten jetzt Taten, umso schneller und weitreichender, umso besser. Aber so einfach wird es nicht. Die Verhandlungen mit den Betreibern ziehen sich hin. Die Vorstellungen darüber, wie ein Kernenergieausstieg aussehen soll bzw. darf, gehen zunächst weit auseinander.

Erst im Jahre 2000 steht ein Verhandlungsergebnis, das beide Seiten gleichermaßen zufrieden stellt. Der Atomkonsens sieht vor, dass die verbleibenden Kernkraftwerke anlagenspezifische Reststrommengen zur Verfügung haben. Jedes Kernkraftwerk darf nach dem neuen Atomgesetz eine genau festgeschriebene Menge elektrischer Energie erzeugen. Unmittelbar nach Verbrauch dieser Mengen erlöschen die Betriebsgenehmigungen. Die Regierung feiert den Ausstieg, während die Betreiber jedenfalls nicht öffentlich bestätigen, dass sie noch einmal glimpflich davon gekommen sind.

Faktisch lässt der Kompromiss, der im Jahre 2001 in ein neues Atomgesetz übersetzt wird, die Versorgungsstrukturen in der Stromwirtschaft weitgehend intakt. Jedenfalls hat die Liberalisierung der Strommärkte auf diese Strukturen viel weitreichendere und unmittelbare Auswirkungen als der Atomkonsens. Der Beitrag des Atomkonsenses zur Energiewende liegt eher in seiner langfristigen Perspektive als in seiner unmittelbaren Wirkung.

Zeitgleich zur Verhandlung des Atomkonsenses macht sich die rot-grüne Bundesregierung an die Renovierung des Einspeisegesetzes. Da gibt es einiges zu korrigieren und natürlich neue Impulse zu setzen. Der Liberalisierung und den damit in Verbindung stehenden gesetzlichen Entflechtungsvorgaben ist Rechnung zu tragen. Für die regional ungleiche Verteilung der Kostenlasten durch den starken lokalen Ausbau erneuerbarer Erzeugung in Norddeutschland muss eine Lösung gefunden werden, die politische Akzeptanz erfährt. Zudem soll nach der Windkraft auch die Photovoltaik vorangebracht werden. Dies alles wird mit ehrgeizigen Zielen zum Ausbau der Erneuerbaren insgesamt verbunden.

Um diese Ziele zu erreichen, müssen auch ein paar Dinge in Kauf genommen werden. Die Ausgrenzung der Energieversorger von den Vorzügen staatlich festgesetzter Mindestpreise für erneuerbare Energien kann rechtlich nicht mehr durchgehalten werden. Zudem dämmert es sogar den ärgsten Gegnern der Energiekonzerne, dass eine Energiewende in Deutschland so ganz ohne die etablierte Industrie nicht zu machen sein wird.

Die erneuerbaren Energien entfernen sich bei der Windkraft mit großer Geschwindigkeit von einer dezentralen Stromerzeugung hin zu Großkraftwerken. Sie heißen eben nur Windparks und nicht Großkraftwerk; ansonsten unterscheiden sie sich mittlerweile immer weniger voneinander. Wenn Windparks in Größenordnungen von 50 MW und mehr hineinwachsen und gleichzeitig Netzanbindungen im Hoch- und Höchstspannungsnetz benötigen, ist dies nicht die dezentrale Stromerzeugung, die von den Initiatoren des Einspeisegesetzes gewollt war. Die Zeiten, in denen sich der Landwirt in Norddeutschland eine Windmühle auf den Hof stellt und damit seine persönliche Energiewende einleitet, sind faktisch vorbei. Sie werden nur noch zu Marketingzwecken genutzt. Tatsächlich geht auch die Windkraft den Weg einer normalen Industrie und strebt mit Skaleneffekten auf Kostensenkung und Effizienzsteigerung.

In nur 10 Jahren ist Stromerzeugung aus Windkraft den Kinderschuhen entwachsen, groß geworden und mehr und mehr zentral. Es ist nicht so, dass dies nicht der richtige und logische Weg wäre. Er passt nur nicht zu den Vorstellungen mancher Politiker, die eine dezentrale Stromerzeugung um ihrer selbst willen für besser halten. Hier spielt sicherlich eine machtpolitische Frage eine Rolle, da es solchen politischen Vertretern bisweilen nicht um die bessere Lösung geht. Sie wollen die Energiekonzerne in ihrem Einfluss auf die Energiewirtschaft einschränken und unterstellen, dass das mit mehr dezentraler Erzeugung möglich sein wird.

Wie zentral die Stromerzeugung aus Windkraft zukünftig sein wird, dies kann an den ehrgeizigen Plänen der Bundesregierung zum Ausbau von seegestützter Windkraftnutzung deutlich abgelesen werden. Nach dem Ausbau der Windkraft auf dem Festland soll nun der Boom des Ausbaus auf hoher See kommen. Das Meer lockt mit deutlich höheren Ausnutzungsgraden für die Windkraftanlagen. Eine baugleiche Anlage produziert auf hoher See deutlich mehr Strom pro Jahr als eine entsprechende Anlage auf dem Festland. Die gleichmäßig hohen Windgeschwindigkeiten auf hoher See machen es möglich.

Die neue Bundesregierung geht also ans Werk und nimmt sich ein Einspeisegesetz 2.0 vor. Heraus kommt ein Gesetz mit dem Namen „Gesetz zur Förderung der Stromerzeugung aus erneuerbaren Energien“ oder auch Erneuerbare-Energien-Gesetz (kurz: EEG). Der Bundestag beschließt das EEG mit der Mehrheit der rot-grünen Stimmen; es tritt zum 1. Januar 2000 in Kraft. Dieses

Gesetz wird die Energiewende ebenso voranbringen wie sein Vorgänger, das Einspeisegesetz.

In der Wirkungsweise des EEG gilt es das Erfolgsrezept des Einspeisegesetzes weiter zu führen, zumal die Erwartung besteht, dass auch der europäische Gerichtshof dafür grünes Licht geben wird. Es bleibt bei gesetzlich festgelegten Einspeisetarifen für Strom aus regenerativen Energien und einer Abnahmeverpflichtung für den erzeugten Strom. Die Abnahmeverpflichtung und damit die Vergütungspflicht gehen auf die Netzbetreiber über, da die Liberalisierung zur Entflechtung der integrierten Energieversorger geführt hat. Die Netzbetreiber sind die naheliegende Lösung als Ersatz für den durch die Liberalisierung abhanden gekommenen etablierten, integrierten Energieversorger aus Monopolzeiten. Die Netzbetreiber kaufen den regenerativen Strom von den Anlagenbetreibern, die gemäß EEG in den Genuss ihrer Einspeisevergütung kommen. Für die Netzbetreiber beginnt danach ein komplizierter Mechanismus der Weitergabe der Kosten und der regenerativen Strommengen, an dessen Ende alle Kunden deutschlandweit einen gewissen Anteil an regenerativem Strom beziehen und natürlich auch anteilig bezahlen.

Das EEG verfeinert zudem die Vergütungsstruktur. Es entstehen technologiespezifische Einspeisetarife für Wind, Solar etc. Zusätzlich werden die Einspeisetarife auch innerhalb bestimmter Technologien, wie z. B. der Biomasse, differenziert. Für kleinere Anlagen gibt es höhere Vergütungen als für größere Erzeugungsanlagen. Die Vergütungssätze werden langfristig, aber gleichwohl degressiv garantiert, was vor allem den Investoren in solche Anlagen Planungssicherheit gibt. Nicht zuletzt werden vor allem die Vergütungssätze für Photovoltaik Anlagen angehoben. Sie steigen auf bis zu 500 € pro Megawattstunde eingespeister Energie. Damit wird der Strom aus diesen Anlagen in 2001 mehr als 10 mal so hoch vergütet, wie der Strom aus konventionellen Kraftwerken.

Das EEG wird in seiner grundsätzlichen Wirkungsweise über viele Jahre die wirtschaftlich attraktive Grundlage für Investitionen in erneuerbare Energien sein. Die Vorteile des Gesetzes liegen für Investoren auf der Hand und tragen zum fortgesetzten Erfolg des Gesetzes bei, jedenfalls wenn man die Entwicklung der Investitionen in erneuerbare Energien in den Folgejahren zum Maßstab nimmt. Es erfüllt sich das Ziel des EEG, das sich die Bundesregierung mit einer Verdopplung der Stromerzeugung aus regenerativen Energien bis zum Jahre 2010 gesetzt hat.

Bemerkenswert ist, dass in der Begründung des Gesetzes eine Prognose über die Auswirkungen des EEG auf die Strompreise gemacht wird. Es sei auch vor dem Hintergrund der Erfahrungen aus dem Einspeisegesetz „lediglich mit geringfügigen Steigerungen der Strombezugspreise zu rechnen, die durch die im liberalisierten Markt sinkenden Strompreise deutlich überkompensiert werden." Dies ist in zweierlei Hinsicht interessant. Zum einen liegt die Bundesregierung mit ihrer Prognose hinsichtlich der Auswirkungen auf die Strompreise deutlich daneben, wie sich im Laufe der Jahre mehr und mehr herausstellen wird. Zum anderen will die Bundesregierung mit bemerkenswerter Selbstverständlichkeit den Kunden in Deutschland einen Teil der Liberalisierungsdividende vorenthalten. Dies geschieht nach dem Motto: Bevor die Ersparnisse durch sinkende Strompreise in den Taschen der Verbraucher landen, leiten wir das Geld lieber in den Ausbau der regenerativen Energien um. Dieser Ansatz folgt dem politischen Grundprinzip einiger Parteien, die überzeugt sind, dass der Staat besser weiß, was mit dem Geld der Menschen zu tun ist, als die Menschen selbst.

Dass die Strompreise aufgrund des EEG deutlich steigen werden, wäre mit vergleichsweise einfachen Abschätzungen vorhersagbar. Ob solche Abschätzungen in den zuständigen Ministerien durchgeführt worden sind, kann jedenfalls aus der Begründung des Gesetzes nicht abgeleitet werden. Die von der Bundesregierung verfolgten Ziele des Ausbaus der Stromerzeugung aus erneuerbaren Energien bedeuten für die nächsten Jahre ein Investitionsvolumen von durchschnittlich ca. 5 Mrd. € pro Jahr. Jedem ist bereits in 2001 klar, dass Investitionen in erneuerbare Energien keine Investitionen in konventionelle Kraftwerke ersetzt. Diese müssen weiter getätigt werden, um die Stromversorgung in windschwachen und sonnenarmen Zeiten trotzdem zu garantieren. Auch vermindern die Investitionen in erneuerbare Stromerzeugung nicht Investitionen in Netze, sondern im Gegenteil erfordern zusätzliche Mittel auch für den Netzausbau.

Zusammen genommen erhöht sich damit das durchschnittliche Investitionsvolumen des Stromsektors, welches in diesen Vorjahren bei 3–4 Mrd. € lag, um mindestens 100 %. Da gleichzeitig der Stromabsatz beim Kunden nicht mehr oder nur unwesentlich steigt, müssen diese zusätzlichen Investitionen aus der gleichen Absatzmenge beim Kunden verdient werden. Dies kann nur über Preiserhöhungen geschehen, da andere Wege zur Refinanzierung der Investitionen, wie zum Beispiel Beiträge aus dem allgemeinen Steueraufkommen nicht vorgesehen sind.

Und dies waren nur die Pläne der Bundesregierung und die daraus bereits theoretisch ableitbaren Konsequenzen für die Strompreise. Tatsächlich hat sich der Anteil der Stromerzeugung auf der Basis erneuerbarer Energien nicht nur verdoppelt, sondern mehr als verdreifacht. Im Jahre 2000 lag der Anteil bei etwas über 5 % an der Stromerzeugung, in 2010 war er bereits auf mehr als 17 % gestiegen. Bei konservativer Abschätzung sind in diesen 10 Jahren mehr als 100 Mrd. € in die erneuerbaren Energien investiert worden, im Mittel also 10 Mrd. € pro Jahr. Die Macher des EEG feiern dies als Erfolgsgeschichte. Diese kann aber nicht ohne Wirkung auf die Strompreise bleiben.

Zur kritischen Auseinandersetzung mit dem Gesetz gehört auch, dass der Gesetzgeber mit dem EEG kein systematisches Defizit beseitigt, das nicht schon im Einspeisegesetz angelegt war. Im Einspeisegesetz waren diese Defizite fraglos zu rechtfertigen, da die erneuerbare Industrie im Aufbau war und die Produkte dieser Industrie sowie die Märkte für diese Produkte erst einmal entwickelt werden mussten. Um in Sachen erneuerbare Energien etwas voranzubringen, braucht es Schubkraft, und diese wird durch das Einspeisegesetz erzeugt. Diese Rechtfertigung verliert in dem Maße an Überzeugungskraft, wie sich die Herstellerindustrie mehr und mehr zu einem bedeutenden Wirtschaftsfaktor entwickelt.

Im EEG ist keine Mengensteuerung oder Mengenbegrenzung für den Ausbau der regenerativen Erzeugung angelegt, wenn von einer ziemlich weichen Obergrenze von 350 MW für Photovoltaik Anlagen abgesehen wird. Es wird ebenso die Chance verpasst, Transparenz über die tatsächlichen Kosten des EEG für den Verbraucher herzustellen. Dies unterstellt allerdings, dass dies überhaupt als Chance und nicht ohnehin als unerwünscht gesehen wird. Auch die Folgekosten im Netz und im übrigen Kraftwerkspark bleiben nach wie vor unberücksichtigt.

Die im EEG verankerte, gestaffelte Vergütung nach Größenklassen der Erzeugungsanlagen führt zu einer kleinteiligen Vergütungsstruktur. So erhalten kleine Biomasseanlagen eine höhere Vergütung für den eingespeisten Strom als große Anlagen. Die Frage, warum dies für das Klima oder die Entwicklung der Technologie gut ist, scheint niemand zu stellen. Denn wodurch sonst wäre eine unterschiedliche hohe Vergütung zu rechtfertigen? Es drängt sich der Eindruck auf, dass weiterhin ein politischer Wille nach mehr dezentraler Erzeugung verfolgt wird. Alles, was möglichst klein ist, ist per se besser und muss daher auch besser vergütet werden, so der Grundsatz.

Dass diese strukturellen Defizite des EEG im Frühjahr des Jahres 2000 in Kauf genommen werden, liegt an der (noch) vergleichsweise geringen Bedeutung der erneuerbaren Energien. Insofern werden die strukturellen Defizite im Laufe der nächsten Jahre erst noch zu einer Herausforderung werden. In 2000 liegt der Beitrag der erneuerbaren Energien zur Stromversorgung insgesamt erst bei 5 %. Darin steckt auch der bundesweite Anteil an Stromerzeugung aus Wasserkraft, die je nach Wasserangebot einen jährlichen Beitrag zwischen 3 und 4 % an der Stromerzeugung liefert. Dieser Anteil ist über Jahre mit der entsprechenden Schwankungsbreite konstant geblieben. Das Einspeisegesetz hat folglich einen zusätzlichen Ausbau von ca. 2 % über nahezu 10 Jahre stimuliert. Das von der Bundesregierung ausgegebene Ziel, bis 2010 einen Anteil von insgesamt 10 % zu erreichen, ist damit durchaus ehrgeizig. Es bedeutet nicht weniger, als in einem vergleichbaren Zeitraum das 3-Fache an Wachstum. Niemand kann im Jahre 2000 ahnen, dass sich am Ende der Periode das 6-Fache an Wachstum eingestellt haben wird.

Mit dem neuen EEG muss sich also einiges bewegen, und das tut es auch. Die älteste und bedeutendste regenerative Energie zur Stromerzeugung, die Wasserkraft, ist ein guter Maßstab für die rasante Entwicklung der nächsten Jahre. Die Potenziale für Wasserkraft sind in Deutschland weitgehend ausgereizt, damit stagniert die Stromerzeugung aus Wasserkraft schon seit Jahren bei einem Anteil von 3–4 % an der gesamten Stromerzeugung.

Im Jahre 2003 übersteigt die Stromerzeugung aus Windkraft die Wasserkraftnutzung, die Stromerzeugung aus Biomasse folgt im Jahre 2007 und in 2011 ist schließlich auch die Photovoltaik bedeutender als die Wasserkraft. Windkraft, Biomasse und Photovoltaik: drei regenerative Energien werden innerhalb von weniger als 10 Jahren bedeutender als der bisherige Spitzenreiter Wasserkraft. Ende 2003 liegt der Anteil der regenerativen Energien an der gesamten deutschen Stromerzeugung bei ca. 7,5 %. Neben dem Anteil an der Stromerzeugung, also an der Erzeugungsmenge, ist auch der Anteil der erneuerbaren Anlagen an der insgesamt installierten Leistung von Bedeutung. Der Anteil an der installierten Leistung liegt im Jahre 2003 bei ca. 16 % und damit bereits mehr als doppelt so hoch, wie der Anteil an der Stromerzeugung. Aus dem Verhältnis dieser beiden Zahlen sind zwei, für die Energiewende relevante Schlussfolgerungen zu ziehen. Bei fortschreitender Umstellung von fossiler auf regenerative Stromerzeugung muss zum einen deutlich mehr elektrische Leistung installiert werden, um den Strombedarf der Kunden zu decken. Zum anderen ist die Umstellung auf ein Stromversorgungssystem auf der Basis regenerativer Stromerzeugung besonders Kapitalintensiv. Eine Notwendigkeit ist damit offenkundig. Es müssen ständig Verbesserungspotentiale gefunden werden, um die Stromproduktionskosten der erneuerbaren Anlagen zu drücken. Dazu sind möglichst gute Standorte auszuwählen, an denen die regenerativen Anlagen eine hohe Stromernte erzielen. Und es sind die Investitionskosten und damit der Kapitalbedarf für die Anlagen zu senken. Wie dies in die Praxis umgesetzt werden kann, zeigt sich am Beispiel der Entwicklung der Windkraft.

Die Windkraft war bereits in den 90ern die aufstrebende neue Stromerzeugungstechnologie schlechthin. Ende 1999 waren insgesamt fast 8.000 Anlagen mit einer Gesamtleistung von 4 500 MW installiert. Es sei nochmals in Erinnerung gerufen, dass die Größe der Einzelanlage über nur 10 Jahre von 200 kW auf ca. 1 MW (= 1.000 kW) wuchs. Für die Entwicklung der Anlagen spielen nicht nur Skaleneffekte eine Rolle, da die Anlagen bei immer größeren Bauformen bezogen auf die installierte Leistung immer preiswerter werden. So verspricht eine leistungsgleiche Anlage, aber in Bezug auf die Nabe des Windrades höher bauende Anlagen eine höhere Energieausbeute. Solche höher bauenden Anlagen treffen auf durchschnittlich höhere und gleichmäßigere Windgeschwindigkeiten. Dies treibt die Windernte an guten Standorten erheblich nach oben und erhöht die Rendite einer Windkraftanlage.

Der Trend zu Windparks setzt sich unvermindert fort. Sie werden immer größer und leistungsstärker. Während die Windanlagen in den ersten Jahren aufgrund ihrer vergleichbar geringen Leistung in der Regel an lokale Mittelspannungsnetze der Netzbetreiber angeschlossen wurden, reicht die Aufnahmekapazität dieser Netzebene nicht mehr aus. Windparks erhalten immer häufiger Anschlüsse an das Hochspannungsnetz. Um einen

Vergleich mit dem Straßennetz zu bemühen: Für das steigende Verkehrsaufkommen reicht die Dorfstraße nicht mehr aus. Mittlerweile sind Anschlüsse an Landes- oder Bundesstraßen notwendig. Und auch dies wird in fernerer Zukunft für seegestützte Windparks nicht mehr ausreichen. Dann müssen, um im Bild zu bleiben, Autobahnanschlüsse und neue Autobahnen her, damit diese Windparks ins öffentliche Netz einspeisen können.

Für die Netzbetreiber in Norddeutschland wird der Boom der Windkraft zur Herausforderung. Nicht nur die Netzanschlüsse selbst sind zu planen und zu bauen. Die regionalen Hochspannungsnetze sind viel zu schwach ausgebaut, um dem Ansturm der Windprojekte Herr zu werden. Ihre Leitungskapazitäten sind schnell ausgeschöpft. Die Windparks entstehen in aller Regel in entfernt gelegenen Landstrichen abseits der Ballungsräume und Städte. Diese Räume mit dünner Besiedlung verfügen nicht über ausreichend starke Netze. Große Strommengen mussten aufgrund des niedrigen Bedarfes nie in diese Räume transportiert werden. Mit dem Ausbau der Windkraft ändert sich dies. Es geht nicht um die Versorgung von Kunden. Es geht nicht um das Verteilen von elektrischer Energie, sondern um das „Einsammeln" der Produktion aus Windparks. So verändert sich der Lastfluss in solchen Netzen in Abhängigkeit der Wetterlage. Bei Windstille fließen durch die Netze geringe Stromdichten hin zu den wenigen Kunden in ländlichen Raum. Richtig beansprucht werden die gleichen Netze bei Wind; dann dreht sich der Lastfluss um und die elektrische Energie fließt aus der Region heraus zu entfernten Lastzentren.

Für den ländlichen Raum ist die Windkraft wirtschaftlich ein Segen. Wirtschaftskraft und Wertschöpfung werden in vielfacher Hinsicht gestärkt. Überall wird geplant und gebaut. Die Anlagen müssen betrieben und gewartet werden. Das schafft Arbeitsplätze. Die Landeigentümer freuen sich über nicht unerhebliche Pachteinnahmen aus der langfristigen Vermietung von Standorten für Windkraftanlagen. Für manchen Landwirt und Landbesitzer ist die Windkraft bald schon eine bedeutendere Einnahmequelle als das ursprüngliche Kerngeschäft der Land- und Forstwirtschaft.

Mit den Erneuerbaren kommt Wohlstand in die ländlichen Regionen. Das erhöht die Akzeptanz für die Windkraft. Natürlich mischt sich in die Zustimmung auch Kritik. Die vehementesten Gegner des Ausbaus der Windkraft sehen die Zerstörung von Kulturlandschaften kommen. In der Tat verwandelt sich das Landschaftsbild. Die küstennahen Regionen sind davon genauso betroffen wie das Landesinnere zum Beispiel in Sachsen-Anhalt.

Ende des Jahres 2003 sind insgesamt fast 15.000 MW an installierter Leistung am Netz, bei ungefähr gleicher Anzahl der Windkraftanlagen. Die durchschnittliche Windkraftanlage überschreitet gerade die 1 MW Grenze. Die spezifischen Investitionen für Windkraftanlagen liegen Ende des Jahres 2003 bei ca. 1 Mio. € pro Megawatt. Ein mittlerer zweistelliger Milliarden Euro Betrag wurde in nur wenigen Jahren in diese Art der Stromerzeugung investiert wird. Das betriebswirtschaftliche Motiv für diese Investitionen ist einfach. Die Einspeisevergütungen versprechen eine ordentliche Rendite, wenn die Projekte professionell ausgeführt werden.

Interessant ist ein Blick auf die Investoren, die dieses Kapital bereitstellen. Es ist nicht die etablierte Energiewirtschaft, die diese Investitionschance nutzt. Dies ist umso bemerkenswerter, weil die gesetzlich vorgeschriebene Benachteiligung der Energiewirtschaft, die noch im Einspeisegesetz angelegt war, im EEG nicht mehr enthalten ist. Auf der Grundlage des EEG können auch etablierte Unternehmen der Energiewirtschaft von den attraktiven Einspeisevergütungen profitieren. Mancher politische Entscheidungsträger hätte sich sicherlich gewünscht, die Energiewirtschaft noch länger über eine gesetzliche Regelung aus der regenerativen Stromerzeugung heraushalten zu können. Keiner konnte wissen, dass dies wenigstens in den ersten Jahren des EEG gar nicht notwendig sein würde.

Die Energiewirtschaft hält sich aus diesem Wachstumssektor heraus. Rückblickend ist dies bemerkenswert, denn nur wenige Jahre später ist die Windkraft ein fast selbstverständlicher Teil des Geschäftes der Energiewirtschaft. In diesen ersten EEG Jahren ist die Branche jedoch zu sehr mit der Liberalisierung beschäftigt und in alten Verhaltensmustern gefangen. Dies gilt von den großen Stromkonzernen bis zu den vielen kleineren, meist städtischen Versorgern. Es gibt wenige Ausnahmen, aber diese fallen nicht ins Gewicht.

Die Energiewirtschaft kritisiert, dass das Geschäft mit den Regenerativen ein Subventionsgeschäft ist und dass es solche Geschäfte in Zeiten von mehr Markt und Wettbewerb eigentlich nicht geben sollte. Die Energiewirtschaft wird dies später kollektiv korrigieren. Mehrere langfristige Entwicklungen werden durch die Branche falsch eingeschätzt; zusammengefasst lauten sie: Der Kunde will es, die Politik will es und der Fortschritt in der Technologieentwicklung wird es ermöglichen.

Natürlich gibt es auch in den Unternehmen der Energiewirtschaft hitzige Diskussionen über den richtigen Umgang mit dem erneuerbaren Geschäft. Eine häufig gestellte Frage lautet: Wenn doch eine gewählte Regierung und deren durch ein Gesetz legitimierte Politik attraktive Investitionsbedingungen schafft, warum nutzen wir sie nicht? Für eine positive, das Geschäft bejahende Antwort ist die Zeit in 2003 noch nicht reif.

Es darf zudem nicht unterschätzt werden, wie die etablierten Energieversorger mit den Folgen des EEG zu kämpfen haben. Diese Folgen sind nicht immer sofort sichtbar, manche werden sich erst langfristig bemerkbar machen. In der Politik und bei Vertretern der Regierung findet die Energiewirtschaft jedenfalls kaum Verständnis. Die Politik hat kein Ohr für die Konsequenzen, die ein fortschreitender Ausbau der Erneuerbaren auf die Stabilität des Gesamtsystems, auf den Netzausbau und auf den erheblichen bürokratischen Aufwand zur Abwicklung des EEG hat. Nicht völlig zu Unrecht muss sich die Energiewirtschaft als

Lastesel vorkommen, auf dem andere zu den Erfolgen der Energiewende reiten.

Viele in der Energiewirtschaft kämpfen auch aus ordnungspolitischer Überzeugung gegen das EEG. Für sie ist das EEG eine riesige Subventionsmaschine, die nicht sinnvoll ist und nicht nachhaltig funktionieren kann. Die Politik muss die Deutlichkeit, mit der diese Positionierung bisweilen öffentlich gemacht wird, als anmaßend empfinden, denn Ordnungspolitik wird auch im Energiesektor, erst recht seit der Liberalisierung aus dem Jahre 1998, nicht in der Energiewirtschaft gemacht, sondern in den Parlamenten des Landes. Einige Vertreter der Energiewirtschaft sehen sich gleichwohl immer noch in einer Systemverantwortung für die Stabilität des gesamten Stromversorgungssystems und leiten daraus ihr Mitspracherecht ab.

Die Kritik der Energiewirtschaft an einer fraglos großen Subventionsmaschine EEG blendet zudem eine historische Wahrheit aus. Die Energiewirtschaft war immer schon ein Industriezweig, in dem Subventionen flossen und politische Interventionen an der Tagesordnung waren. Große Energiekonzerne und Stadtwerke haben davon profitiert. Als Beispiele seien für die großen Konzerne die Kernenergie und für viele Stadtwerke die Fernwärme genannt. So steht das EEG in einer gewissen „Tradition“ in der Energiewirtschaft.

Zurück zur Frage, wer die Investoren in die Windkraft in diesen ersten EEG Jahren sind. Den mit Abstand größten Anteil der Investitionen in Windkraftanlagen stemmen Privatpersonen mit ca. 50 %, gefolgt von Projektgesellschaften mit ca. 20 % und Fondsgesellschaften bzw. anderen Finanzdienstleistern mit ca. 15 %. Über einen Zeitraum von 14 Jahren, also vom Beginn des Einspeisegesetzes bis Ende 2003, sind 15,000 MW an Windkraftleistung ans Netz gegangen. Während die Anlagen in den 90er Jahren noch vergleichsweise hohe Investitionskosten verursachten, sinken die Kosten danach erheblich. Eine steile Lernkurve setzt ein und drückt die Kosten. Über den gesamten

Zeitraum dürfte das gewichtete Mittel der Investitionskosten ca. 1,5 Mio. € pro Megawatt installierter Leistung gelegen haben. Damit sind insgesamt mehr als 20 Mrd. € investiert und davon mehr als 50 % durch Privatpersonen.

Diese hohe Investitionssumme aus der Gruppe der Privatpersonen zeigt, dass sich erhebliches privates Kapital mobilisieren lässt, wenn das Geschäftsmodell stimmt. Dies wird sich in gleicher Weise beim zukünftigen Ausbau der Photovoltaik nachweisen lassen. Mit dem EEG hat die regenerative Stromerzeugung frühzeitig andere Wege der Finanzierung ihres Wachstums gefunden, als die traditionellen Pfade zur Finanzierung von Stromerzeugung bis dato. Ein bedeutender Pfad war früher der Erwerb von Aktien an den großen Energiekonzernen, die das Geld ihrer Aktionäre insbesondere in Stromerzeugung investiert haben. Nicht zu Unrecht galten diese Aktien lange als „Witwen- und Waisenpapiere", da sie stabile Erträge und Dividenden vorweisen konnten und dies vergleichsweise robust gegen konjunkturelle Schwankungen.

Das Geschäftsmodell der erneuerbaren Industrie basiert auf einem vergleichbar einfachen Ansatz. Die regulierten Einspeisevergütungen aus dem EEG versprechen langfristig stabile Umsatzerlöse. Die Kosten der Stromerzeugung sind vornehmlich durch die Investitionskosten bestimmt. Risiken bestehen auf der Kostenseite kaum; für den Brennstoff, um im Vergleich mit der konventionellen Stromerzeugung zu bleiben, gilt: Sonne und Wind schicken keine Rechnung. Eine Investition in erneuerbare Stromerzeugung hat damit ein ähnliches Ertragsprofil wie früher die Investition in einen börsennotierten Stromversorger. Einmal investiertes Geld verzinst sich vergleichsweise niedrig, dafür aber stabil und verlässlich. Dies zieht private Investoren an und wird in kommenden Jahren mit langen Niedrigzinsphasen auch institutionelle Investoren bewegen, Geld in das Geschäft zu stecken.

Die durch das EEG möglichen, direkten Investitionen von Privatpersonen in erneuerbare Stromerzeugung hilft der Energiewende, richtig voran zu kommen. In dem Maße, in dem die Windparks in späteren Jahren größer werden, und die Investitionssummen für die Projekte steigen, wird der Anteil der privaten Investitionen zurückgehen. Aber in dieser Zukunft werden die Privatpersonen, wie schon angedeutet, ein anderes, ähnlich attraktives Feld für ihre Investitionen gefunden haben. Dies ist die Photovoltaik.

Der Ausbau der Windkraft, der sich überwiegend in Norddeutschland abspielt, offeriert aber nicht nur wirtschaftliche Chancen für Investoren. Er hat auch eine Kehrseite. Für manche Netzbetreiber in windreichen Regionen bedeutet die rasante Entwicklung eine Herausforderung, mit dem Ausbau der Windkraft Schritt zu halten. Ihre Netze verwandeln sich von Netzen, die in ihrer Topologie und Struktur bisher auf Kunden ausgerichtet waren, zu Netzen, die durch den Ausbau der Windenergie bestimmt sind. Dies macht sich auch bei den Netzentgelten zunehmend bemerkbar.

Netzentgelte sind Netznutzungstarife, die von allen Stromkunden für die Netznutzung zu entrichten sind. Diese Entgelte werden in den ersten Jahren der Liberalisierung auf der Grundlage des Regelwerks von Verbände-Vereinbarungen kalkuliert. Deutschland nutzt eine Ausnahmeregelung, die auf deutsches Betreiben in die entsprechende europäische Richtlinie aufgenommen wurde. Der sogenannte verhandelte Netzzugang zwischen Netznutzern und Netzeigentümern kommt jedenfalls in keinem anderen europäischen Land zum Einsatz und in Deutschland auch nur begrenzte Zeit. Die Verbände der Energiewirtschaft auf der einen und die Verbände der Netznutzer, insbesondere der Bundesverband der Deutschen Industrie (kurz: BDI), auf der anderen Seite handeln diese Verbände-Vereinbarungen aus.

In den Netzen, deren Ausbau stark durch die Windkraft bestimmt ist, entsteht eine betriebswirtschaftliche Herausforderung bzgl. der Netzentgelte. Die Kosten der Netzbetreiber steigen aufgrund der notwendigen Investitionen erheblich an. Um den steigenden Windstrom aufzunehmen und zu verteilen, müssen die Netze verstärkt werden. Dies verschlingt über die nächsten Jahre Milliarden Euro Beträge und führt zu steigenden Netzentgelten. Auch diese Investitionen müssen sich für die Investoren, die Netzbetreiber, rentieren.

Zwei Herausforderungen sehen sich die Netzbetreiber ausgesetzt. Zum einen ist die Regulierungsbehörde, die ab 2004 für die Festlegung der Netzentgelte zuständig ist, bei der Verzinsung der Netzinvestitionen nicht gerade großzügig. Der Vergleich mit der üblichen Verzinsung der Investitionen in die Stromerzeugung aus erneuerbaren Energien sei erlaubt. Hier sind die Renditen deutlich höher. Zum anderen werden die steigenden Netznutzungsentgelte von den Kunden bezahlt, die aus diesen Netzen versorgt werden. Die Verursacher des Netzausbaus, d. h. im Wesentlichen die Betreiber von Windkraftanlagen, leisten keinen Kostenbeitrag. Die Netzbetreiber sitzen folglich zwischen allen Stühlen, keine besonders komfortable Situation. Sie sind zu Investitionen in ihre Netze verpflichtet, erhalten schmalere Renditen aus ihren Investitionen, als diejenigen, die sie verursachen, und dürfen am Ende die schlechte Nachricht über höhere Netzentgelte auch noch selbst zu ihren Kunden tragen. Mancher Eigentümer von Stromverteilungs- und Stromtransportnetzen wird daraus im Laufe der nächsten Jahre seine Konsequenzen ziehen.

Der Ausbau der Windkraft in Deutschland erlebt in den Jahren 2001 bis 2003 seine stärksten Wachstumsjahre. Mit einem Zubau von mehr als 3.200 MW an neu installierter Leistung im Jahr 2002 wird ein Spitzenwert gesetzt, gefolgt von Jahren eines fast stetigen jährlichen Zubaus von ca. 2.000 MW. Die Windkraft wächst kräftig, stimuliert durch das neue EEG der rot-grünen Bundesregierung. Die beiden anderen bedeutenden regenerativen Energiequellen, Stromerzeugung aus Biomasse und Photovoltaik, können mit diesem Wachstum bei weitem nicht mithalten. Die Photovoltaik wird noch mehrere Jahre brauchen, bis sie überhaupt einen nennenswerten Beitrag zu Energiewende leistet und auf der Tagesordnung der erneuerbaren Energien eine Rolle spielt. Dies ist bei der Biomasse bereits im Jahre 2000 und den folgenden Jahren durchaus anders.

Im Vergleich zu den anderen regenerativen Energiequellen wird die Biomasse am wenigsten öffentlich beachtet. Und dies, obgleich das Potential der Biomasse als regenerative Energiequelle ähnliche Bedeutung hat, wie Wind und Sonne. Die Biomasse nimmt auch aufgrund ihrer Unübersichtlichkeit eine Sonderstellung ein. Es braucht im Jahre 2001 eine ganze Biomasse-Verordnung, um klar zu stellen, welche Biomasse als Brennstoff zur Stromerzeugung in den Genuss der Einspeisevergütungen nach dem EEG kommen kann. Im Sinne des EEG besteht Biomasse aus pflanzlichen, nachwachsenden Rohstoffen und aus tierischen Produkten, wenn Exkremente als solche zu bezeichnen sind. Die bedeutendsten Biomassequellen sind Holz, forstwirtschaftliche Abfälle, geeignete Pflanzen, alle denkbaren Pflanzenreste und andere organische Abfälle und Reste aus Industrieprozessen etc.

Nicht nur hinsichtlich der Herkunft ist Biomasse ein komplexes Feld. Auch die Umwandlung Biomasse erfolgt in vielfältiger Weise. Biomasse kann durch Verbrennung in Wärme oder über einen konventionellen Wasser-Dampf-Kreislauf in Strom umgewandelt werden. Aus Biomasse können auch Biogas oder Biotreibstoffe entstehen. Im Gegensatz zur Nutzung von Wind und Wasser kommt Biomasse als regenerative Primärenergie nicht nur für die Stromerzeugung infrage, sondern eignet sich auch in anderen Bereichen zur Versorgung mit Energie.

Der Einsatz von Biomasse zur Stromerzeugung ist eher dem Einsatz von fossilen Brennstoffen wie Kohle, Erdöl oder Erdgas vergleichbar, natürlich mit dem Unterschied, dass der Biomasseeinsatz insgesamt CO_2 neutral ist. Biomasse selbst hat den großen Vorteil der Speicherfähigkeit. Damit sind Stromerzeugungsanlagen auf der Basis von Biomasse steuerbar und können sich an die Lastsituation im Netz anpassen, anders als bei Wind und Sonne.

Wird Biomasse zur Stromerzeugung eingesetzt, weisen solche Anlagen eine deutlich höhere Ausnutzungsdauer auf, als beispielsweise Windkraftanlagen oder Photovoltaik. Als jährliche Ausnutzungsdauer wird das Verhältnis von produzierter Jahresstrommenge zu installierter Leistung einer Anlage bezeichnet. Indem Megawattstunden, also die Jahresproduktion an elektrischer Energie, durch Megawatt elektrischer Leistung dividiert werden, berechnet sich die Ausnutzungsdauer in Stunden pro Jahr. Diese Rechnung lässt sich grundsätzlich für jede Stromerzeugungsanlage machen. Der Auslastungsgrad einer Produktionsanlage ist, wie in anderen Industrien auch, die Ausnutzungsdauer bezogen auf ein Jahr. Der Auslastungsgrad von Biomasseanlagen kann bei über 80 % liegen, während Windkraftanlagen auf ca. 20 % kommen und sich Photovoltaik in deutschen Breitengraden mit ca. 10 % begnügen muss.

Diese Relationen zeigen, dass aus einer Einheit Produktionsleistung in Biomasse das 4-Fache gegenüber der Windkraft und das 8-Fache gegenüber Photovoltaik an Jahresproduktion herausgeholt werden kann. Dieses Verhältnis gilt in etwa natürlich auch für konventionelle Erzeugungsformen auf der Basis von Kernenergie, Kohle oder Gas. In Zahlen für Jahr 2003 übersetzt, erzeugen Biomasse Anlagen fast 14 % der gesamten regenerativen elektrischen Energie. Der Anteil der installierten Leistung von Stromerzeugungsanlagen auf Biomassebasis liegt hingegen nur bei 4,5 %.

Den unbestreitbaren Vorteilen der Biomasse stehen aber auch Nachteile entgegen. Die Energiedichte von Biomasse ist im Vergleich zu anderen fossilen Primärenergien niedrig, wenn Biomasse direkt eingesetzt wird. So hat Steinkohle im Vergleich zu Holz oder Holzabfällen mindestens eine doppelt so hohe Energiedichte. Die niedrige Energiedichte von Biomasse ist der wesentliche Grund für eine vergleichsweise hohe Anzahl von Anlagen und deren breit gestreute Verteilung vor allem in Flächenländern. Aufgrund der niedrigen Energiedichte sind die Logistikkosten für die Bereitstellung der Biomasse ein wesentlicher Kostentreiber. So ist beispielsweise ein optimierter Einzugsbereich für den Einsatz von Biomasse zur Biogasherstellung auf einen Radius von 6–8 km begrenzt.

Die energetische Biomassenutzung wächst stetig. Ein Großteil der Biomasse geht in die Erzeugung von Biogas und deren anschließende Verstromung. An zweiter Stelle steht die Verbrennung von fester Biomasse in der Regel in Heizkraftwerken zur kombinierten Erzeugung von Strom und Wärme. Hinsichtlich der Verwendung von Biogas in Stromerzeugungsanlagen lässt der Gesetzgeber im EEG eine „Als-ob" Lösung zu. Das Biogas wird in Erdgas Qualität in die Erdgasnetze eingespeist und an beliebiger Stelle zwecks Verstromung entnommen. Natürlich sind es nicht die eingespeisten Biogas Moleküle, die Gasmotoren oder Gasturbinen antreiben und CO_2 freien Strom erzeugen. Es ist eben eine „Als-ob" Lösung.

Die Biomassenutzung wächst stetig in allen Einsatzgebieten, d. h. bei den Treibstoffen, zur Wärmebereitstellung und beim Einsatz zur Stromerzeugung. Angetrieben durch das EEG sind im Stromsektor Wachstumsraten im mittleren zweistelligen Prozentbereich die Regel. Dies ist ein kontinuierlicher und von den etablierten großen Stromerzeugern kaum wahrgenommener Prozess. Hier entsteht unmittelbare Konkurrenz zur konventionellen Stromerzeugung auf der Basis fossiler Brennstoffe. Wie bereits erwähnt, übersteigt die Stromerzeugung aus Biomasse immerhin bereits im Jahre 2007 die Stromerzeugung aus Wasserkraft und wächst danach kräftig weiter.

Das letzte Jahr der schwarz-gelben Bundesregierung im Jahre 1998 und die folgenden Jahre der rot-grünen Bundesregierung sind eine intensive Phase in der Energiepolitik. Selten wurde so viele und so bedeutende Gesetze für die Energieversorgung in so kurzer Zeit auf den Weg gebracht. Nicht alles geschieht auf Initiative der Bundesregierung. Auch die EU Kommission stellt

Anforderungen an die nationalen Gesetzgeber, um ihr Binnenmarkt Projekt voranzubringen.

Bereits nach wenigen Jahren haben die seinerzeit wichtigsten Gesetze, das EnWG und das EEG, der Energiewende Richtung, zusätzliche Struktur und ein Gesicht bei den Bürgern im Lande gegeben. Die Liberalisierung der Energiewirtschaft auf der Grundlage des neuen EnWG im Jahre 1998 hat Strom- und Gasmärkte entstehen lassen und Netze für den Zugang von Erzeugern und Verbrauchern geöffnet. Das EEG im Jahre 2000 hat den Ausbau der erneuerbaren Energien in den Teilbereichen Biomasse und Nutzung der Windkraft beschleunigt.

Sowohl das EnWG als auch das EEG markieren in mehrfacher Hinsicht einen Richtungswechsel in der Klima- und Energiepolitik in Deutschland. Die Politik greift deutlich tiefer in die Energiewirtschaft ein. Es wird gleichzeitig liberalisiert und reguliert. Das europäische Binnenmarktprojekt erzwingt die Liberalisierung der Strom- und Gasmärkte. Hingegen erfordern Netznutzung und Netzzugang sowie der Ausbau der erneuerbaren Energien eine weitgehende Regulierung. Für den Bürger und Wähler, aber auch für den Kunden an den Strom- und Gasmärkten wird die Energieversorgung immer unübersichtlicher. Die unterschiedlichen Rollen der Marktteilnehmer, die Zuständigkeiten von Behörden und die unterschiedlichen Verantwortlichkeiten für die Stabilität des gesamten Systems werden für Politik und Unternehmen immer schwerer zu vermitteln. Dazu tragen nicht zuletzt die immer umfangreicheren und komplexeren Spielregeln bei, die vom Gesetzgeber aufgestellt werden. Dies ist schon am Umfang der Gesetze abzulesen. Während die Vorläufergesetze wie das EnWG aus den 30er Jahren oder auch das Einspeisegesetz aus dem Jahre 1990 mit vergleichsweise wenigen Paragraphen auskamen, schwellen die Gesetzestexte und darauf basierenden Rechtsverordnungen stetig an. Die langen Gesetzestexte reflektieren die immer komplexeren Spielregeln der Liberalisierung bzw. die immer weitgehendere und immer detailliertere

Regulierung. Mit dem EnWG, dem EEG und vielen weiteren Gesetzen entsteht ein ziemlich unübersichtlicher Rechtsrahmen zur Klima- und Energiepolitik. Unübersichtlichkeit, Komplexität und die dadurch erschwerte Vermittelbarkeit beim Bürger ist eine Konsequenz aus dieser Entwicklung. Eine weitere Konsequenz entsteht durch die gegenseitige Abhängigkeiten und Wechselwirkungen der Gesetze untereinander. Es wäre zu erwarten, dass sich die Gesetze sinnvoll ergänzen und so zu einer konsistenten Klima- und Energiepolitik beitragen. Tatsächlich tun sie dies im Jahre 2003 nicht und werden dies auch in den folgenden Jahren nicht tun. Ein Paradebeispiel für eine kontraproduktive Wechselwirkung wird das EEG und die Gesetzgebung zum Handel mit CO_2 Zertifikaten sein.

Emissionshandel und Energiepreise (2003–2008)

Im Wahljahr 2002 bewirbt sich die rot-grüne Bundesregierung um ihre zweite Amtszeit. Im Wahlkampf sieht es lange Zeit nach einer Wachablösung durch eine schwarz-gelbe Koalition aus, aber im Sommer kommt es zu einer Jahrhundertflut im Elbegebiet. Kanzler und Bundesregierung präsentieren sich als erfolgreiche Krisenmanager und können die Wahl anschließend knapp gewinnen. Die zweite Legislaturperiode der rot-grünen Regierung ist durch die Agenda 2010 und die sogenannten Hartz-Gesetze in die Geschichtsbücher eingegangen. Diese werden in 2003 auf den Weg gebracht. Eine weitreichende Reformierung der Leistungen des Sozialstaates ist ein Ergebnis, dessen historische Bedeutung erst später deutlich wird. Deutschland gewinnt an Wettbewerbsfähigkeit zurück und wird die Anzahl sozialversicherungspflichtiger Arbeitsplätze in den folgenden Jahren massiv steigern können. Mancher Kenner der Politik behauptet trotz des unbestreitbaren Erfolgs der Agenda 2010, dass dies der Anfang vom Ende der rot-grünen Bundesregierung war.

Im Schatten der alles beherrschenden Diskussionen um die Agenda 2010 treibt die Bundesregierung die Energiewende weiter voran. Unterstützt wird sie durch Initiativen der EU Kommission, die sowohl an der Vollendung des Binnenmarktes für Strom und Gas als auch an konkreten Maßnahmen zur Bekämpfung der klimaschädlichen CO_2 Emissionen arbeitet.

Die Energiewende wird auch in dieser Zeit ausschließlich durch politische Initiativen vorangetrieben. Im Sinne eines eigenständigen Prozesses ist sie noch nicht selbsttragend. Nur wenige Kunden ändern ihr Nachfrageverhalten und zwingen die Anbieter dadurch, Produkte und Dienstleistungen zur Verfügung zu stellen, die mit den Zielen der Energiewende vereinbar sind. Auch der technologische Fortschritt oder erste Innovationen im Geschäftsmodell der Energieversorgung reichen noch nicht aus, um der Energiewende eine eigenständige Dynamik zu verleihen. Wenn die Politik nicht weiter anschieben würde, dann würde die Energiewende zum Stillstand kommen.

Die politisch Verantwortlichen in Europa und in Deutschland arbeiten beharrlich an der Energiewende. Es gibt keine ernsthafte politische Gruppierung, die sich dem entgegen stellt. Das ist ungewöhnlich, denn Politik hat bisweilen den schlechten Ruf, nicht nachhaltig und langfristig zu denken, sondern die eigenen Positionen an Wahlterminen auszurichten. Bei der Energiewende ist dies anders. Warum bleibt die Politik an diesem Thema dran und lässt nicht locker? Energiefragen sind beim Wähler von großem Interesse. Die Energiewende genießt beim Bürger hohe Akzeptanz, auch wenn sie nur selten schon als Energiewende bezeichnet wird. In Klima- und Energiefragen ist es quer durch alle Parteien deshalb Standard, sich in Parteiprogrammen nachhaltig und umweltfreundlich zu positionieren. Es sind taktische Überlegungen und ehrliche Überzeugungen, die in der Politik eine Rolle spielen. Die Energiefrage ist eine der zentralen Zukunftsfragen und die ehrgeizigen Ziele der Klima- und Energiepolitik sind richtig, darüber besteht Konsens in der Politik. Dies schafft über viele Jahre eine robuste Ausgangsplattform.

Die Plattform hat einen inhaltlichen Kern, der im Mittelpunkt der europäischen und deutschen Klima- und Energiepolitik steht. Diese Politik soll Antworten auf zwei globale Trends geben: Den Klimawandel und die Ressourcenknappheit. Dass beide Trends existieren und relevant sind, dies ist in Wissenschaft, Wirtschaft und Politik weitgehend unstreitig. Ob und wie auf sie politisch und gesellschaftlich zu reagieren ist, dies ist hingegen Gegenstand politischer Auseinandersetzungen.

Ein weiteres Bauelement der Plattform für die Klima- und Energiepolitik in den Mitgliedsstaaten der EU ist der europäische Binnenmarkt. Der Binnenmarkt soll die globale Wettbewerbsfähigkeit des europäischen Wirtschaftsraumes steigern. Auch die Klima- und Energiepolitik soll einen Beitrag zu mehr Wachstum und Wohlstand leisten sowie Arbeitsplätze sichern und neue schaffen.

Die europäischen Ambitionen für die Klima- und Energiepolitik sind identisch mit den Zielen der Energiewende. Europa schaut nach Deutschland, weil sich die führende Industrienation Deutschland überzeugend für ein nachhaltigeres Wirtschaften einsetzt. So übernimmt Deutschland durch das Projekt der Energiewende fast automatisch eine Führungsrolle in der europäischen Klima- und Energiepolitik. Diese Führungsrolle geht Hand in Hand mit einer sich wandelnden Definition der Energiewende. Die ursprüngliche Begriffsdefinition für die Energiewende wird ständig verändert und erweitert. Den Urhebern des Begriffs Energiewende ging es in den frühen 80ern um einen tiefgreifenden Wandel in der Energieversorgung vor dem Hintergrund knapper und teurer werdender Energierohstoffe. Die Nachhaltigkeit der Energieversorgung wurde durch den Ausstieg aus der Kernenergie adressiert. Der Klimawandel war hingegen damals noch kein leitendes Motiv. Seither hat sich die Marke Energiewende kontinuierlich auch mit dem Thema Klimawandel aufgeladen und steht heute gleichermaßen für eine moderne Klima- wie auch Energiepolitik.

In 2004 besteht grundsätzliche, überparteiliche Einigkeit hinsichtlich der Ziele der Klima- und Energiepolitik. Regelmäßig gibt es allerdings Interventionen einzelner Vertreter aus der Politik und auch aus der Wissenschaft, die die Ziele sowohl auf nationaler wie auch auf internationaler Ebene infrage stellen.

Sind es die richtigen Megatrends, die zur Grundlage von Politik gemacht werden? Erleben wir tatsächlich einen Klimawandel, der Menschen gemacht ist, und den wir durch unser Handeln bremsen können? Sind die Knappheit von Energierohstoffen und die Abhängigkeit von Energieimporten in Europa tatsächlich so groß, dass sie für Politik relevant sein muss? Schafft eine bestimmte Klima- und Energiepolitik mehr Wohlstand für die Bürgerinnen und Bürger in Europa? Oder belasten die Auflagen aus der Klima- und Energiepolitik die europäische Industrie in einem Maße, dass deren globale Wettbewerbsfähigkeit leidet, mit entsprechenden Folgen für Wachstum und Arbeitsplätze?

Von den meisten Klima- und Energiepolitikern, aber auch von einigen Wissenschaftlern, werden schon die Fragen als unverantwortliches Gerede vom Tisch gewischt. Das ist nicht immer klug und weitsichtig, was sich gerade anhand der vermeintlichen Knappheit von Energierohstoffen zeigen lässt. Das nahende Ende des Erdöls wird schon seit Jahrzehnten prognostiziert und ist gleichwohl nicht gekommen. Die sogenannte Schiefer-Gas Revolution in den USA zum Ende des ersten Jahrzehnts im neuen Jahrtausend setzt ebenfalls ein dickes Fragezeichen hinter ein Paradigma von vermeintlicher Erdöl- oder Erdgasknappheit auf diesem Planeten. Um Missverständnissen vorzubeugen: Natürlich ist es richtig, dass viele Energierohstoffe auf diesem Planeten endlich sind und dass ein schonender Einsatz dieser Rohstoffe in jedem Fall erforderlich ist. Wenn aber die Reichweite eines solchen Rohstoffes noch über Generationen gesichert ist und die Herkunftsländer breit gestreut sind, so ist der Rohstoff zwar endlich, seine grundsätzliche, langfristige Knappheit muss aber gleichwohl nicht unmittelbar Anlass zu politischem Handeln geben.

Und was sind denn eigentlich die richtigen Antworten auf den Klimawandel? Auch solche Fragen müssen gestellt werden dürfen. Europa hat sich nicht nur ambitionierte Ziele zur Absenkung der CO_2 Emissionen gesetzt, sondern ist auch Vorreiter in der Durchsetzung dieser Ziele. Daraus entstehen Belastungen für den Energieverbraucher, auch für die im internationalen Wettbewerb stehende Industrie. Die Richtung der europäischen Klimapolitik setzt ausschließlich auf Emissionsminderung. Dies geschieht in der Überzeugung, dass sich die schwersten Folgen der Klimaerwärmung durch substanzielle Absenkungen der globalen CO_2 Emissionen immer noch vermeiden lassen. Das sogenannte 2 Grad Ziel bringt diese Philosophie später auf den Punkt. Wenn die Weltgemeinschaft jedoch nicht in der Lage ist, sich hinter einem solchen Ziel zu versammeln und es durchzusetzen, dann muss auch in Europa die Frage erlaubt sein, ob die Klimapolitik verändert werden muss. Europa könnte seine finanziellen Ressourcen nicht nur in die Minderung der CO_2 Emissionen, sondern auch in die Anpassung an den ggf. unweigerlich kommenden Klimawandel stecken. Dies würde den Bürgern in Europa unmittelbar zugutekommen und nicht erst über den Umweg der abgesenkten CO_2 Emissionen und die dadurch vermiedenen Konsequenzen aus der Klimaerwärmung.

Die Frage einer zu verändernden Klimapolitik in Europa stellt sich nicht im Jahre 2004. Im Grunde kann nur gehofft werden, dass sie sich nie stellen wird. Gleichwohl müssen die europäischen Politiker im Auge behalten, wie sich die globalen Wachstumsregionen in China, Indien, Brasilien, Indonesien etc. in Sachen Klimapolitik positionieren. Ein Beispiel: Bleibt es im Zeitraum von 2010 bis 2020 in China bei den Steigerungsraten der CO_2 Emissionen wie in den 10 Jahren zuvor, dann werden die pro Kopf CO_2 Emissionen im Jahre 2020 in China höher sein, als die pro Kopf Emissionen in Deutschland.

Trotz dieser Fragen, die auch in 2004 schon gestellt wurden, ist das Fundament der Klima- und Energiepolitik über die politischen Parteigrenzen hinweg solide, national wie europäisch. Auf der Grundlage der Einheitlichen Europäischen Akte verpflichten sich die Mitgliedsstaaten zur Schaffung eines Binnenmarktes, auch für Strom und Gas. Damit sind europäische Richtlinien, die diesen Binnenmarkt zum Ziel haben, in deutsches Recht umzusetzen. Auch der Lissabon Vertrag gibt der Europäischen Kommission weitgehende Rechte in Fragen der Klima- und Energiepolitik. Dadurch sind Brüssel und Berlin gleichermaßen Treiber für neue Gesetze und neue Regulierungen im Dienste der Energiewende.

Deutschland hat in diesen Jahren einer zunächst rot-grünen, später schwarz-roten und danach schwarz-gelben Bundesregierung kein in sich geschlossenes Klima- und Energiegesetzbuch entwickelt. Es gibt kein Energieprogramm und auch keinen Bauplan für die Energiewende. Es wird vielmehr an vielen Stellen gleichzeitig und bisweilen wenig koordiniert gearbeitet. Das gilt über Bund, Länder und Kommunen hinweg, genauso wie innerhalb aller vorgenannten Bundesregierungen. So gab es in keiner Bundesregierung seit dem Jahre 1998 eine auch nur annähernd reibungslose Kooperation zwischen Wirtschafts- und Umweltministerium in energiepolitischen Fragen. Das kann auch nicht verwundern. Schließlich ist der Konflikt zwischen den Ministerien schon im EnWG angelegt. In der Präambel des Gesetzes wird gefordert, dass die Energieversorgung gleichermaßen preisgünstig, sicher und umweltverträglich sein soll. Während sich das Wirtschaftsministerium auf das Ziel der Preiswürdigkeit konzentriert, wird im Umweltministerium das Ziel Umweltverträglichkeit überbetont. Dies ist ein vorprogrammierter Konflikt, der aus dem jeweiligen Rollenverständnis der Ministerien resultiert. Manche fordern seit Jahren ein Energieministerium, in dem die Entscheidungskompetenzen zu Energiefragen zusammengelegt werden. Ob dies der Königsweg sein könnte, ist schwer zu beurteilen. Es käme vermutlich auf einen Versuch an.

Somit schreitet die Energiewende im ersten Jahrzehnt des neuen Jahrtausends zwar voran, aber ohne einen integrierten Plan. Die jeweiligen Einzelthemen werden auch einzeln bearbeitet, zum Teil um etwas Neues zu bewirken, zum Teil auch reaktiv, um zu korrigieren, was vermeintlich aus dem Ruder zu laufen droht.

Es gibt kaum Koordination innerhalb der Legislaturperioden, geschweige denn über solche hinaus. Der Überblick über den Fortschritt der Energiewende in dieser Zeit kann folglich kein ganzheitlicher sein. Die Arbeiten an der Energiewende zerfallen in viele Einzelbaustellen auf der Basis einzelner Initiativen und deren gesetzlicher Umsetzung.

Zu einem Zeitpunkt als das EnWG und das EEG bereits wichtige Instrumente der Klima- und Energiepolitik sind, kommt mit dem Treibhausgas-Emissions-Handels-Gesetz (kurz: TEHG) ein weiteres, bedeutendes Gesetz hinzu, welches insbesondere den Strommarkt beeinflussen wird. Mit dem TEHG setzt Deutschland mit Wirkung zum 1. Januar 2005 eine weitere europäische Richtlinie in deutsches Recht um. In diesem Fall ist es die Richtlinie zur Einführung eines Systems für den Handel mit Treibhausgasemissionszertifikaten.

Dieses System des CO_2 Zertifikate Handels wird im englischen Sprachraum mit ETS (Emissions-Trading-System) abgekürzt und im deutschen Sprachraum kurz mit Emissionshandel bezeichnet. Die einzelnen europäischen Mitgliedsstaaten haben sich mit der Ratifizierung des Kyoto-Protokolls zu völkerrechtlich verbindlichen Zielen zur Absenkung ihrer CO_2 Emissionen verpflichtet. Der Zusammenschluss in der europäischen Gemeinschaft gibt den Nationalstaaten die Möglichkeit, ein gemeinschaftliches Kyoto Ziel für die EU zu definieren. Das gemeinsame Ziel in Europa ist eine Reduzierung der Treibhausgasemissionen um 20 % bis 2020 gegenüber dem Stand von 1990. Der Emissionshandel ist dazu das zentrale Instrument, deckt er doch ca. 50 % der Treibhausgasemissionen in der Gemeinschaft ab.

Als erste Staatengemeinschaft führt Europa damit ein marktwirtschaftliches System zum Handel mit CO_2 Zertifikaten ein. Das Gesamtsystem ist auf die Emittenten von CO_2 ausgerichtet. Es kommt für Anlagen zur großtechnischen Strom- und Wärmeerzeugung sowie für Anlagen der energieintensiven Industrie in Europa zur Anwendung. Eine spätere Ausdehnung auch auf andere Industriesektoren ist nicht ausgeschlossen.

Der Besitzer eines Zertifikates hat das Recht zur Emission einer entsprechenden CO_2 Menge; im englischen Sprachraum wird auch von einer Erlaubnis der Emission gesprochen (engl.: emission allowance). Wird das Recht wahrgenommen und CO_2 emittiert, ist das Zertifikat verbraucht. Der Besitzer eines Zertifikates kann aber auch auf den Verbrauch verzichten und das Zertifikat veräußern. So entsteht ein Markt für CO_2 Zertifikate, in dem sich nicht nur Emittenten als Käufer und Verkäufer von Zertifikaten engagieren, sondern auch Händler, die ein spekulatives Interesse am Erwerb bzw. Verkauf von Zertifikaten haben.

Der Emissionshandel wird mit sogenannten Handelsperioden gestartet. Die erste Periode läuft über drei Jahre von 2005 bis 2007, die zweite von 2008 bis 2012 und die dritte Handelsperiode startet in 2013. Die CO_2 Emittenten, u. a. die Stromerzeuger auf Kohle- und Erdgasbasis, erhalten ihre Zertifikate in der ersten Handelsperiode überwiegend und in der zweiten Handelsperiode wenigstens noch teilweise kostenlos. Ab der dritten Handelsperiode müssen sie die Zertifikate erwerben. In 2013 werden erstmalig alle auszugebenden Zertifikate in einem Auktionsprozess versteigert. Auf diesem Weg wird der Emissionshandel über die Handelsperioden hinweg stufenweise verschärft.

Die Anzahl der CO_2 Zertifikaten ist über den Zeitraum der letzten Jahre immer weiter zurückgeführt worden. Dadurch werden die zulässigen CO_2 Emissionen im Handelssystem reduziert. Dem gemeinsamen Kyoto Ziel kommt die EU so schrittweise näher. Rein technisch funktioniert der Emissionshandel schnell und die gesetzten Ziele zur Emissionsminderung werden erreicht. Direkt nach seiner Einführung und noch vor dem Start der ersten Handelsperiode haben sich Märkte herausgebildet an denen CO_2 Zertifikate mit hinreichender Liquidität gehandelt werden.

Der Preis für ein Zertifikat bildet sich im Emissionshandel nach Angebot und Nachfrage; der erste an der Börse in Leipzig festgestellte Preis für ein CO_2 Zertifikat liegt im März des Jahres 2005 bei ca. 10 € pro CO_2 Tonne. In den folgenden Jahren schwanken die CO_2 Preise zum Teil erheblich. Sie erreichen in den frühen Jahren der ersten Handelsperiode ein Preisniveau von deutlich über 30 € pro CO_2 Tonne. Zum Ende der zweiten und mit Beginn der dritten Handelsperiode sind die Preise wieder deutlich gefallen und liegen bei einstelligen Euro pro Tonne CO_2. Auf die Gründe dieser Berg- und Talfahrt wird noch einzugehen sein.

Durch den Emissionshandel werden bislang externe Kosten internalisiert, wie es in der Fachsprache heißt. Weil für jede CO_2 Emission ein Preis zu zahlen ist, entsteht ein betriebswirtschaftlicher Anreiz die Emissionskosten niedrig zu halten. Das erzwungene Einbeziehen von Emissionskosten in die betriebswirtschaftliche Kostenkalkulation reizt ein CO_2 effizientes Verhalten und CO_2 effiziente Investitionen an. Für den Stromsektor bedeutet dies, dass neuere Kraftwerke mit höherem Wirkungsgrad gegenüber älteren Anlagen im Vorteil sind. Es bedeutet auch, dass Energieträger mit niedriger CO_2 Fracht, wie z. B. Erdgas, gegenüber CO_2 intensiven Brennstoffen, wie z. B. Braunkohle, im Vorteil sind. Beides ist gewollt, hohe Energieausnutzung und Brennstoffe mit niedriger CO_2 Fracht. Die CO_2 Reduktionsziele werden nicht durch eine staatliche Regulierung erreicht, die den Einsatz bestimmter Brennstoffe verbietet oder Anlagen in ihren CO_2 Emissionen begrenzt, sondern mit einem marktwirtschaftlichen Instrument. Mit dem Emissionshandel erfolgt die Absenkung der CO_2 Emissionen über eine Technologie neutrale Internalisierung von CO_2 Kosten.

Eigentümer von Kraftwerken, die auf der Basis fossiler Brennstoffe betrieben werden, müssen die CO_2 Kosten in ihre betriebswirtschaftlichen Kostenkalkulationen aufnehmen. Als Grenzkosten eines Kraftwerks werden die zusätzlichen Kosten bezeichnet, die entstehen, wenn die Anlage aus einem bestimmten Betriebspunkt kommend, eine zusätzliche Megawattstunde elektrische Energie produziert. Durch die Kosten für CO_2 Emissionen werden die Grenzkosten jedes konventionellen Kraftwerks auf fossiler Basis beeinflusst, immer vorausgesetzt, dass der CO_2 Preis eine bestimmte Höhe erreicht.

An einem einfachen Beispiel wird deutlich, welche Signifikanz ein hoher CO_2 Preis für ein Steinkohlekraftwerk im mittleren Alter hat. In diesem Beispiel soll der Preis für eine Tonne CO_2 bei 30 € und der Preis für eine Tonne Steinkohle bei 100 € liegen. Dies ist in den Jahren nach Einführung des Emissionshandels eine durchaus realistische Preisrelation. Die Grenzkosten des Kraftwerks errechnen sich über Formeln, in die der Wirkungsgrad der Anlage und weitere Kennzahlen einfließen. Im Ergebnis der Berechnung liegen die Grenzkosten zwischen 50 bis 60 € pro Megawattstunde und sind mit ca. 50 % durch den Kohlepreis und mit ca. 50 % durch den Preis für CO_2 bestimmt. Das Beispiel zeigt, welche Bedeutung und folglich Wirkung ein hoher Preis für CO_2 Zertifikate haben kann.

Die finanziellen Lasten des Emissionshandels sind überwiegend von den europäischen Strommärkten zu schultern. Am Ende sind es daher die Stromverbraucher, die seit 2005 für CO_2 Emissionen zahlen. In den ersten Jahren des Emissionshandels wird immer wieder diskutiert, warum der Verbraucher höhere Strompreise bezahlen muss, wenn die Kraftwerksbetreiber in der ersten bzw. zweiten Handelsperiode ihre CO_2 Zertifikate vollständig bzw. teilweise kostenlos zur Verfügung gestellt bekommen. Diese Frage ist sehr stark vereinfacht und zugespitzt an einem Beispiel zu beantworten. Jedes CO_2 Zertifikat hat einen Marktwert. So gesehen unterscheidet sich das Zertifikat nicht von einer Banknote. Wenn jemand einen 50 € Schein in der Tasche hat, ist der Wert dieser Banknote unabhängig davon, ob er den Schein geschenkt bekommen hat oder ob er dafür ggf. hart arbeiten musste. Im Endeffekt ist dieser Zusammenhang so auf die Kraftwerksbetreiber mit den kostenlos überlassenen CO_2 Zertifikaten übertragbar, auch wenn der Mechanismus, bis sich der Preis für ein CO_2 Zertifikat auf den Strompreis auswirkt, etwas komplizierter ist.

In 2005 bestehen in den Mitgliedstaaten der Gemeinschaft eine ganz Reihe von Strombörsen. Hier werden Stromerzeugern, Stromverbrauchern, aber auch Banken etc. transparente Handelsplattformen geboten, auf denen sie verschiedene, standardisierte Stromprodukte physisch, aber auch auf Termin handeln können. An diesen Märkten hat sich der Handel von Strommengen also der Handel von Megawattstunden durchgesetzt, d. h. Käufer und Verkäufer eines Stromproduktes verständigen sich an solchen Marktplätzen auf die Lieferung von Produktionsmengen über bestimmte Zeiträume.

Die Produktionsmengen sind an festgelegte Lieferzeiträume gebunden. Anders als in Märkten für Primärenergien wie Erdöl, Kohle oder Erdgas, vereinbaren Käufer und Verkäufer implizit die anteilige Bereitstellung einer Produktionskapazität, also eines Kraftwerks, für einen bestimmten Zeitraum. Erdöl, Kohle und Erdgas sind speicherbar. Hier kann der Lieferant wählen, ob er die Förderung erhöht oder aus seinen Gasspeichern, Erdöltanks oder Kohlenhalden seine Kunden bedient. Strom ist nicht speicherbar und damit steht hinter der vertraglich vereinbarten Lieferung von elektrischer Energie immer eine laufende Produktionsanlage, ein Kraftwerk.

Die Handelsplätze für Strom erweitern ihr Produktangebot mit der Einführung der CO_2 Zertifikate, so dass an den gleichen Handelsplätzen nicht nur Strom, sondern auch CO_2 Zertifikate gehandelt werden können. Zur Verdeutlichung soll wieder das Beispiel eines Kohlekraftwerks herangezogen werden. Der Kraftwerksbetreiber verfügt über ausreichend Brennstoff auf seiner Kohlenhalde und eine ausreichende Anzahl an CO_2 Zertifikaten, um seine Produktion zu starten. Dabei ist es unerheblich, ob er diese Zertifikate kostenlos zugeteilt bekommen hat oder ob er sie auf den entsprechenden Handelsmärkten oder bei Auktionen erworben hat. Für die Kraftwerksbetreiber bieten sich zwei Optionen. Der Betreiber hat die Wahl zwischen dem Betrieb seines

Kraftwerks unter Einsatz seiner Zertifikate oder der Veräußerung der Zertifikate an den bestehenden CO_2 Handelsplätzen.

An den Handelsmärkten wird er den aktuellen Marktpreis für seine CO_2 Zertifikate erlösen. Das bedeutet, dass der Betreiber seine Anlage nur so in den Markt verkaufen wird, dass er den Zertifikate Preis mindestens ebenfalls erlöst. Die Grenzkosten der Produktion (im Beispiel bestimmt durch Kohlepreis und CO_2 Preis) sind also die untere Preisgrenze, mit der die Betreiber die Stromproduktion ihrer Anlagen in die Märkte verkaufen. Jeder Anlagenbetreiber nimmt die CO_2 Kosten in seine individuelle Angebotskalkulation auf. Der CO_2 Preis ist dementsprechend auch bei dem Kraftwerk im Angebotspreis enthalten, dass Angebot und Nachfrage in Deckung bringt und den Marktpreis setzt. Dieser Preiskalkulationsmechanismus treibt den Strompreis an den Börsen nach oben. Steigt der CO_2 Preis, muss auch der Strompreis an den Börsen steigen, weil die den Marktpreis setzenden Kraftwerke nahezu ausschließlich auf der Basis fossiler Brennstoffe betrieben werden. Dazu ist übrigens keine kartellrechtswidrige Absprache der Stromerzeuger untereinander notwendig, sondern nur gesunder Menschenverstand und rationales Verhalten.

Unstreitig ist, dass Preiserhöhungen an den Strombörsen zwar bisweilen zeitlich verzögert, aber am Ende doch unweigerlich zu höheren Endkundenpreisen führen. Genau dieses Phänomen stellt sich mit dem Emissionshandel in ganz Europa ein. Dies löst auch die bereits angesprochene öffentliche Diskussion über die Angemessenheit von Preisen aus. Den Machern des Emissionshandels darf vorgehalten werden, dass ihnen sehr wohl klar war, dass die Strompreise unmittelbar nach Einführung des Emissionshandels steigen würden und zwar auch dann, wenn die Zertifikate vollständig oder teilweise kostenlos zur Verfügung gestellt werden. Wenn die CO_2 Zertifikate von Beginn an auktioniert worden wären, hätten die Mitgliedsstaaten aus dem Verkauf der Zertifikate wenigstens noch entsprechende Erlöse generiert. Das war aber politisch nicht durchsetzbar. So generiert der Emissionshandel aufgrund der kostenlosen Zuteilung von Zertifikaten erhebliche, zusätzliche Erlöse für die Stromerzeuger in ganz Europa, ohne deren Kosten zu steigern.

Für die Betreiber von konventionellen Kraftwerken auf fossiler Brennstoffbasis fließen die entstehenden zusätzlichen Erträge nur so lange wie die CO_2 Zertifikate vollständig oder teilweise kostenlos sind, folglich bis Ende 2012. Ab 2013 werden die CO_2 Zertifikate auktioniert, danach sind die Erlöse und Kosten für CO_2 Zertifikate durchlaufende Kostenpositionen für konventionelle Kraftwerke auf Kohle- und Erdgasbasis.

Für die Betreiber von Kraftwerken ohne CO_2 Ausstoß fließen die Zusatzerlöse durchgehend. Insbesondere die Betreiber von Wasserkraftwerken und Kernkraftwerken profitieren vom neuen Handelssystem für CO_2. Steigt der Börsenpreis für Strom durch die CO_2 Preise, dann steigen die Erlöse für alle Kraftwerke in dem relevanten Markt. Wenn die Kosten der Stromerzeugung für Wasserkraftwerke und Kernkraftwerke aber unverändert bleiben (da für sie keine zusätzlichen Kosten für CO_2 Zertifikate entstehen), steigt der Ertrag aus diesen Stromerzeugungsanlagen an. Auf diesem Weg belohnt der Gesetzgeber die Eigentümer dieser Anlagen für deren CO_2 freie Stromerzeugung.

Den Stromerzeugern selbst ist hinsichtlich dieser Funktionsweise kein Vorwurf zu machen. Die zusätzlichen Erträge kommen bei ihnen unweigerlich an. Unternehmerisch verdient haben sie dies allerdings nicht. Die Eigentümer von Wasserkraftwerken und Kernkraftwerken würden gar nicht erst behaupten, dass der Emissionshandel bei ihren Investitionsentscheidungen berücksichtigt wurde. Diese Entscheidungen sind überwiegend in den 70er und 80er Jahren gefallen. Die Erträge aus dem Emissionshandel sind auch kein Ergebnis besonderer Effizienzanstrengungen oder außergewöhnlicher Innovationen. Diese Erträge kommen als warmer Geldsegen durch die gesetzlich vorgeschriebene

Einführung des Emissionshandels, quasi wie eine unerwartete Absenkung von Steuern.

Wie im Grunde nicht anders zu erwarten, steigen die Strompreise nach dem Tiefpunkt in den Jahren 2000/2001 stetig an. Zunächst wird die Preisentwicklung durch stillgelegte Produktionskapazitäten befördert, ab 2005 treibt der Emissionshandel die Strombörsen europaweit weiter an. Der Eröffnungspreis für ein CO_2 Zertifikat liegt bei ca. 10 € pro Tonne CO_2. Nachfolgend steigt er bis auf ein Allzeithoch von fast 40 € pro Tonne CO_2 an. Auf diesem CO_2 Preisniveau braucht ein durchschnittliches Kohlekraftwerk zusätzliche Erlöse von mehr als 30 € pro Megawattstunde und ein durchschnittliches Gaskraftwerk zusätzliche Erlöse von ca. 20 € pro Megawatt, um die zusätzlichen Kosten für die notwendigen CO_2 Zertifikate zu decken.

Dieser Effekt steigert den Strompreis an den Börsen europaweit Jahr für Jahr. Im Jahre 2008 erreichen die Preise an den Börsen schließlich ihre Höchststände. Mit den Preisen steigen die Erträge der Stromerzeuger. Damit gehen die Aktienkurse der börsennotierten Energiekonzerne nach oben. Mit hohen Gewinnen und einer ordentlich gefüllten Kasse im Rücken wird eine Fusions- und Akquisitionswelle ausgelöst. Niedrige Zinsen machen die Finanzierung von Übernahmen möglich und dies trotz historisch hoher Unternehmensbewertungen. Dies war vor wenigen Jahren noch undenkbar. Die Energiewirtschaft ist nicht die erste und vermutlich auch nicht die letzte Branche, die einen solchen Zyklus erlebt.

Diese gesamte Entwicklung wurde durch den Emissionshandel in Gang gesetzt. Das richtige, klimapolitische Ziel, die Reduzierung der CO_2 Emissionen, kombiniert mit einem vernünftigen marktwirtschaftlichen Instrument, einem Zertifikate Handel, hilft die Emissionen zu reduzieren. Das System reizt zusätzlich Investitionen in Technologien an, die Stromerzeugung mit geringem CO_2 Ausstoß verbinden. Die gewünschte Steuerungswirkung bei den Investitionen stellt sich ein. Quer durch

Europa werden hocheffiziente Gas- und Dampf- (kurz: GuD-) Kraftwerke gebaut. Diese Anlagen verbinden die CO_2 Vorteile des Einsatzes von Erdgas mit einem hohen Wirkungsgrad. GuD-Anlagen nutzen um die 60 % des Brennstoffes zur Stromerzeugung aus, moderne Kohlekraftwerke schaffen dies mit ca. 45 % nicht annähernd. Bei der Kohleverstromung werden Projekte in Angriff genommen, die den Wirkungsgrad der Anlagen über möglichst hohe Dampftemperaturen nach oben treiben und die gleichzeitig über eine Wärmeauskopplung verfügen, um den Energieausnutzungsgrad noch weiter zu erhöhen. Zudem werden erste Pilotprojekte mit Anlagen zur Abscheidung, Verflüssigung und Speicherung von CO_2 (engl.: Carbon Capture and Storage Anlagen; kurz: CCS-Anlagen) realisiert. Für Steinkohle und für die in Europa verfügbare Braunkohle ist dies wegen der hohen CO_2 Frachten der Brennstoffe von Bedeutung. Manches Szenario prognostiziert CO_2 Zertifikate Preise von mehr als 40 € pro Tonne CO_2. In diesen Preisregionen werden CCS Anlagen wirtschaftlich attraktiv.

Es wird auch über eine Renaissance der Kernenergie diskutiert. Im Lichte der global laufenden Klimadebatte verspricht die Kernenergie einen Beitrag zur Eindämmung der CO_2 Emissionen zu liefern. Wie ernsthaft diese Diskussion geführt wird, ist auch an den deutschen Reaktionen vieler Kernkraftgegner zu erkennen. Jeder noch so vage Hinweis, dass sich auch Deutschland mit einem veränderten politischen Kurs zur Kernenergie auseinandersetzen könnte, wird zum Anlass für öffentlichen Protest genommen. Die Zustimmung zur Kernenergie steigt, auch in Deutschland. Gleichwohl bleibt das Land in seiner Haltung zur Kernenergie grundsätzlich gespalten. Im europäischen Ausland werden hingegen Projekte entwickelt. In Finnland und in Frankreich wird der Bau von zwei Kernkraftwerken begonnen. Großbritannien macht den Weg für den Neubau von Kernkraftwerken frei. Schweden überdenkt seinen gesetzlich bereits beschlossenen Ausstieg. Deutsche Kernkraftwerksbetreiber erwerben in Großbritannien Grundstücke, um darauf Kernkraftwerke zu bauen. Der Protest dazu bleibt in Deutschland aus; Deutschland ist sich parteiübergreifend über seinen Sonderweg bei der Kernenergie sehr wohl bewusst. In den meisten Industrieländern, Deutschland natürlich ausgenommen, wird das Thema Reduzierung der CO_2 Emissionen unter Einbeziehung der Kernenergie und nicht unter Ausschluss dieser Technologie vorangetrieben.

All diese Entwicklungen hat der Emissionshandel angestoßen. Ein europaweit geltender Preis für die Emission von CO_2 hat vieles bewegt. Das Meiste in die richtige Richtung. Die Politik kann in dieser Zeit zu Recht auf ein gelungenes europäisches Projekt stolz sein. Eine einheitliche Währung für die Emission von CO_2, die nicht nur für die Länder des Euro gilt, sondern für die gesamte Gemeinschaft. Für die Bürgerinnen und Bürger wird es teurer, aber Europa ist schließlich immer noch ein wohlhabender Kontinent. Eine Vorreiterrolle Europas in der globalen Klimafrage ist den Bürgern in Europa durchaus vermittelbar, auch wenn das ihr Geld kostet.

Die Stromerzeuger verdienen an diesem System prächtig, manche sogar eine ganze Weile. Aber sie investieren auch auf Rekordniveau in CO_2 arme Technologie und insoweit profitieren nicht nur die Aktionäre der Stromkonzerne. Der Anreiz für CO_2 freie oder arme Stromerzeugung steigt. Das Preissignal für CO_2 lenkt Investitionen in die richtige, in die klimafreundliche Richtung. So leistet der Emissionshandel auch einen wichtigen Beitrag für die deutsche Energiewende.

Im Prinzip zeigt der Emissionshandel in den ersten Jahren nach seiner Einführung, das er das zentrale Steuerungssystem für die europäischen CO_2 Emissionen sein kann. Der Emissionshandel hat langfristig das Potential, die verschiedenen nationalen Gesetze zur Förderung der erneuerbaren Energien überflüssig machen. Allerdings reicht dafür ein Preissignal von ca. 30 € pro Tonne CO_2 nicht aus. Ein CO_2 Preis, der die erneuerbaren Energien wettbewerbsfähig macht, muss deutlich höher liegen.

In den Jahren bis 2008 steigen die Strompreise an den Börsen auf historische Höchststände; Grund genug für die Unterstützer der erneuerbaren Stromerzeugung großen Optimismus zu verbreiten. Sie sagen eine baldige Wettbewerbsfähigkeit der alternativen Stromerzeugung voraus und begründen damit die Notwendigkeit der fortgesetzten Förderung der erneuerbaren Energien. Schon in wenigen Jahren werden Windkraftanlagen im Wettbewerb mit der konventionellen Stromerzeugung mithalten können, so die Vorhersage. Diese Argumentation klingt zunächst plausibel, gerade in Bezug auf die Fortschritte der Windkraft. An guten Windstandorten nähern sich die durchschnittlichen Stromerzeugungskosten einer Windkraftanlage dem Strompreisniveau an den Börsen. Es ist zu erwarten, dass die Kosten aufgrund der Lernkurve in dieser Technologie weiter sinken. Gleichzeitig steigt das Strompreisniveau an den Börsen immer weiter. Wenn die Politik ernst macht und die zulässigen CO_2 Emissionen immer weiter reduziert, wird der CO_2 Preis weiter steigen und den Strompreis mit nach oben ziehen. In Vorträgen werden diese beiden Entwicklungen gern auf der Zeitachse extrapoliert. Grafiken zeigen einen in der Zukunft immer weiter steigenden Strompreis, der durch steigende CO_2 Preise angetrieben wird. Dagegen läuft die Lernkurve der Windkraft, die zu immer niedrigeren Erzeugungskosten führt. Beide Linien schneiden sich in naher Zukunft, manche schon im Zeitraum um das Jahr 2015. Die Stromerzeugung aus Windkraft ist anschließend endgültig und irreversibel wettbewerbsfähig, so die Argumentation.

Jeder Investor, der an diese Entwicklung glaubt, müsste seine Investitionen auf diese systemische Zukunft der Energieversorgung ausrichten. Insoweit ist diese Argumentation nicht nur für die Aussichten der Windkraft selbst von höchster Relevanz, sondern auch für viele Investitionen in Wettbewerbstechnologien.

Die Argumentation unterstellt, dass das mittlere Strompreisniveau an den Börsen auch das Erlösniveau für Windkraftanlagen in einem Wettbewerbsmarkt sein wird. Genau diese Annahme ist falsch. Theoretisch ist sie bereits im Jahr 2008 widerlegbar, praktisch braucht es erst eine weitere Änderung des EEG, die zum 1. Januar 2010 in Kraft tritt. Anschließend erweist sich die Argumentation auch im Praxistest als falsch. Zur näheren Erläuterung des Sachverhalts muss der chronologischen Abfolge der Ereignisse ausnahmsweise vorgegriffen werden.

Durch die gesetzliche Änderung in 2010 werden die EEG Mengen auf einem anderen Weg vermarktet, als dies bis dato der Fall war. Die Übertragungsnetzbetreiber haben nach wie vor die Pflicht, den gesamten EEG Strom aufzukaufen. Mit der Änderung werden sie allerdings nunmehr in die Lage versetzt, die so erworbenen Mengen direkt an den Strombörsen zu veräußern und Markterlöse für diese Mengen zu erzielen. Weht der Wind in Deutschland und/oder scheint die Sonne, so steigen die EEG Mengen, die ins Netz drängen. Die Übertragungsnetzbetreiber bieten die Mengen an den Strombörsen zu Grenzkosten nahe Null an. Sie verändern mit diesen zusätzlichen Mengen die Angebotskurve an den Strommärkten, so dass der sich einstellende Marktpreis absinkt. Bleiben Wind und Sonne aus, wird das Angebot knapp und die Strompreise an den Börsen steigen. Beide Preisbewegungen sind bei einer kurzfristig, weitgehend unelastischen Nachfrage vorhersehbar. Die unelastische, kurzfristige Nachfrage an den Strommärkten ist übrigens empirisch nachweisbar.

Die Schlussfolgerung aus diesen Marktmechanismen ist einfach. Selbst wenn die durchschnittlichen Erzeugungskosten aus Windkraftanlagen oder anderen, ebenfalls geförderten Anlagen das durchschnittliche Strompreisniveau erreicht haben, sind die Anlagen allein deshalb noch nicht wettbewerbsfähig. Die durchschnittlichen Erlöse der EEG Mengen werden an solchen Strommärkten immer unterhalb des durchschnittlichen Strompreisniveaus liegen. Das hohe Angebot der regenerativen Stromerzeugung zieht den sich einstellenden Strompreis nach unten. Die Schlussfolgerung lautet: Das durchschnittliche Strompreisniveau an den Börsen liefert keine Orientierung für die Wettbewerbsfähigkeit von erneuerbaren Anlagen.

Die Frage, wann erneuerbare Erzeugungsanlagen wettbewerbsfähig sind, kann gleichwohl beantwortet werden. Dazu müssen zwei Vorbemerkungen gemacht werden. Erstens wird und muss die Wettbewerbsfähigkeit nicht nur im europäischen, liberalisierten Marktumfeld erreicht werden, sondern sowohl in einem regulierten wie auch in einem liberalisierten Strommarkt. Die übergroße Anzahl der Strommärkte ist weltweit immer noch voll reguliert oder sogar in Monopolstrukturen organisiert. Zweitens kann die Wettbewerbsfähigkeit einer Produktionsanlage im Vergleich zu einer anderen Anlage nur geprüft werden, wenn beide Anlagen das gleiche Produkt herstellen. Insofern ist ein betriebswirtschaftlicher Produktionskostenvergleich zwischen einer konventionellen Stromerzeugungsanlage und einer erneuerbaren Anlage ohnehin nur eingeschränkt sinnvoll. Eine konventionelle Anlage erzeugt Strom, wenn der Eigentümer es will. Eine regenerative Anlage hingegen, wenn der „liebe Gott" es will.

Für die Frage nach der Wettbewerbsfähigkeit von regenerativen Erzeugungsanlagen muss folglich eine Systemperspektive eingenommen werden. In einem stabilen und zuverlässigen Stromversorgungssystem werden konventionelle Anlagen einstweilen unverzichtbar sein, wenn die Option nach direkter und großtechnischer Stromspeicherung für die nächsten Jahre erst einmal ausgeblendet wird. Es stellt sich die Frage, wann regenerative Erzeugungsanlagen auf der Basis von Wind und Sonne in ein solches konventionelles Stromversorgungssystem integriert werden, ohne dass es dazu Subventionen, staatlich festgesetzte Einspeisevergütungen oder Investitionszuschüsse braucht.

Zum Verständnis kann das Beispiel eines fiktiven Eigentümers einer Kohleverstromungsanlage dienen. Mit seinem Kraftwerk werden die Kunden auf der Basis gesicherter Leistung versorgt und dies 24 h am Tag und sieben Tage die Woche, unabhängig von Windverhältnissen und Sonnenscheindauer. Auf das Kraftwerk kann der Betreiber nicht verzichten, wenn er seinen Kunden eine durchgehende Stromversorgung garantieren will. Der Eigentümer des Kraftwerks wird zusätzlich erst dann in einen leistungsgleichen Windpark investieren, wenn die Stromerzeugungskosten seines Gesamtsystems anschließend sinken.

Für den Kraftwerkseigentümer macht die Investition in einen Windpark folglich erst dann betriebswirtschaftlich Sinn, wenn die durchschnittlichen Stromerzeugungskosten eines Windparks unter das Niveau der Grenzkosten des Kohlekraftwerks (diese entsprechen der Summe aus den Kosten für Kohle und für CO_2 Zertifikate) sinken. Weht der Wind, beliefert er seine Kunden vollständig oder teilweise aus dem Windpark. Weht der Wind nicht, kommt der Strom aus der Kohleanlage. Die Stromerzeugungskosten dieses kleinen Stromversorgungssystems auf der Basis eines Kohlekraftwerks und eines Windparks sind niedriger als die entsprechenden Kosten allein aus dem Kohlekraftwerk. Die erneuerbare Erzeugung verdrängt so die Verstromung von Kohle und reduziert das Emittieren von CO_2. Das Beispiel ist selbstverständlich auf jedes Gaskraftwerk oder auch auf größere Stromversorgungssysteme übertragbar.

Erneuerbare Erzeugung auf der Basis von Wind und Sonne: Das ist ungesicherte Leistung und wird dies zukünftig auch immer bleiben. Natürlich kann aus ungesicherter Leistung durch Stromspeicherung eine gesicherte Leistung bereitgestellt werden. Dies ist aber auf dem Wege der direkten (durch Batterien) oder indirekten (z. B. durch Pumpspeicherkraftwerke) Speicherung noch sehr teuer. Somit kann erneuerbare Erzeugung konventionelle Erzeugung derzeit nur ungesichert ersetzen. Auf konventionelle Erzeugung kann (noch) nicht verzichtet werden.

Der Zeitpunkt einer wettbewerbsfähigen Erzeugung aus erneuerbarer Anlagen kommt, aber er kommt nicht so schnell, wie von manchen Energieexperten im Jahre 2008 prognostiziert. Es wird vermutlich noch etliche Jahre dauern, bis das EEG in Deutschland wegfallen kann und der Ausbau der erneuerbaren

Erzeugung trotzdem weiter geht. Der Zeitpunkt stellt sich umso eher ein, desto schneller die Investitionskosten für die Windkraftanlagen sinken. Dies ist der maßgebliche Kostentreiber für die Stromerzeugungskosten aus Windkraft. Der Zeitpunkt wettbewerbsfähiger Stromerzeugung aus erneuerbarer Energie, d. h. Stromerzeugung ohne jegliche weitere staatliche Unterstützung, rückt ebenfalls näher, wenn die Preise für fossile Brennstoffe und für CO_2 Emissionen steigen. Die nationale und europäische Politik hat natürlich keinen Einfluss auf die Weltmarktpreise für Erdöl, Erdgas und Kohle. Sehr wohl kann sie allerdings die Kosten für CO_2 Emissionen beeinflussen. Sie muss nur die Menge an CO_2 Zertifikaten deutlich reduzieren und schon wird der Preis für die Zertifikate steigen.

Um Missverständnissen vorzubeugen. Dies ist kein Plädoyer für eine weitergehende Reduzierung der CO_2 Zertifikate. Es beschreibt nur mögliche Entwicklungen, die für einen beschleunigten und selbsttragenden Umstieg auf eine erneuerbare Stromerzeugung relevant sind.

In einem Kraftakt hat die europäische Politik den Emissionshandel geschaffen. Mit den entsprechenden Richtlinien werden klare Vorgaben für den jeweiligen nationalen Rechtsrahmen zum Emissionshandel gesetzt. Eingeführt im Jahre 2005 hat der Emissionshandel weitreichenden Einfluss auf die Stromerzeugung in ganz Europa, sowohl in Bezug auf die Profitabilität existierender Stromerzeugungsanlagen, als auch in Bezug auf die Anreizwirkung zu Investitionen in Neuanlagen. Und er wirkt über die konventionelle Stromerzeugung hinaus, indem er externe Kosten internalisiert und damit hilft, die Wirtschaftlichkeitslücke zwischen konventioneller und erneuerbarer Erzeugung zu schließen. Besonders die Jahre unmittelbar nach der Einführung des Emissionshandels zeigen, wie mächtig und wirkungsvoll er sein kann. Er hat das Potenzial, das zentrale Leitsystem in der Klima- und Energiepolitik in Europa zu werden. Für die Energiewende ist der Emissionshandel schon nach kurzer Zeit ein unverzichtbarer Eckpfeiler.

Netzregulierung und EEG (2004–2008)

Die EU Kommission nimmt sich im Jahre 2003 mit drei Richtlinien eine Beschleunigung der Liberalisierung der Strom- und Gasmärkte vor. Diesem Richtlinienpaket sind umfangreiche Untersuchungen über die Frage vorausgegangen, wie sich die Liberalisierung der Strom- und Gasmärkte in Europa seit 1996, also seit der ersten Richtlinie zur Öffnung der Energiemärkte, entwickelt hat. Es ist ein zähes Ringen der Mitgliedsstaaten, bis das Paket steht, das von den Mitgliedsstaaten bis zum 1. Juli 2004 in nationales Recht umgesetzt werden muss. Im Zentrum der Richtlinien steht die beschleunigte Öffnung der Netze für Dritte. Netzzugang und Netznutzung sollen noch diskriminierungsfreier und transparenter möglich sein. Ein erleichterter Netzzugang für Dritte und eine verbesserte Kooperation der nationalen Energiemärkte sollen den Wettbewerb in den Energiesektoren beschleunigen.

Mit den Richtlinien zwingt Brüssel die Bundesregierung den Weg der Verbände-Vereinbarungen aufzugeben. In Deutschland soll es, wie in fast allen anderen europäischen Mitgliedsstaaten, eine Regulierungsbehörde geben. Der verhandelte Netzzugang muss durch den in Europa üblichen regulierten Netzzugang abgelöst werden.

In Deutschland mündet dies in eine Novelle des EnWG. Wie von der EU gefordert, bringt es die Entflechtung integrierter Energieunternehmen weiter voran. Der deutsche Gesetzgeber schafft gleichzeitig die notwendigen Voraussetzungen für eine staatliche Regulierung. Die bereits bestehende Regulierungsbehörde für Telekommunikation und Post (kurz: RegTP) mit Sitz in Bonn wird auch mit der Regulierung der Strom- und Gasnetze beauftragt. Aus der RegTP wird später die Bundesnetzagentur (kurz: BNetzA).

Auch wenn der Weg des verhandelten Neuzugangs formal verlassen wird, bleibt es bei den bereits bestehenden Spielregeln für Netzzugang und Netznutzung. Die BNetzA übernimmt nahezu alles, was bereits Gegenstand der Verbände-Vereinbarungen war. Handlungsbedarf gibt es für die BNetzA hingegen bei der Kalkulation der Netzentgelte, also der Preise, die von Stromkunden für deren Netznutzung gezahlt werden müssen. Die Partner der Verbände-Vereinbarungen haben sich in diesem Punkt zuletzt kaum noch verständigen konnten. Beim Geld hört die Freundschaft eben auf, wie es so schön heißt.

Wie hoch sollten angemessene Netznutzungsentgelte sein? Wie nicht anders zu erwarten, fordert der Branchenverband der Energiewirtschaft Netzentgelte, die der Gegenseite, den Verbänden der Kunden, deutlich zu hoch sind. Der verhandelte Netzzugang stößt in dieser Frage an seine Grenzen. Wenn die Nutzung eines Netzes ohne Alternative ist, dann ist die Verhandlungsmacht der Kunden eingeschränkt. Eine Regulierungsbehörde, die als unabhängiger Schiedsrichter die Preise für diese Dienstleistung festsetzt, wurde allein aus diesem Grund notwendig. Diese Rolle hat die BNetzA zügig übernommen und dafür gesorgt, dass die Netznutzung in Deutschland fortan immer preisgünstiger wurde.

Deutschland verlässt mit der EnWG Novelle aus dem Jahre 2004 einen Sonderweg, weil bis dato auf eine nationale Regulierungsbehörde verzichtet wurde. Dies wurde von der EU Kommission häufig kritisiert. Die Kritik war allerdings nur zum Teil gerechtfertigt. Im europäischen Vergleich schreitet die Liberalisierung in Deutschland objektiv schneller voran als bei manchem europäischen Nachbarn. Zudem lässt die Kritik die Struktur der Energiewirtschaft mit mehreren 100 Unternehmen, die sich nur zum Teil im Staatseigentum befinden, unberücksichtigt. Deutschland ist nicht Frankreich, wo ein einziges Staatsunternehmen nahezu die gesamte Stromversorgung vom Kraftwerk bis zur Steckdose verantwortet. Auch die erfolgreiche Tradition der Selbstregulierung in der deutschen Wirtschaft wird in Brüssel nicht verstanden. Es kann dahingestellt bleiben, ob der Zwischenschritt über die Verbände-Vereinbarungen notwendig war. Die Erfolgsbilanz der Selbstregulierung ist allerdings überzeugend. Die bis ins Jahr 2003 wirkenden, freiwilligen Verbände-Vereinbarungen haben einen erheblichen Beitrag geleistet, um die Strommärkte schnell und ohne große bürokratische Hürden zu liberalisieren. Nach dieser erfolgreichen Anfangsphase war nun aber die Zeit für eine Regulierungsbehörde gekommen.

Ein weiterer wesentlicher Fortschritt durch das neue EnWG wird bei der Entflechtung im Strom- und Gassektor erzielt. Per Gesetz werden die integrierten Energieversorger verpflichtet, ihre Wettbewerbsgeschäfte von ihren Monopolaktivitäten noch weitgehender als bisher zu trennen. Die Politik verspricht sich von dieser Entflechtung eine weitere Stimulierung des Wettbewerbs.

Der EU Kommission und der deutsche Gesetzgeber wollen ausschließen, dass integrierte Energieversorger einen Vorteil haben, wenn sie gleichzeitig Monopol- und Wettbewerbsgeschäfte kontrollieren. Sie könnten ihre Präsenz im Netz ausnutzen, um Wettbewerbern den Netzzugang zu erschweren oder diesen sogar zu verhindern. Es soll zudem ausgeschlossen werden, dass Wettbewerbern überhöhte und dadurch diskriminierende Netzentgelte in Rechnung gestellt werden.

Für manches Mitglied der europäischen Kommission wäre eine noch striktere Vorgabe zur vollständigen eigentumsrechtlichen Entflechtung von Wettbewerbs- und Netzgeschäft die richtige Lösung. So weit gehen die EU Vorgaben zwar nicht, gleichwohl entstehen gesetzliche Vorschriften, aus denen die meisten privaten Eigentümer von Gas- und Stromtransportnetzen Konsequenzen ziehen werden. Sie können nicht akzeptieren, dass sie nur noch formal Eigentümer der Netze sein sollen und Investitionsmittel bereitstellen dürfen. Ein unternehmerischer Einfluss auf das eigene Netzgeschäft wird hingegen weitgehend zurückgedrängt. Die Schlussfolgerung der Eigentümer liegt nahe. Sie verkaufen das Geschäft. So geht im Zeitraum von 2007 bis 2012 durch Deutschland eine Verkaufswelle der Strom- und Gastransportnetze. Am Ende dieser Phase haben sich die meisten privaten Energieversorger von ihren Transportnetzen getrennt.

Die europäischen Richtlinien zur Öffnung der Strom- und Gasmärkte und das darauf aufbauende Energiewirtschaftsrecht haben einen eigenständigen Beitrag zur Energiewende geleistet. Die Liberalisierung der Märkte und die Energiewende werden gleichzeitig vorangetrieben und haben sich wechselseitig positiv beeinflusst. Grundsätzlich wäre die Energiewende auch ohne eine Liberalisierung der Energiemärkte möglich gewesen. Das Einspeisegesetz hat in den 90er Jahren gezeigt, wie dies funktionieren kann. Aber erst die gesetzlich erzwungene Öffnung der Netze hat es allen unabhängigen Stromerzeugern möglich gemacht, Netzzugang und Netznutzung diskriminierungsfrei und transparent zu erhalten. Besonders den erneuerbaren Stromerzeugern hat ein diskriminierungsfreier Netzzugang geholfen, ihr Geschäft schneller zu entwickeln.

Ob auch andere Wege der Netzregulierung und der Strommarktgestaltung eine Energiewende beschleunigt hätten, ist eine rein theoretische Frage. Es gibt keinen annähernd bedeutenden Wirtschaftsraum, der sich ähnliche Ziele in der Klima- und Energiepolitik gesetzt hat wie Deutschland. Kein Land steht als Vergleich zur Verfügung.

Die EU Kommission verfolgt sowohl beim Emissionshandel, als auch bei der Öffnung der Energiemärkte klare Prinzipien. Sie entwickelt marktwirtschaftliche Konzepte für die Klima- und Energiepolitik in den Mitgliedsstaaten. Die entstehenden Märkte fordern die Wettbewerbskräfte aller Marktteilnehmer heraus.

Die Effizienz der Unternehmen wird erheblich gesteigert und Innovationskräfte werden freigesetzt. Dies gilt gleichermaßen für etablierte und neue Dienstleister, für kleine und große Energieversorger sowie für Unternehmen in Staatshand oder im privaten Eigentum.

Während sich die Kommission um mehr Wettbewerb und den Binnenmarkt bemüht, entsteht in Deutschland ein wachsender regulierter Markt für die erneuerbare Erzeugung von elektrischer Energie. Das deutsche EEG macht es möglich. Wettbewerb gibt es in diesem Markt nicht, denn Preise entstehen nicht aus Angebot und Nachfrage. Sie werden vielmehr staatlich festgesetzt.

In 2005 wird das EEG erneut novelliert. Es setzt weiter auf gesetzlich festgelegte Einspeisevergütungen für erneuerbare Energien. Das Prinzip, dass kleinere Anlagen höhere Vergütungen erhalten als größere, wird weiter verfeinert. Zusätzlich schafft der Gesetzgeber Regeln für mehr Transparenz über die Folgekosten des EEG für den Verbraucher. Die Folgekosten des EEG werden weiterhin ein öffentliches Gesprächsthema sein.

Bis Ende 2008 ist der Ausbau der erneuerbaren Energien weiter voran gegangen. Der Anteil erneuerbarer Energien am gesamten Primärenergieverbrauch liegt bei ca. 8 %. Der Anteil der erneuerbaren Energien an der Stromerzeugung beträgt sogar ca. 15 %.

Wie bedeutend das EEG für die Entwicklung der Stromerzeugung auf regenerativer Basis ist, zeigt sich an folgenden Daten. Von 2000 bis Ende 2008 steigen die Strommengen aus regenerativer Stromerzeugung auf Grundlage des EEG von ca. 10 auf mehr als 73 Mio. Megawattstunden. Gleichzeitig steigt die Stromerzeugung auf regenerativer Basis außerhalb der EEG Förderung kaum. Damit steigt der Anteil der EEG geförderten Strommengen an der gesamten regenerativen Erzeugung von 27 % (2000) auf 76 % (2008). Die jeweilige Differenz zur gesamten, erneuerbaren Erzeugung stellt vornehmlich die Wasserkraft zur Verfügung. Die regenerative Stromerzeugung aus Wasserkraft ist in diesem Zeitraum mit ca. 20 Mio. Megawattstunden nahezu konstant.

In 2008 ist die Windkraft mit einem Anteil von mehr als 50 % an der EEG geförderten Stromerzeugung die bedeutendste regenerative Stromerzeugungsquelle. In Windkraftanlagen sind 24.000 MW an elektrischer Leistung installiert. Jährlich werden zusätzlich im Schnitt 2.000 MW ans Netz genommen. Trotz fortschreitendem Ausbau verliert Deutschland seinen Titel als Windkraftweltmeister an die USA.

Die Gewichte zwischen den verschiedenen regenerativen Energiequellen beginnen sich langsam zu verschieben. Die Biomasse verzeichnet ein stetiges Wachstum und kommt auf immerhin ca. 30 %. Der Anteil der Photovoltaik steigt, auch wenn ihr Anteil an EEG geförderter Erzeugung in 2008 erst bei ca. 6 % liegt. Die Photovoltaik wächst allerdings mit hoher Geschwindigkeit von 2006 auf 2007 mit ca. 80 % und von 2007 auf 2008 immer noch mit ca. 42 %. Im Jahre 2008 werden in Deutschland erstmalig mehr als 1.000 MW an Solarmodulen zusätzlich installiert. Für Photovoltaik werden die mit Abstand höchsten Einspeisevergütungen gezahlt. Je nach Typ und Größe der Anlage erhalten die Betreiber über 500 € pro Megawattstunde, nachdem die rot-grüne Bundesregierung die EEG Vergütung angehoben hat. Die hohen Vergütungen verhelfen der Photovoltaik zum endgültigen Durchbruch. In den Jahren nach 2009 bis 2012 werden jeweils mehrere 1.000 MW an zusätzlicher Leistung installiert.

Mehr Windräder, mehr Biomasse Verstromung und zusätzliche Photovoltaik Module: Die installierte Leistung an erneuerbarer Erzeugung steigt unaufhörlich. Dadurch erhöhen sich die insgesamt eingespeisten Strommengen, die über das EEG vergütet werden. Die steigenden Mengen sind die wesentliche Ursache für die steigenden Folgekosten des EEG. Die bereits genannten 73 Mio. Megawattstunden sind nur die Zwischenbilanz des Jahres 2008. Weiteres Wachstum ist gewollt und wird sich in den nächsten Jahren einstellen.

Die Folgekosten aus dem EEG steigen aber nicht nur durch zunehmende Mengen. Auch die durchschnittlich gezahlte Vergütung pro Kilowattstunde treibt die Folgekosten nach oben. Folgende Zahlen sollen dies belegen. Für das Jahr 2000 werden über das EEG insgesamt 0,9 Mrd. € an die entsprechenden Stromproduzenten ausgezahlt und zwar für eine Produktionsmenge von ca. 10 Mio. Megawattstunden. Um eine durchschnittliche Einspeisevergütung zu ermitteln, müssen die in 2000 ausgezahlten EEG Vergütungen durch die gesamte Produktionsmenge in Megawattstunden dividiert werden. Unter Berücksichtigung von gesetzlich vorgesehen Ausnahmeregelungen und anderen gesetzlich vorgegebenen Anpassungen liegt die Durchschnittsvergütung bei ca. 85 € pro Megawattstunde. Bei gleicher Berechnung für 2008 erhöht sie sich auf ca. 123 € pro Megawattstunde, ein Anstieg um fast 50 %. Die Auszahlungen auf Grundlage des EEG erreichen die Grenze von jährlich 10 Mrd. €.

Die Folgekosten des EEG werden also nicht nur durch steigende Mengen, sondern auch noch durch steigende durchschnittliche Vergütungen angetrieben und die Ursache dafür ist schnell identifiziert. Die niedrigere durchschnittliche Vergütung in 2000 ist im Wesentlichen durch die Einspeisevergütungen für kleine Wasserkraftanlagen und Windkraftanlagen bestimmt. Über die Jahre erhöht sich beständig der Anteil der Vergütungen, die für Photovoltaik Einspeisungen gezahlt werden. Im Jahre 2008 werden für die Einspeisungen aus Photovoltaik Anlagen bereits über 2 Mrd. € ausgezahlt, mit einem Anteil von ca. 25 % an der Gesamtvergütung. Der Anteil der Strommengen aus Photovoltaik an den EEG Gesamtmengen liegt im gleichen Jahr hingegen nur bei ca. 6 %.

Der Verbraucher bekommt die Folgekosten des EEG über Strompreiserhöhungen zu spüren. Als Maßzahl für die Folgekosten etabliert sich zunächst die EEG Quote. Diese in Prozent berechnete Quote steht für die anteilige Beimischung an regenerativem EEG Strom. Alle Stromkunden erhalten über ihre jeweiligen Lieferanten einen entsprechenden Anteil aus regenerativer Erzeugung. Nach einigen Jahren wird das System auf die EEG Umlage umgestellt. Mit ihr wird die Transparenz über die Folgekosten des EEG noch weiter erhöht. Die Berechnung der Umlage erfolgt nach einer im EEG exakt festgelegten Prozedur. Die Netzbetreiber müssen die regenerativ erzeugten Mengen in ihre Netze aufnehmen und vergüten die eingespeisten EEG Mengen auf der Grundlage der gesetzlich festgelegten Tarife. Gleichzeitig verkaufen die Netzbetreiber die eingespeisten Mengen an den Strombörsen und erzielen dadurch Erlöse. Da für jede Kilowattstunde aus regenerativer Erzeugung eine höhere Vergütung ausgezahlt wird, als diese durch Verkauf an den Strombörsen erlöst, verbleibt bei den Netzbetreibern ein negativer Saldo. Dieser negative Saldo wird jährlich ermittelt und steht für die Folgekosten des EEG. Er addiert sich bereits in 2008 auf einen mittleren Milliarden Euro Betrag. Der Saldo wird ausgeglichen, in dem der Gesamtbetrag auf die beim Verbraucher abgesetzte Strommenge umgelegt wird, daher der Name EEG Umlage.

EEG Quote und später die EEG Umlage werden immer wieder etwas anders berechnet. Bisweilen wird das Verfahren reformiert, mit dem die Strommengen aus der erneuerbaren Erzeugung an die Kunden weitergegeben gegeben werden. Oder es werden bestehende Ausnahmeregelungen verändert, mit denen sich Unternehmen von den EEG Belastungen entweder befreien lassen können oder wenigstens nicht den vollen Beitrag aufbringen müssen. Im Kern bleiben Quote und Umlage die entscheidenden Maßzahlen für Preisaufschläge auf den Strompreis für die Kunden. Die Folgekosten des EEG werden so transparent. Nach Einführung der EEG Umlage wird jedem Verbraucher vorgerechnet, wie hoch der Preisaufschlag ist, den die Kunden zugunsten der erneuerbaren Stromerzeugung zahlen müssen.

Mit der Einführung der EEG Umlage wird erstmalig deutlich, dass die Energiewende den Verbraucher erhebliches Geld kostet. Es ist insofern verständlich, dass die Förderer der erneuerbaren

Erzeugung eine zunehmende Transparenz zu den Folgekosten aus dem EEG scheuen. Hinter den Kulissen rechtfertigen sie dies mit dem Argument, dass die wahren volkswirtschaftlichen Kosten konventioneller Stromerzeugung auch nicht transparent sind. Ein objektiver Vollkostenvergleich der erneuerbaren Erzeugung mit der konventionellen Stromerzeugung ist tatsächlich schwierig. Viele Ökonomen beschäftigen sich mit diesem Thema und kommen je nach Auftraggeber zu deutlich unterschiedlichen Ergebnissen. Bei solchen Vergleichen hängt einfach alles von den Annahmen und Eingangsdaten ab.

Die EEG Umlage gab es in 2000 noch nicht. Insofern kann sie in einer Rückschau nur abgeschätzt werden, um eine Vergleichbarkeit mit dem Jahr 2008 herzustellen. Eine solche Abschätzung führt zu einer EEG Umlage im Jahre 2000 von weniger als 2 € pro Megawattstunde. Die in 2008 zu zahlende EEG Umlage beträgt bereits ca. 11 € pro Megawattstunde, ein Anstieg um 550 %. Für einen mittelgroßen Haushalt mit einem Jahresverbrauch von 4 Megawattstunden liegen die EEG Folgekosten im Jahre 2000 bei ca. 8 €. Diese Kosten steigen in 2008 auf mehr als 50 € pro Jahr an.

Jede Darstellung einer solchen, stark verdichteten Übersicht setzt sich der Kritik aus, nicht das vollständige Bild der Folgekosten aus dem EEG zu zeigen. Es gibt gute Argumente zu den Wirkungen des EEG, die zur Kostenentlastung für den Stromkunden beitragen. Dies sind zum Beispiel indirekte Faktoren wie die Absenkung des durchschnittlichen Börsenpreises für Strom und die Absenkung des Preises für CO_2 Zertifikate durch den Ausbau der erneuerbaren Energien.

Es gibt ebenso gute Argumente, mit denen sich eine höhere jährliche Belastung begründen lässt. Dazu wären die indirekten Folgekosten des EEG einzubeziehen. Diese entstehen sowohl bei den Netzen als auch bei der konventionellen Erzeugung. In den Netzen sind es vornehmlich die Investitionen in den Umbau und Ausbau der Netze, um erneuerbare Leistung aufzunehmen und anschließend zu verteilen. Aus der konventionellen Erzeugung sind zudem in steigendem Maße sogenannte Systemdienstleistungen bereit zu stellen. Wesentliche Elemente der Systemdienstleistungen sind die Spannungshaltung und die Frequenzhaltung. Konventionelle Erzeugungsanlagen sind neben der Produktion von elektrischer Energie in der Lage, im Stromversorgungssystem die Spannung und die Frequenz zu stabilisieren. Der Umfang dieser Systemdienstleistungen gerade zur Stabilisierung der Netzfrequenz steigt mit dem Ausbau der erneuerbaren Stromerzeugung. Damit steigen die Kosten für Systemdienstleistungen. Beide vorgenannten Effekte, zusätzliche Kosten für Netzausbau und Systemdienstleistungen, lassen sich allerdings nicht verursachergerecht abgrenzen und eindeutig dem Ausbau der erneuerbaren Energien zuweisen. Diese zusätzlichen Kosten werden daher nicht über die EEG Umlage refinanziert, sondern über die Netzentgelte sozialisiert.

Trotz aller übrigen, indirekten Einflüsse auf den Strompreis der Kunden reflektiert die EEG Umlage die wesentlichen Folgekosten aus dem EEG. Die EEG Umlage steigt und damit müssen auch die Strompreise steigen.

Die rot-grüne Bundesregierung sieht sich gezwungen, Ausnahmeregelungen bei der Verteilung der EEG Folgekosten zu verabschieden. Gerade die stromintensive Industrie leidet unter steigenden Strompreisen, die nicht nur aus höheren EEG Umlagen entstehen, sondern ebenso durch die anziehenden Strompreise an den Handelsplätzen. Der Emissionshandel hinterlässt mit seinem preistreibenden Einfluss deutliche Spuren an den Strommärkten. Zu Recht beruft sich die stromintensive Industrie auf einen Standortnachteil durch das Strompreisniveau in Deutschland und sieht sich im internationalen Wettbewerb benachteiligt. Die Bundesregierung reagiert mit einer Änderung des EEG in 2005 und befreit bzw. entlastet stromintensive Industriekunden von der EEG Umlage. Sie stellt in der Begründung der Gesetzesänderung fest, dass die Ausnahmeregeln vertretbar sind, weil ausschließlich einer Industrie geholfen wird, die sich im internationalen Wettbewerb behaupten muss. Die Zusatzbelastungen aus der partiellen Umverteilung der Kosten bleiben für die betroffenen, übrigen Kunden überschaubar, so die Begründung.

Die etablierte Energiewirtschaft begrüßt die neue Transparenz zum EEG. In 2005 hofft sie immer noch, dass der Ausbau der erneuerbaren Energie bei mehr Kostentransparenz gebremst wird. Die Mehrzahl der Verantwortlichen in der Energiewirtschaft sieht im EEG noch keine Opportunität, sondern ein Risiko für das eigene traditionelle Geschäftsmodell. Aber es gibt erste „Abtrünnige" und bereits ab 2008 wird sich die Position der Energiewirtschaft zur Stromerzeugung aus erneuerbaren Energien deutlich gewandelt haben. Die etablierten Unternehmen entdecken für sich erst Schritt für Schritt, welche Ertragspotentiale in den Erneuerbaren liegen. Es sind vor allem Nord- und Ostdeutsche Unternehmen, denen vor der Haustür vorgeführt wird, zu was die Erneuerbaren imstande sind.

Besonders die Stromerzeugung aus Windkraft wird ein Geschäftsfeld der großen Konzerne, sowohl bei den Herstellern als auch bei den Energieversorgern. Bei den Herstellern übernehmen große Technologiekonzerne kleinere Unternehmen und machen diese zu Plattformen für ihre Windaktivitäten. Die Energiekonzerne ziehen nach. In Deutschland folgen sie dem Vorbild portugiesischer und spanischer Unternehmen, die das Feld der erneuerbaren Stromerzeugung schon früher für sich entdeckt haben. Zumeist bilden Akquisitionen kleinerer Unternehmen eine Plattform, auf der weiter organisch gewachsen werden kann. Es ist nicht so, dass die Energiekonzerne die erneuerbare Erzeugung nun plötzlich großartig finden. Es ist vielmehr die Erkenntnis, dass in diesem Geschäft eine Menge Geld zu verdienen ist.

Sowohl die Hersteller als auch die Energiekonzerne investieren in den Ländern, die attraktive Rahmenbedingungen bieten. Dazu zählt bei der Windkraft Deutschland, aber auch Spanien und die USA. Den Technologielieferanten und den Technologieanwendern hilft die Entwicklung zu immer größer werdenden Windparks. Mehrere 100 MW installierte Leistung sind keine Seltenheit. Die Windkraft geht außerdem aufs Meer. Auch das treibt die Investitionssummen pro Projekt an. Seegestützte Windparks werden immer größer und leistungsstärker, nicht selten belaufen sich Projektsummen in der Größenordnung von Milliarden Euro. Viele kleinere Hersteller, aber auch kleinere Investoren und Betreiber sind mit solchen Summen überfordert. Die Kapitalkraft reicht einfach nicht mehr aus. Und für die Energiekonzerne ist es genau das Geschäft, was sie bestens kennen. Das Geschäft ist eine neue, aber den großen Konzernen bestens bekannte Art des Baus von Großkraftwerken, der bei der Windkraft Einzug hält. Die Windkraft wird von der Boutique zu einem Industriegeschäft.

Nicht zu unterschätzen ist in diesem Prozess die gegenseitige Stimulierung von Technologieanbieter und Technologieanwender. Diese Kunden-/Lieferantenbeziehung zwischen den großen amerikanischen, französischen und deutschen Herstellern auf der einen Seite und den entsprechenden Unternehmen der Energiewirtschaft auf der anderen Seite ist über viele Jahrzehnte gewachsen. Üblicherweise waren und sind es die gleichen Hersteller, die auch im konventionellen Kraftwerksgeschäft aktiv und erfolgreich sind, und zwar mit den gleichen Kunden. So wächst beispielsweise bei der Windkraft nahezu gleichzeitig auf beiden Seiten, bei den Herstellern und bei der Energiewirtschaft, die Überzeugung, dass Windkraft ein Zukunftsgeschäft ist. In 2008 beteiligen sich nahezu alle traditionellen Akteure in der Energieindustrie am Aufbau einer neuen Energieversorgung in Deutschland.

Aber auch die neuen Akteure können an der preistreibenden Wirkung des EEG nichts ändern. Mit dem Einstieg der traditionellen Stromwirtschaft in das Geschäft mit den erneuerbaren Energien ändert sich gleichwohl deren öffentliche Haltung zum EEG. Die Abschaffung des EEG wird nicht mehr gefordert, sondern nur mehr Transparenz über die Folgekosten für die Verbraucher. Dies hilft allen Unternehmen der Energiewirtschaft, Preiserhöhungen beim Verbraucher zu erklären. Es ist unstreitig, dass sich die EEG Folgekosten auf die Preise der Stromkunden auswirken müssen. Die Frage ist nicht, ob es zu Preiserhöhungen kommen muss. Die Frage ist nur, in welcher Höhe Preise angepasst werden müssen. Darüber lässt sich beliebig streiten und das wird anschließend auch getan. Gerade Verbraucherschützer entdecken Strompreise als ein Aktionsfeld, das ihnen mediale Aufmerksamkeit bringt und hilft, neue Mitglieder für ihre gemeinnützigen Organisationen zu gewinnen.

Die nahezu jährlich wiederkehrenden Strompreiserhöhungen rufen Politiker aller Parteien, Verbraucherschützer und Wissenschaftler auf den Plan. Immer wieder wird diskutiert, ob auch die nächste Preiserhöhung gerechtfertigt ist und wie hoch sie ausfallen darf. Bedienen sich die Energieversorger beim Kunden mehr als durch die tatsächliche Kostenentwicklung gerechtfertigt? Nutzen sie die Kostenentwicklung aus dem EEG als Vorwand für überhöhte Preisforderungen? Oder nutzen die großen Stromkonzerne ihre Marktmacht bei der Stromerzeugung aus und treiben den Strompreis willkürlich nach oben? Für unabhängige Energiewirtschaftler und Wissenschaftler ist die Preisfrage ein spannendes Diskussionsfeld.

Dass eine solche Diskussion immer wieder geführt wird, hat nicht zuletzt mit der Reputation der Energieversorger schlechthin, und hier besonders der großen Energiekonzerne zu tun. Das Image ist mehr als angekratzt. Der frühere Status als Monopolisten hängt den Unternehmen noch nach. Die Preispolitik und deren Kommunikation waren über viele Jahre verbesserungswürdig. Kartellrechtliche Verstöße, die zum Teil mit hohen Strafen belegt wurden, tragen zum Bild einer Branche bei, der kein kundenorientiertes Verhalten zugetraut wird.

Gleichzeitig verdienen die Energieversorger viel Geld. Sie eilen bis einschließlich 2008 von einem Rekordgewinn zum nächsten, gewähren ihren Aktionären steigende Dividenden und leisten sich milliardenschwere Investitionen und Akquisitionen. Trotz der Vielzahl der Wettbewerber im Strommarkt und der zahlreichen Möglichkeiten zum Wechsel des Lieferanten, entsteht in der Öffentlichkeit kein vorteilhaftes Bild über die Energiewirtschaft. Die Menschen fühlen sich den Preiserhöhungen machtlos ausgeliefert. Sie empfinden die Preiserhöhungen als maßlos und intransparent. Die hohen Gewinne der Konzern bestätigen sie in ihrem Vorurteil, dass hier nicht alles mit rechten Dingen zugeht. Es sind aber nicht nur die hohen Gewinne der Konzerne, die die Menschen auf die Palme bringen. Es ist die Überzeugung, dass diese Gewinne nicht im fairen Wettbewerb erwirtschaftet werden, sondern aus einer Position der Marktmacht.

Die Debatte erhält eine erhebliche öffentliche und damit auch politische Dimension, bei der die Stromkonzerne ziemlich isoliert sind. Kein Politiker kann und will es sich noch leisten, öffentlich für die Energiewirtschaft Partei zu ergreifen. Der Energiewirtschaft und besonders den großen Stromkonzernen wurden immer besonders gute Beziehungen zur Spitzenpolitik nachgesagt. Jetzt hat die Politik geradezu ein Bedürfnis, sich von den Unternehmen und deren Akteuren abzugrenzen.

Die Auseinandersetzungen um Strompreise führen zu konkretem Handeln des Gesetzgebers. Das Kartellrecht wird geändert und dem Bundeskartellamt wird das Recht zur Kostenprüfung der Stromerzeugung eingeräumt, im Prinzip ein kartellrechtlicher Tabubruch. Das Kartellamt kann und soll auf der Grundlage des Gesetzes gegen Wettbewerbsbeschränkungen (kurz: GWB), in die Tiefen der Kostenkontrolle einsteigen. Vielen Wettbewerbsrechtlern ist bei diesem Ansatz unwohl, aber die öffentliche Debatte zwingt den Wirtschaftsminister zu einer außergewöhnlichen und sachfremden Änderung des Kartellrechtes, die er auch deshalb nur zeitlich befristet ausgestaltet.

Vorwürfe durch Verbraucherverbände, staatliche Eingriffe des Gesetzgebers, Drohungen der Politik an die Adresse der Energiewirtschaft: Dies beschreibt die veröffentlichte und die öffentliche

Meinung zum Thema Strompreise. Es wird unterstellt, dass mit dem Wettbewerbsregeln alles in Ordnung ist und dass das EEG nicht die Ursache für die Strompreisprobleme sein kann. Es liegt an der Marktmacht einzelner Unternehmen, diese muss gebrochen werden und dann wird alles besser, so die Mehrheitsmeinung. Dies ist die eine Seite der Medaille.

Auf der anderen Seite stehen alle Möglichkeiten von Märkten und Wettbewerb, die sich auf der Erzeugungsstufe und auf der Stufe des Endkunden etabliert haben. Es macht Sinn beide Teilmärkte zu beleuchten und zu verstehen, warum es zu den beschriebenen Preisentwicklungen kommen konnte, vielleicht sogar kommen musste.

Nach zehn Jahren ist der Wettbewerb um den Kunden in 2008 erwachsen geworden. Dem Kunden wird ermöglicht, einen neuen Strom- oder Gaslieferanten zu wählen. Mehrere 100 Unternehmen tummeln sich im Strommarkt, eine stattliche Zahl, ebenso im Gasmarkt. Jeder Privatkunde hat üblicherweise die Wahl zwischen einer mittleren zweistelligen Anzahl an Anbietern. Jeder Anbieter bietet eine Vielzahl von Produkten mit unterschiedlichen Laufzeiten, Preisgarantien etc. an. Der Wechsel des Anbieters funktioniert weitgehend reibungslos und unproblematisch.

Der vermeintlich fehlende Wettbewerb um Kunden wird gleichwohl immer wieder angeprangert, gerade aus der Politik. Dort wünscht man sich ein noch intensiveres Wechselverhalten der Kunden, in der Erwartung, dass der Preisdruck zunimmt und Kostenerhöhungen nicht mehr oder nicht mehr in vollem Umfang weitergegeben werden. In diesem Zusammenhang wird gern übersehen, dass die Spielräume für eine Angebotsdifferenzierung wenigstens in den Strommärkten ziemlich klein sind. Zunächst ist eine Differenzierung der Stromprodukte fast ausschließlich über den Preis möglich. Strom hat natürlich weder eine Farbe noch einen Geschmack. Die Qualität des gelieferten Produktes hängt maßgeblich vom örtlichen Netzbetreiber und tatsächlich nicht vom im Wettbewerb stehenden Stromanbieter ab.

Damit bleibt noch die Möglichkeit der Produktdifferenzierung nach den Stromerzeugungsquellen. Es gibt im Markt zahlreiche Öko-Stromprodukte und durchaus erfolgreiche Anbieter dieser Produkte, denen es gelungen ist, einen respektablen Marktanteil zu gewinnen. Diesem Ansatz folgend verfügt heute nahezu jeder Anbieter über solche Angebote für Strom aus regenerativer Erzeugung. Der große Durchbruch ist dies bei den Kunden bislang nicht. Die finden es zwar richtig, dass auch der eigene Anbieter Öko-Produkte hat. Das Produkt wird deshalb aber noch lange nicht gekauft, denn zumeist kommen diese Produkte nicht ohne einen erheblichen Preisaufschlag aus.

Für den durchschnittlichen Kunden zählt beim Strom der Preis, danach kommt lange nichts. Unterstellt man den Kunden eine Kaufentscheidung auf reiner Preisbasis (und nicht etwa das Motiv der Abneigung gegen einen Stromanbieter o. ä.) und unterstellt man den Anbietern kostendeckende Angebotspreise (und nicht etwa ein strategisches Verhalten, mit dem Marktanteile auf der Basis kalkulierter Verluste erobert werden), dann bleibt für eine Preisdifferenzierung der Anbieter untereinander nicht viel Spielraum. Der Preis für Privatkunden besteht zu ca. 70 % aus Kosten, die entweder staatlich reguliert (z. B. die Netzentgelte) sind oder Steuern und Abgaben darstellen. Diese 70 % sind für alle Anbieter gleich; nur die restlichen 30 % sind abhängig von der Strombeschaffung im Markt und den eigenen Vertriebskosten inkl. der Vertriebsmarge. Nur bei diesem Anteil wirkt sich unternehmerisches Handeln im Wettbewerb zum eigenen Vorteil oder Nachteil aus.

Selbst wenn es neuen wie etablierten Anbietern gelingt, in diesem 30 % Kostenblock deutlich besser zu wirtschaften als der Wettbewerb, führt dies höchstens zu einer Preisdifferenzierung im einstelligen Prozentbereich beim Gesamtpreis. Kundenbefragungen zeigen, dass die Mehrzahl der Privatkunden erst ab einem

Preisunterschied von ca. 10 % über den Wechsel des Lieferanten nachdenkt. Dieser Preisunterschied ist im Wettbewerb kaum darstellbar. D. h. nicht, dass es im Markt nicht auch Angebote gibt, deren Preis deutlich mehr als 10 % vom günstigsten Preis entfernt liegen. Auch im Strommarkt gilt, dass ein Kunde, der sich nicht informiert, auch nicht automatisch den besten Preis bei seinem Anbieter erhält. Wird der Kunde aber aktiv, so wird er auch bei seinem angestammten, lokalen Anbieter attraktive Preise finden. Dies macht den Wechsel zu einem anderen Lieferanten unnötig. So erklärt sich, dass der überwiegende Teil der Kunden nicht den Lieferanten wechselt, sehr wohl aber über ein preisgünstigeres Produkt beliefert wird.

Trotz dieser Fakten reißt die Kritik an den großen Konzernen nicht ab. Die Verbraucher und die Politik lassen sich vom Argument des funktionierenden Wettbewerbs weder überzeugen noch beschwichtigen. Wenn es nicht am fehlenden Wettbewerb beim Endkunden liegt, dann muss es am mangelnden Wettbewerb auf der Erzeugungsstufe liegen. Vier große Unternehmen kontrollieren mit einem gemeinsamen Marktanteil von nahezu 80 % den Stromerzeugungsmarkt in Deutschland. Strombörsen und Wettbewerb hin oder her, die Preise für den Kunden steigen und die Gewinne der Konzerne auch. So hat man sich die Einführung von Wettbewerb in den Energiemärkten jedenfalls nicht vorgestellt.

Es ist unbestreitbar, dass die vier großen Stromerzeuger in 2008 eine starke Marktstellung haben und es ist richtig, dass diese Unternehmen in der Stromerzeugung viel Geld verdienen. Dass die Renditen in der Stromerzeugung hoch sind, hat aber nichts mit fehlendem Wettbewerb auf der Erzeugungsstufe, sondern im Wesentlichen mit zwei anderen Effekten zu tun. Der erste Effekt entsteht durch den Emissionshandel und seine Wirkung auf die Strompreisbildung. Dazu ist bereits alles gesagt. Der zweite Effekt entsteht durch die Art der Gestaltung der Strommärkte und das Kraftwerksportfolio der großen Unternehmen. An den Handelsmärkten werden Megawattstunden, also Produktionsmengen gehandelt. Der Preis an diesen Börsen bildet sich abhängig von Angebot und Nachfrage. Während die Angebotsseite aus einem flexiblen Anbot an verschiedenen Erzeugungseinheiten besteht, ist die Nachfrageseite, also der kumulierte Kundenbedarf weitgehend unelastisch, d. h. die Verbrauchsmenge reagiert kaum auf Preisveränderungen.

Die unterschiedlichen Erzeugungseinheiten bieten ihre Produktion auf der Basis der jeweiligen Grenzkosten an. Damit verdienen Kraftwerke mit niedrigen Grenzkosten erhebliche Deckungsbeiträge, wenn der Marktpreis durch Kraftwerke mit fossiler Brennstoffbasis bestimmt wird. Kraftwerke mit niedrigen Grenzkosten sind Wasser-, Kernkraft- und Braunkohlekraftwerke und diese gehören nahezu ausschließlich den großen vier Unternehmen. Und es sind weit überwiegend Kraftwerke, deren Investitionen vor Jahrzehnten erfolgten und damit schon lange verdient sind. Diese Anlagen befinden sich am Ende ihrer technisch-wirtschaftlichen Nutzungsdauer. Bei einigen Anlagen ist dieses Ende in 2008 dick vergoldet, so groß sind die Margen. Es ist also nicht etwa die Abwesenheit von Markt und Wettbewerb in der Erzeugung, die aufgrund zu hoher Gewinne zu kritisieren ist, sondern gerade umgekehrt. Erst Markt und Wettbewerb in der Stromerzeugung einerseits sowie der Emissionshandel andererseits ermöglichen den großen Stromerzeugern Margen und Gewinne, die sie in Monopolzeiten niemals hätten erwirtschaften können.

Alles hat seine Zeit und auch diese Periode geht vorbei. Anders als von vielen Experten vorhergesehen, gibt es eine abrupte Trendwende. Sie ist nicht nur eine Trendwende in der Energiewirtschaft, sondern eine handfeste Weltwirtschaftskrise.

Krise in Europa (2009–2012)

In der Finanzwelt wird gerne plastisch vom Platzen einer Blase gesprochen, wenn sich ein über Jahre laufender Trend plötzlich umkehrt. So war das bei der Internet-Blase um die Jahrtausendwende und so ist es auch bei der Immobilienblase in den USA im Jahre 2006/2007. Überhitzte Immobilienmärkte gibt es in der Neuzeit immer wieder, doch wenn eine solch große Blase im Immobilienmarkt der USA platzt, dann kann das die Welt in eine Wirtschaftskrise stürzen. So ist es geschehen. Ein schwächeres Wachstum der Immobilienpreise von 2006 auf 2007 und ein steigendes Zinsniveau reichen aus, um das labile Kartenhaus des Immobilienmarktes in den USA zum Einsturz zu bringen. In 2007 beginnt die Finanzkrise in den USA ausgelöst durch zu viele, faule Kredite zur Immobilienfinanzierung, wie die Finanzwelt sagt. Der Höhepunkt der Finanzkrise wird im September 2008 erreicht, als die renommierte Bank Lehman Brothers kollabiert. Und den deutschen Bürgerinnen und Bürgern wird der 5. Oktober 2008 in Erinnerung bleiben, als Kanzlerin und Finanzminister der großen Koalition vor die Kameras und Mikrofone der Journalisten in Berlin treten und eine Garantie auf die Spareinlagen abgeben.

In der zweiten Jahreshälfte 2008 drohen die globalen Finanzmärkte mehrfach zusammen zu brechen. Viele Geldhäuser müssen mit dem Geld der Steuerzahler gerettet werden. Vor allem in der westlichen Welt werden zum Teil astronomische Summen mobilisiert, um den Zusammenbruch von Banken, Versicherungen und Industrieunternehmen zu verhindern. Im Rettungskampf wird eine Milliarde Euro die kleinste Geldeinheit. Die Menschen lernen durch die Politik und aus den Medien, wann ein Unternehmen systemrelevant ist und schon deshalb gerettet werden muss. Mancher mittelständische Unternehmer, der mit den Folgen der Krise zu kämpfen hat, kann sich nur wundern. Die Verluste nahezu aller renommierten Banken sind riesig und die Verunsicherung an den Finanzmärkten ist groß.

Das wirkt sich nicht nur auf die Finanzwirtschaft, sondern auch auf die sogenannte Realwirtschaft aus. Das Wirtschaftswachstum geht weltweit zurück und einige Länder geraten in eine tiefe Rezession. Die Weltwirtschaft schrumpft im Jahre 2009 und die Wirtschaftsleistung der Industrieländer sinkt sogar um 4 %. Auch das Wachstum der Schwellenländer geht deutlich zurück, bleibt aber mit 3 % noch positiv. Viele sprechen von der größten Wirtschaftskrise seit der legendären großen Depression in den 30er Jahren des vorherigen Jahrhunderts.

Die Finanzkrise in 2008 ist für viele Unternehmen existenziell und fundamental, die folgende Schuldenkrise in Europa wird dies für manche Staaten nicht minder. Die Krise der öffentlichen Haushalte wird das politische Handeln und das gesellschaftliche Leben in Europa für viele Jahre bestimmen. Die EU wird als Solidargemeinschaft bis an die Grenzen ihrer Tragfähigkeit belastet.

Bis dato haben Klima- und Energiefragen in der europäischen Politik eine bedeutende Rolle gespielt. Im Lichte der anbrechenden Krisenzeiten ändert sich dies. Es geht fast ausschließlich um Krisenmanagement mit dem Ziel der Stabilisierung der Eurozone. Die Rettung des mit Abstand bedeutendsten, europäischen Gemeinschaftsprojektes, der gemeinsamen Währung, hat richtigerweise Vorrang. Da rutscht das zweite europäische Integrationsprojekt einstweilen von der politischen Agenda: Der Emissionshandel.

Die Krise erfasst alle Märkte in Europa. Kein Land und keine Industrie bleiben verschont. Die europäische Wirtschaftsleistung geht zurück. Die Nachfrage nach Waren und Dienstleistungen sinkt. In der Vergangenheit hat sich die Nachfrage nach Strom und Gas auch in Krisenjahren als vergleichsweise robust erwiesen. Die Außentemperatur beeinflusste den Absatz im Jahresvergleich zumeist stärker als die wirtschaftliche Entwicklung. Dies führt gerade beim Gasabsatz regelmäßig zu temperaturbereinigten Absatzstatistiken. Doch diese Krise ist anders. Der Endenergiebedarf nach Strom geht in Deutschland in 2009 gegen 2008 um ca. 5,5 % zurück und der entsprechende Bedarf nach Erdgas sinkt um ca. 7 %. Das ist der größte Nachfrageeinbruch der Energiebranche seit dem 2. Weltkrieg.

Mit dem Rückgang der Nachfrage sinken auch die Preise an den Stromhandelsmärkten. Dazu lassen sich viele eindrucksvolle Zahlen nennen, hier soll der sogenannte übliche Strompreis nach dem Kraft-Wärme-Kopplungsgesetz als Vergleichsgröße dienen. Dieser übliche Preis sinkt von durchschnittlich ca. 66 € pro Megawattstunde für das Jahr 2008 auf knapp unter 40 € pro Megawattstunde im Jahr 2009, ein Preisverfall von ca. 40 % innerhalb von 12 Monaten.

Der Strompreisverfall trifft die Kraftwerksanlagen, die sich überwiegend im Eigentum der großen vier Unternehmen befinden, besonders hart. Die Betriebskosten und die Brennstoffkosten von Wasserkraftwerken und Kernkraftwerken bleiben in der Krise nahezu unverändert. Jeder Euro Preisrückgang führt zu geringerem Ertrag aus diesen Stromerzeugungsanlagen. Die Eigentümer von Braunkohlekraftwerken leiden ebenso unter dem Preisverfall wie Wasserkraftwerke und Kernkraftwerke. Für sie entsteht allerdings eine gewisse Entlastung aus den gleichzeitig sinkenden Preisen für CO_2 Zertifikate.

Für die Profitabilität von Steinkohle- und Gaskraftwerken sind nicht nur die Strompreise an den Börsen relevant, sondern auch die gleichzeitige Entwicklung der Kohle- und Gaseinkaufspreise. Zudem beeinflusst der Preis für CO_2 Emissionen die Margen in der konventionellen Stromerzeugung. Die Einkaufspreise für Steinkohle und Gas gehen in diesen Krisenzeiten ebenso zurück, wie der Preis für CO_2 Zertifikate im Emissionshandel. Weil die Einkaufspreise für die Energierohstoffe aber nicht im gleichen Maße verfallen wie die Umsatzerlöse, sinken die Margen für konventionelle Kraftwerke auf Steinkohle- und Erdgasbasis.

Die sinkenden Preise und Margen zeigen sich in den veröffentlichten Gewinn- und Verlustrechnungen der Stromerzeuger erst mit zeitlicher Verzögerung. Dafür ist die Verkaufs- und Handelsstrategie der Stromproduzenten verantwortlich. Sie ist darauf ausgerichtet, erhebliche Teile der eigenen Produktion frühzeitig, zum Teil über mehrere Jahre im Voraus zu verkaufen. An den Strombörsen werden Preissicherungsgeschäfte abgeschlossen. Die Stromproduktion aus den Kraftwerken wird faktisch schon verkauft, obwohl die physische Produktion und Lieferung der Strommengen aus den Kraftwerken noch lange aussteht. In Zeiten stetig fallender Preise ist dies ein wirtschaftlicher Vorteil, so wie es in Zeiten stetig steigender Preise ein Nachteil sein kann. Die Stromerzeuger sichern sich durch diese Handelsgeschäfte an den Strombörsen gegen allzu große Schwankungen ihrer Ertragslage ab.

Die Handelsstrategien der Stromerzeuger sind den Analysten an den Finanzmärkten grundsätzlich bekannt. Sie können die Ertragsentwicklung der Unternehmen daher schon frühzeitig antizipieren. Die Börsen schicken die Aktien der Energieversorger auf Talfahrt, obwohl die Unternehmen mit ihren Quartalsberichten immer noch ordentliche Zahlen veröffentlichen. Mancher branchenfremde Industrievertreter und mancher Wirtschaftspolitiker kratzt sich wegen der positiven Ertragszahlen der börsennotierten Energieunternehmen verwundert den Kopf. Sie fragen sich, warum die Krise überall zuschlägt, nur nicht in der Energiebranche. Die Krise kommt auch dort an, nur zeitlich verzögert und nicht mit einem dramatischen Einbruch beim Auftragseingang, so wie dies andere Industrien erleben müssen.

Für die Unternehmen selbst hat diese eher schleichende Entwicklung, mit der die Krise bei ihnen ankommt, Vorteile und Nachteile gleichermaßen. Um ein Bild zu wählen: Der Vorteil dieser Entwicklung ist, dass die Krise nicht als Welle kommt. Das Wasser steigt vielmehr langsam, so kann man sich auf eine „drohende Überschwemmung" vorbereiten. Der Nachteil ist eine trügerische Ruhe und scheinbare Gelassenheit, mit der sich die Unternehmen auf schwierigere Zeiten einstellen. Das schränkt die Bereitschaft der Belegschaften, sich auch auf der Kostenseite an die Krisenzeiten anzupassen, ein. Kaum jemand fängt schon an zu sparen, wenn es in der Kasse immer noch ordentlich klingelt. Hinzu kommen die historischen Erfahrungen der Energieversorger. Diese erlebten in vergangenen Krisenzeiten immer vergleichsweise robuste Absatzentwicklungen und eine schnelle Erholung der Nachfrage nach Strom und Erdgas. So passen die Energieversorger ihre Kostenstrukturen zunächst nicht an und übersehen die strukturelle Natur dieser Krise.

Die Gewinne der Erzeuger brechen nicht ein, sie schmelzen dahin. Gleichzeitig investiert die Energiebranche in eine ganze Reihe von neuen Kraftwerken, die sie in Zeiten besserer Preise und Zukunftsaussichten auf den Weg gebracht hat. Europaweit werden neue Kohle- und Gaskraftwerke gebaut. Milliarden Summen werden in konventionelle Kraftwerke investiert. Die Preise für die Anlagen sind hoch, sie wurden mit den Lieferanten in Vor-Krisenzeiten vereinbart. Als die Krise ausbricht, sind etliche Kraftwerksprojekte entweder bereits vollendet, fast fertig oder irreversibel unterwegs.

Für alle Kraftwerksprojekte gilt, dass die erhofften Erträge wenigstens kurzfristig nicht kommen werden. Gleichwohl glauben die Unternehmen fest an die Erholung des Marktes, eine steigende Nachfrage und anziehende Preise. In Deutschland ist dieser Zyklus unmittelbar nach der Marktöffnung Ende der 90er Jahre noch in guter Erinnerung. Seinerzeit galt es über Kostenanpassungen und einige Kraftwerksstilllegungen mit ruhiger Hand durch eine schwierige Phase zu steuern. Was damals erfolgreich gelang, soll auch diesmal wieder funktionieren.

Während sich die großen Stromerzeuger gezwungenermaßen mit der Krise auseinandersetzen, läuft es für die kleineren Unternehmen der Branche ordentlich, jedenfalls dann, wenn sie sich nicht an irgendeinem zu groß und zu teuer geratenen Projekt beteiligt haben. Viele kleinere Unternehmen sahen sich schon im wettbewerblichen Nachteil, wenn sie über keine eigene Stromerzeugung verfügten. Jetzt sind sie richtig positioniert, wenn sie diese Phase ohne riskante Erzeugungsprojekte gemeistert haben. Für die Unternehmen ohne Eigenerzeugung sinken die Einkaufspreise. Sie können sich wieder besser am Markt und gegenüber den Kunden positionieren.

Für die Verbraucher elektrischer Energie ergibt sich kein einheitliches Bild bei der Preisentwicklung. Die Industrie, vor allem die energieintensive, könnte sich eigentlich über sinkende Strompreise an den Handelsmärkten freuen. Richtig Freude kommt gleichwohl nicht auf. Die Wirtschaftskrise hinterlässt in den meisten Industrien einen massiven Rückgang der Nachfrage nach deren Produkten und Dienstleistungen. Diese Kunden kämpfen mit den Folgen der Krise in ihren eigenen Märkten. Die sinkenden Energiepreise sind für die energieintensiven Industrien nur ein schwacher Trost in schweren Zeiten. Auch bei den Gewerbe- und Haushaltskunden kommen die sinkenden Strompreise nicht an. Die immer weiter steigende EEG Umlage zur Refinanzierung der erneuerbaren Energien übersteigt den preisdämpfenden Einfluss der sinkenden Preise an den Handelsmärkten.

Die Wirtschaftsleistung geht im Krisenjahr 2009 in Deutschland um 4,7 % zurück. Aber Deutschland kommt besser als alle europäischen Nachbarn durch diese Wirtschaftskrise. Bereits in 2010 wächst die Wirtschaft in Deutschland wieder. Das Wachstum liegt bei starken 3,6 %. Ein großer Anteil daran ist im Nach-

Krisenjahr durch Aufholungseffekte bedingt. Das Wachstum verstetigt sich aber in den folgenden Jahren, Deutschland zeigt seine industrielle Stärke und globale Wettbewerbsfähigkeit. Die Exportorientierung und der Erfolg der deutschen Industrie vor allem in Asien lassen die Deutschen von steigender Arbeitslosigkeit und anderen sozialen Problemen überwiegend verschont. Unvergessen bleibt auch der kluge Schritt der Bundesregierung, die Kurzarbeiter Regelung so zu verändern, dass viele krisengeschüttelte Unternehmen ihre Mitarbeiterinnen und Mitarbeiter in der Krise nicht freisetzen müssen. Sie überstehen die schweren Krisenmonate ohne qualifiziertes Personal zu verlieren und können ihre Produktion bei anziehender Konjunktur wieder hochfahren. Ein Meisterstück der Regierung in Zusammenarbeit mit den Sozialpartnern aus Gewerkschaften und Unternehmerverbänden.

Keinem europäischen Nachbarland gelingt es, ähnlich gut durch die Krise zu kommen. Deutschlands Nachbarn haben mit den Folgen der Krise deutlich stärker zu kämpfen und müssen alle staatlichen Leistungen auf den Prüfstand stellen. Auch die Förderung der erneuerbaren Energien wird in den Nachbarländern zurück gefahren. So erhält die deutsche Energiewende indirekt Schützenhilfe aus dem krisengeschüttelten Spanien. Dort muss die staatliche Förderung der Photovoltaik zurückgefahren werden. Eine geringere Nachfrage nach Photovoltaik Modulen in Spanien, lässt die Preise für Module weltweit sinken.

Zur gesamtwirtschaftlich positiven Entwicklung in Deutschland zählen Politik und einige Wirtschaftsverbände die fortgesetzt gute Entwicklung der Energiewende. Insbesondere der Ausbau der regenerativen Stromerzeugung ist weiterhin beachtlich. Deutschland kann es sich leisten, bei seiner Energiewende auf Kurs zu bleiben. In 2009 ändert die Bundesregierung das zentrale Gesetz zur Energiewende, das EEG, ein weiteres Mal, um der Energiewende noch mehr Schwung zu verleihen.

Das novellierte EEG aus dem Jahre 2009 ist eine strukturelle und konzeptionelle Fortsetzung der bisherigen Gesetzgebung.

Die Abwicklungsprozesse der Vergütung von eingespeistem regenerativem Strom aus Neuanlagen werden ebenso verfeinert wie die Systematik der verschiedenen Vergütungen für einzelne Technologien. Weiterhin werden die Anlagen je nach Anlagengröße und installierter Leistung unterschiedlich behandelt; kleine Anlagen erhalten höhere, größere Anlagen in der Regel niedrigere Einspeisevergütungen. Mit der zeitlichen Degression der Vergütungen berücksichtigt der Gesetzgeber europäisches Subventionsrecht.

Im neuen EEG wird zusätzlich eine Reihe von Optionen geschaffen, mit den die erneuerbare Erzeugung besser in die Strommärkte integriert werden sollen. Faktisch ändert sich die Systematik des EEG gleichwohl nicht. Politische Augenwischerei, denn eine echte Verpflichtung zur Selbstvermarktung der erzeugten elektrischen Energie besteht für die Betreiber nicht. Die Änderungen führen nur zu einer etwas komplizierteren Berechnung der tatsächlichen Vergütungen für den eingespeisten Strom aus Neuanlagen. Damit gehen die Investoren in Neuanlagen nach wie vor kein Preisrisiko ein. Die große Koalition setzt dieses Gesetz mit großer Mehrheit im Bundestag durch.

Viele einzelne Aspekte des Gesetzes und deren wenig überzeugende Sinnfälligkeit wurden bereits diskutiert und werden hier nicht wiederholt. Dies gilt insbesondere für die Unterschiede in den Einspeisevergütungen nach Anlagengröße bzw. nach Technologie. Zwei zusätzliche Aspekte sind gleichwohl diskussionswürdig.

Erstens ist es die Abwesenheit jeglicher Mengensteuerung durch das EEG. Der Gesetzgeber hat klare Ausbauziele der regenerativen Stromerzeugung. Diese langfristig zu erreichen, das ist der Zweck des Gesetzes. In 2020 soll der regenerative Anteil an der gesamten Stromerzeugung 35 % erreichen. Dieser Anteil soll kontinuierlich auf 80 % bis 2050 steigen. Die Ziele auf der Zeitachse sind allerdings nur eine politische Ambition ohne Rückwirkung auf die Steuerung der einzusetzenden Ressourcen. Neben diesem Gesamtziel setzt der Gesetzgeber keine weiteren Meilensteine auf der Zeitachse oder Teilziele für die verschiedenen Technologien auf der Basis von Wind, Wasser und Solarstrahlung etc. Die „Krönung" ist der in Paragraph 65 vorgeschriebene Erfahrungsbericht. Hier heißt es: „Die Bundesregierung evaluiert dieses Gesetz und legt dem Bundestag bis zum 31. Dezember 2014 und dann alle vier Jahre einen Erfahrungsbericht vor." Es bleibt ein Rätsel, warum der Gesetzgeber glaubt, durch diese Art der Überwachung und Steuerung einen effizienten Ausbau der erneuerbaren Erzeugung organisieren zu können. Der Dynamik in der Technologie- und Kostenentwicklung von erneuerbarer Stromerzeugung ist der Gesetzgeber so jedenfalls nicht gewachsen.

Zum anderen legt der Gesetzgeber nach einem undurchsichtigen Verfahren die einzelnen Einspeisevergütungen für Windkraft, Photovoltaik etc. fest. Dies sind staatliche festgesetzte Preise für elektrische Energie ohne irgendeinen Bezug zu den entsprechenden Marktpreisen. Das Umweltministerium lässt Gutachten anfertigen, die eine Festsetzung bestimmter Preise empfehlen. Die Anzahl der Einzelpreise im neuen EEG wird nochmals gesteigert. Es bleibt unklar, welche höhere Intelligenz bei der Festsetzung am Werk ist. Der Staat war noch nie der bessere Experte, um angemessene Preise festzusetzen. Die fehlende Transparenz bei der Preisfestsetzung öffnet Tür und Tor für eine Über- oder Unterförderung. Bei nicht ausreichenden Einspeisevergütungen wird in der entsprechenden Technologie einfach nicht investiert. Bei einer Überförderung kommt es automatisch zu einer Investitionswelle, die erst wieder abebbt, wenn der Staat nochmals eingreift und entsprechende Preise niedriger festsetzt. Da der Staat nicht über ein besseres Wissen als der Markt verfügt, um Preise festzusetzen und auch nicht die Geschwindigkeit hat, diese zügig anzupassen, kann die Förderung der erneuerbaren Energien aus dem Ruder laufen. Und genau das wird sie in Bezug auf die Photovoltaik tun.

Obwohl die Wirtschaftskrise Europa noch fest im Griff hat, steigen die Investitionen in Photovoltaik in Deutschland sprunghaft an. Deutschland wird zum globalen Hauptabnehmer für Photovoltaik Module. Diese werden in Deutschland, aber zunehmend auch in den USA, in China und weiteren asiatischen Ländern produziert. Weltweit wächst die Photovoltaik Industrie. Sie wird zu einem wesentlichen Teil durch Einspeisevergütungen aus dem deutschen EEG finanziert. Die Photovoltaik Industrie ist in einer Art Goldgräberstimmung. Produktionsanlagen für Module schießen wie Pilze aus dem Boden. Branchenverbände schätzen, dass die weltweiten, jährlichen Produktionskapazitäten auf 60.000 MW in 2012 anwachsen. Die Ausnutzung dieser Produktionsanlagen beträgt ca. 60 %. Dies entspricht einem weltweiten Markt für Photovoltaikmodule von ca. 35.000 MW, ca. 20 % davon landen in Deutschland und werden über das EEG gefördert.

Die Unternehmen der Photovoltaik Industrie gehen den Weg, den schon die Hersteller von Windkraftanlagen gegangen sind. Von kleinen Manufakturen wachsen sie rapide in eine durchrationalisierte Fertigungsindustrie. Dies schlägt sich in den Preisen für Solarmodule nieder. Üblicherweise werden die Preise für Photovoltaikmodule in Euro pro Megawatt installierte Spitzenleistung angegeben. So wird u. a. eine Vergleichbarkeit mit anderen regenerativen oder konventionellen Technologien zur Stromerzeugung hergestellt. Ende 2012 nähern sich die Preise für leistungsfähige Module schließlich der Grenze von ca. 0,5 Mio. € pro Megawatt an. Dies ist eine Größenordnung, die tatsächlich niemand noch wenige Jahre vorher so prognostizieren konnte, denn ca. 10 Jahre zuvor kosteten die Module noch das 5- bis 6-Fache.

Die Lernkurve der Solar Industrie ist Atem beraubend. Die Prognosen für die Zukunft versprechen noch weitere Kostensenkungen, unterbrochen von Phasen der Konsolidierung. Manche Unternehmen, darunter auch Deutsche, können unter dem zeitweise ruinösen Wettbewerbsdruck nicht mehr mithalten. Sie werden dicht gemacht oder werden Teil eines größeren Unternehmens. Mit den sinkenden Preisen für Solaranlagen finden sich weltweit immer mehr Märkte, die für die Solarindustrie interessant sind. In sonnenreichen Gegenden wird die Photovoltaik mehr und mehr ein ernsthafter Konkurrent für die konventionelle Stromerzeugung und dies ohne Subventionen.

Wenn die Lernkurve der Photovoltaik unter die Lupe genommen wird, dann wird häufig auf die gestiegene Effizienz der Solarmodule hingewiesen. Eine steigende Effizienz bedeutet, dass aus der einfallenden Sonnenenergie mehr elektrische Energie gewonnen wird. In der Tat ist es aus der Sicht der Forschung und Entwicklung beachtlich, wie die verschiedenen Materialien und Fertigungstechniken dazu beitragen, die Umwandlungseffizienz der Module zu verbessern. Wenn aus einem Quadratmeter Solarmodul am gleichen Standort mehr elektrische Energie geerntet werden kann, ist das fraglos ein Vorteil. Dies darf aber nicht darüber hinweg täuschen, dass die Effizienz von Solarmodulen bei den Investitionsentscheidungen in der Regel kaum eine Rolle spielt. Alles entscheidend sind die Preise pro Megawatt elektrischer Spitzenleistung. Im Gegensatz zu konventionellen Anlagen oder auch zu Biomasse Anlagen, bei denen der Brennstoff einen Preis hat, spielt dies bei Solarmodulen keine Rolle. Der zweite Faktor, der Platzbedarf ist ebenfalls nicht entscheidend. Insofern konzentriert sich Forschung und Entwicklung vornehmlich auf den Aspekt sinkender Produktionskosten. Wenn die höhere Effizienz eines Solarmoduls auch zu sinkenden Produktionskosten führt, ist das gut. Wenn eine steigende Effizienz aber zu steigenden Preisen führt, dann ist dies zunächst einmal nicht wertschöpfend.

Die Preise für Solarmodule gehen seit der Jahrtausendwende kontinuierlich zurück. Dies sagt jedoch noch nichts unmittelbar über die tatsächlichen Produktionskosten für Solarmodule aus. Gerade in den Jahren von 2008 bis 2012 ist der Markt extrem stark gewachsen und in eine Phase knallharten Wettbewerbs gemündet. Kein Hersteller von Modulen lässt sich in die Karten schauen und gibt Einblick in seine Produktionskosten.

Was für die Solarindustrie gilt, gilt so auch für die Windindustrie, auch wenn der Preisverfall im gleichen Zeitraum nicht so dramatisch ist. In Wettbewerbsmärkten wäre das Wissen über die tatsächlichen Produktionskosten von Windkraftanlagen oder Solaranlagen auch nicht besonders relevant. Die erneuerbaren Anlagen werden aber überwiegend in regulierte Märkte veräußert. So auch in Deutschland, dem Land der Energiewende und dem Land des EEG. In einem regulierten System mit gesetzlich festgelegten Preisen ist es erforderlich, die tatsächlichen Herstellungskosten der erneuerbaren Anlagen zu kennen. Die Regulierung ist schließlich über einen langen Zeitraum angelegt und es geht um hohe Investitionssummen.

Und nochmals stellt sich die Frage, wie der deutsche Gesetzgeber die Einspeisevergütungen im EEG festlegt. Die Herstellerindustrie für Windkraftanlagen und Solarmodule wird dem Gesetzgeber dabei jedenfalls nicht helfen. Sie können es sich leisten, bis 2011 eine wertorientierte Preisstrategie zu verfolgen. Dies funktioniert so lange die Nachfrage nach regenerativen Erzeugungsanlagen höher ist als die Produktionskapazitäten der Herstellerindustrie. Die Wertorientierung der Preise besteht darin, dass die Hersteller berechnen können, welchen Wert die regenerative Erzeugungsanlage für den zukünftigen Eigentümer schaffen wird.

Am Beispiel des EEG lässt sich dies beschreiben. Für den zukünftigen Eigentümer einer regenerativen Erzeugungsanlage sind die Umsatzerlöse über die Einspeisevergütungen für 20 Jahre weitgehend festgelegt. Es besteht kein Preisrisiko und das Mengenrisiko ist mit der Standort Auswahl der Anlage begrenzt, da die mittlere Windgeschwindigkeit oder die jährliche Solarstrahlung in der Regel bekannt sind. Die Kosten des Betriebs sind im Wesentlichen durch Abschreibung auf die Investition und eine angemessene Verzinsung auf das eingesetzte Kapital bestimmt. Ein Zuschlag für die übrigen Betriebskosten komplettiert die Berechnung.

Diese gesamte Berechnung führen nicht nur die Käufer und zukünftigen Betreiber regenerativer Erzeugungsanlagen durch. Auch für die Hersteller der Anlagen ist diese Berechnung im Zuge ihrer Angebotskalkulation wichtig. Der Hersteller bzw. Lieferant ermittelt auf diesem Weg den Wert, den seine Erzeugungsanlage bei seinem Kunden in Abhängigkeit seines Verkaufspreises schafft. Wenn der Wettbewerbsdruck unter den Herstellern gering ist, weil die gesamte Nachfrage aller Kunden die Fertigungskapazitäten der Lieferanten weitgehend auslastet, dann können sich die Hersteller mit ihrer Preispositionierung von ihren Herstellungskosten lösen. Es braucht keine kartellwidrigen Absprachen, sondern nur den Blick in das regulatorische Umfeld des Investors, einen Bleistift und ein Blatt Papier und fertig ist eine für den Hersteller attraktive Preispositionierung. Dies beschert den Herstellern zeitweise sehr ordentliche Margen. Dass diese Strategie verfolgt wird, ist im Übrigen auch dadurch belegt, dass weltweit tätige Hersteller baugleiche Anlagen zu unterschiedlichen Preisen in den jeweiligen Ländern unter den dort vorherrschenden Regulierungssystemen verkaufen. Der Wert einer regenerativen Erzeugungsanlage hängt schlicht und einfach vom Regulierungsrahmen und der Attraktivität der Förderung der erneuerbaren Energien ab.

Beginnend mit dem Jahr 2012 leidet die Herstellerindustrie bei Windkraftanlagen und bei der Solarindustrie zunehmend an Überkapazitäten. Das hat die Preispositionierung drastisch verändert, mit weitreichenden Auswirkungen auf die Unternehmen. Die Margen sind gefallen, die Erträge brechen ein. Dies gilt insbesondere für die Solarindustrie. Der Boom ist für die Solarindustrie fast schlagartig zu Ende. Gerade diese einst so gerne vorgezeigte Industrie in Deutschland leidet unter dem Preisverfall der Solarmodule.

Die Preispositionierung und -strategie der Hersteller regenerativer Erzeugungsanlagen ist nicht zu beklagen, weder zu Zeiten eines Verkäufermarktes (bis 2011) noch in den anbrechenden Zeiten eines Käufermarktes (ab 2012). Die Hersteller verhalten sich absolut marktgerecht, wohlgemerkt in einem knallharten Wettbewerbsmarkt. Der Gesetzgeber verweist in seiner Gesetzesbegründung für das EEG allerdings auf gestiegene oder gefallene Preise der Hersteller. Diese sind für ihn eine der Grundlagen zur Festlegung der Einspeisetarife im EEG, obwohl die Preisstrategien der Hersteller keine Rückschlüsse auf die tatsächliche Kostenentwicklung bei den regenerativen Erzeugungsanlagen zulassen. Für die zuständigen staatlichen Stellen ist es immer schwerer, angemessene Einspeisevergütungen festzusetzen, jedenfalls dann, wenn es allen Seiten Recht gemacht werden soll.

Der einsetzende Verfall der Preise für Solarmodule über die Jahre von 2009 bis 2012 ist für alle Beteiligten eine zunehmende Herausforderung. Die für das EEG zuständigen staatlichen Stellen wissen nicht mehr, wie sie die Einspeisevergütungen richtig festsetzen sollen. Die Hersteller der Module leiden unter einem ruinösen Wettbewerbsdruck und die Stromkunden leiden unter steigenden Strompreisen aufgrund steigender EEG Umlagen.

Es gibt aber auch eine Reihe von Gewinnern aufgrund dieser Entwicklung. Den Einkäufern von Solarmodulen, die mit den Modulen maßgeschneiderte Lösungen für die Kunden entwerfen und an diese verkaufen, ist der Preisverfall natürlich Recht. Auch jeder Handwerksbetrieb, für den das Solargeschäft aufgrund fallender Preise weiter interessant ist, hat nichts gegen fallende Preise. Erst Recht freuen sich die Kunden der Solarmodule über die Preisentwicklung.

Eigentlich sollten auch die Politik und die Regierungen erfreut sein. Sie stecken aber in der Zwickmühle. Fallende Preise ermöglichen zwar fallende Einspeisevergütungen. Das ist gut für die Kunden der Solarmodule und auch gut für den Strompreis, dessen Steigerungen durch eine weniger stark steigende EEG

Umlage gedämpft wird. Aber bei der Energiewende hat die Politik nicht nur sinkende CO_2 Emissionen im Blick und den Ausbau der regenerativen Stromerzeugung. Alle Parteien haben auch immer mit Stolz auf die vielen zusätzlichen Arbeitsplätze hingewiesen, die in dieser neuen Industrie deutschlandweit entstehen. Dies sind überwiegend Arbeitsplätze für hoch qualifizierte Mitarbeiterinnen und Mitarbeiter, vor allem in strukturschwachen Regionen, wie dem Osten des Landes.

Großen Teilen der deutschen Solarindustrie, d. h. konkret dem Teil der Industrie, der auf die Fertigung von Solarmodulen spezialisiert ist, reichen die immer weiter abgesenkten Einspeisevergütungen jedenfalls nicht mehr aus, um wirtschaftlich zu überleben. Der Ausbau der Photovoltaik in Deutschland geht auch in 2012 weiter, aber der Wettbewerb bei den Solarmodulen ist für viele Unternehmen, die am Standort Deutschland produzieren, ruinös. Die asiatischen Wettbewerber und ganz besonders Wettbewerber aus China treiben die Preise nach unten, als ob es kein Übermorgen geben würde. Die Solarindustrie außerhalb von China ist sich nicht einig, wie es weitergehen soll. Einige Hersteller der Module befürworten protektionistische Maßnahmen, mit denen der Heimatmarkt Deutschland vor Billigprodukten aus dem Ausland geschützt werden soll. Die Einkäufer der Module und das darauf aufbauende Gewerbe und Handwerk sehen die Preisentwicklung hingegen positiv. So gehen in 2012 erstmalig in der erneuerbaren Industrie Arbeitsplätze verloren, obwohl sich gleichzeitig der Ausbau der regenerativen Stromerzeugung fortsetzt.

In Deutschland werden innerhalb des Zeitraumes von 2009 bis 2012 ca. 27.000 MW an zusätzlicher Leistung in Photovoltaik Anlagen installiert. Die Anlagen liegen in einer Bandbreite von wenigen Kilowatt bis zum 10.000-Fachen dieses Wertes. Aufgrund dieser Bandbreite und des zeitgleich ablaufenden Preisverfalls für Solarmodule können die Gesamtinvestitionen nur abgeschätzt werden. Sie werden vermutlich die Grenze von 50 Mrd. € überschritten haben.

Zu den Investitionen zählen eine große Anzahl kleiner Anlagen, aber auch Freiflächenanlagen, d. h. Installationen die auf freiem Feld erfolgen und eine Größe bis in die zweistellige Megawatt Klasse erreichen. Diese Anlagen erfordern Investitionssummen im dreistelligen Millionen Euro Bereich. Es sind institutionelle Investoren, die hier ihr Geld anlegen. Ein reguliertes Geschäft, politisch und gesellschaftlich gewollt, gesicherte Renditen über die nächsten 20 Jahre, insgesamt wenig Risiko: Das sind die Rahmenbedingungen für Investoren, die ansonsten in einem Niedrigzinsumfeld kaum Chancen haben, ihr Geld gleichzeitig sicher und mit Renditen oberhalb der Inflationsraten anzulegen.

Die etablierte Energiewirtschaft hält sich aus diesem Geschäft heraus. Sie ist zwar mittlerweile groß in das Windkraftgeschäft eingestiegen und hat sich gerade beim Thema seegestützte Windkraft massiv engagiert. Das Photovoltaik Geschäft in Deutschland meidet sie allerdings immer noch. Gerade die großen Energieunternehmen bleiben bei ihrer distanzierten Position zur Photovoltaik. Manche von ihnen vergleichen die Sinnfälligkeit von Photovoltaik in deutschen Breitengraden sogar mit der Sinnfälligkeit des Züchtens von Südfrüchten am Polarkreis. Eine weniger polarisierende Argumentation ist es hingegen zu sagen, dass regenerative Energiequellen zunächst dort angezapft werden sollten, wo die besten Wind- und Sonnenbedingungen verfügbar sind und folglich nur vergleichsweise geringe Subventionen benötigen.

Die gesamte Energiewirtschaft in Deutschland übersieht die steigende Attraktivität der Photovoltaik aus Kundenperspektive. Wenn die Produktionskosten aus Photovoltaik unter die Strombezugskosten der Kunden fallen, entsteht eine völlig neue Situation. Sinken die Kosten der Solarmodule unter dieses Niveau, braucht es anschließend für den weiteren Ausbau der Photovoltaik nicht mehr die Förderung durch das EEG. Dieser Schnittpunkt aus Kostenentwicklung und Strombezugskosten wird etwas missverständlich Netzparität genannt. Photovoltaik wird auch in Deutschland immer wettbewerbsfähiger, und dies trotz vergleichsweise geringer Sonnenstrahlung und wegen hoher Endkundenpreise.

Von der Netzparität ist die Photovoltaik Ende des Jahres 2012 in vielen Anwendungsfällen nicht mehr weit entfernt. Gleichwohl investieren die Kunden immer noch die größte Anzahl der Photovoltaik Anlagen in Dachinstallationen von jeglicher Größe. Die Dimension der Photovoltaik Anlage wird durch die Größe der Dachfläche bestimmt, weil das Geschäftsmodell auf der Basis der hohen Einspeisevergütungen immer noch funktioniert. Gerade landwirtschaftliche Betriebe in Bayern entdecken die Attraktivität dieser Stromerzeugung auf ihren großen Dachflächen. In Niederbayern ist zu besichtigen, was der Photovoltaik Aufschwung bewirkt. Größere Dachflächen, die nicht mit einer Photovoltaik Anlage bedeckt wurden, sind die Ausnahme und nicht die Regel. Damit erzeugen die Anlagen auf den bayrischen Dächern in aller Regel deutlich mehr elektrische Energie als die Eigentümer der Anlagen selbst verbrauchen.

In Niederbayern zeigt sich auch, wie der Ausbau der Photovoltaik die Verteilungsnetze belastet. Die elektrischen Verbindungen von Gebäuden zum Verteilungsnetz, das üblicherweise in den öffentlichen Straßen und Wegen verlegt ist, wird gewöhnlich als Hausanschlussleitung bezeichnet. Dieser Anschluss an das Netz ist für den Strombedarf im Gebäude, nicht aber für die Einspeisung vergleichsweise großer Leistungen in das Netz ausgelegt. Da sich in kleinen Ortschaften mehrere Einspeisungen zum Teil massiv konzentrieren, müssen sogar sogenannte Umspannwerke gebaut werden, damit bei voller Sonneneinstrahlung eingespeister Strom aus den Ortschaften abtransportiert werden kann. Schon früher wurde der Vergleich mit dem Straßennetz bemüht und er passt auch hier. In der Analogie zum Straßennetz müssten auch für kleine Ortschaften neue Autobahn-Anschlussstellen gebaut werden, um dem gestiegenen Verkehrsaufkommen gerecht zu werden. Diese neuen Anschlussstellen würden allerdings nur als Auffahrt und eher selten als Ausfahrt genutzt, um im Vergleich zu bleiben.

Die Solarinvestitionen verursachen in den lokalen Verteilungsnetzen über die Jahre verteilt Milliarden Beträge an Zusatzinvestitionen. Was bei Windkraft 10 Jahre früher begann, setzt sich mit dem Ausbau der Photovoltaik fort. Die Energiewende greift tief in die Struktur und Funktionsweise von Verteilungsnetzen ein, wenn die regenerative Stromerzeugung in den entsprechenden Regionen ausgebaut wird. Es entstehen zusätzliche indirekte Kosten der Energiewende, die in keiner EEG Umlage auftauchen.

Mit den sprunghaft gestiegenen Investitionen in die Photovoltaik kann der Ausbau der Windkraft nicht mithalten. Ein unmittelbarer Vergleich ist aber auch unzulässig, weil die Windkraft bereits in einem anderen Stadium der Entwicklung angekommen ist. Windkraft in Deutschland ist eine reife Industrie. Der Neubau läuft stabil und schwankt in den Jahren von 2009 bis 2012 zwischen 1.500 und 2.500 MW an zusätzlicher Leistung. Regional sind es die üblichen Bundesländer, die den Großteil des Zubaus tragen. Die Küstenländer Schleswig-Holstein, Mecklenburg-Vorpommern und Niedersachsen bringen an die 50 % des bundesweiten Bestands und des Neubaus an Windkraftanlagen. Auch küstenferne Bundesländer beginnen mittlerweile mit dem Ausbau der Windkraft, gleichwohl verschieben sich die Gewichte zwischen den Bundesländern kaum.

Dazu trägt auch die langsam einsetzende Erneuerung von Windkraftanlagen bei. Erneuerung bedeutet, dass an einem Windanlagen Standort der komplette Abbau der Altanlage und der Ersatz mit einer Anlage nach dem neuesten Stand der Technik durchgeführt werden. Diese Maßnahmen machen dort Sinn, wo Windkraft schon seit mehr als zwei Jahrzehnten entwickelt und betrieben wird. Die ersten Anlagen in diesen zumeist küstennahen Regionen stammen aus den frühen 90er Jahren und kommen nach 15 bis 20 Jahren Betriebszeit an das Ende ihrer technisch-wirtschaftlichen Nutzungsdauer.

Das langfristige Potential der Erneuerung der Windkraft ist riesig und erschließt sich aus dem Vergleich zweier Zahlen. Am Ende des Jahres 2012 befinden sich ca. 23.000 Windkraftanlagen am Netz, davon sind in 2012 ca. 1.000 Anlagen neu hinzu gebaut. Die durchschnittliche installierte Leistung über alle Bestandsanlagen, also die gesamte installierte Leistung aller Windkraftanlagen dividiert durch die Gesamtanzahl der Anlagen, ergibt einen Mittelwert von ca. 1,35 MW. Die gleiche Rechnung ergibt nur für die im Jahre 2012 zugebauten Windkraftanlagen einen Mittelwert von 2,4 MW. Der Zubau erfolgt in 2012 mit einer deutlich höheren installierten Leistung pro Windkraftanlage. Es darf unterstellt werden, dass sich dieser Trend zu Anlagen mit höherer installierter Leistung weiter fortsetzt. Wird das Jahr 2012 als Basisjahr genommen, dürfte sich die mittlere installierte Leistung pro Windkraftanlage bis zum Jahre 2030 mindestens verdoppeln, also eine Größenordnung von ca. 3 MW erreichen.

Damit lässt sich eine einfache Rechnung aufmachen. Selbst wenn die Anzahl der Windkraftanlagen in Deutschland in 2030 gegenüber dem Jahre 2012 Zukunft konstant bleibt, ist nur über den Ersatz der Altanlagen durch größere und leistungsfähigere Neuanlagen eine Verdopplung der installierten Leistung möglich. Bleibt es bei einem jährlichen Zubau von ca. 2.000 MW, stehen im Jahre 2030 in Deutschland ca. 70.000 MW an landgestützter Windkraftleistung. Diese Windkraftanlagen werden mehr als ca. 120 Mio. Megawattstunden Strom produzieren und ca. 20 % der Stromerzeugung in Deutschland ausmachen.

Während der Ausbau der landgestützten Windkraft kontinuierlich voran geht, bleibt der seegestützte Ausbau der Windkraft hinter den von der Bundesregierung gesetzten Zielen zurück. Ende des Jahres 2012 ist gerade einmal ein Windpark auf hoher See am Netz. Spärliche 60 MW an Leistung sind installiert. Alpha Ventus, so der Name des Windparks, ist ein erstes vom

Bund mitfinanziertes Vorzeigeprojekt, aber bei weitem noch kein Durchbruch. Für das Jahr 2012 hatte die Bundesregierung die Zielmarke von nahezu 1.000 MW gesetzt, jedenfalls wenn der Monitoring Bericht der Bundesregierung an die EU Kommission zum Maßstab genommen wird. Weder dieses, noch jedes weitere Zwischenziel der Bundesregierung bis 2020 erscheint realistisch.

Neben der Photovoltaik und der Windkraft bleibt die Biomasse die dritte erneuerbare Energie, deren Nutzung durch das EEG maßgeblich vorangetrieben wird. Für die Energiewende ist aber nicht nur der Einsatz der Biomasse zur Stromerzeugung relevant. Biomasse wird zur Herstellung von Bio-Kraftstoffen sowie zur direkten Verbrennung und Umwandlung in Wärme genutzt. In beiden Fällen verdrängt Biomasse konventionelle flüssige und feste Brennstoffe und trägt damit zur Absenkung der CO_2 Emissionen bei. Auch dies ist Teil der Energiewende.

Die EU treibt die Absenkung der CO_2 Emissionen im Verkehrssektor mit entsprechenden Richtlinien voran. Im Jahre 2020 soll der Endenergieverbrauch im Verkehrssektor zu 10 % auf erneuerbaren Energien basieren. Nach heutigem Stand der Entwicklung müssen Biomasse bzw. daraus gewonnene Biokraftstoffe dazu den Löwenanteil beitragen. Zwei Wege bieten sich an. Das eine sind reine Biokraftstoffe und deren Verkauf an Eigentümer geeigneter Fahrzeuge. Das andere ist die Beimischung von Biokraftstoffen zu üblichen Otto- oder Dieselkraftstoffen und deren Verkauf über das bestehende Tankstellennetz.

Gerade bei der Beimischung von Biokraftstoffen erlebt Deutschland, wie entscheidend die Akzeptanz beim Kunden ist. Die Vorgaben des Gesetzgebers den Anteil von Biokraftstoffen zu erhöhen, führt zum Kraftstoffprodukt E10, dass seit dem Jahresbeginn 2011 an Deutschlands Tankstellen zur Verfügung steht. Alle Tankstellenbetreiber sind verpflichtet dieses Produkt an ihren Tanksäulen anzubieten. Die Markteinführung wird mit einer Informationskampagne begleitet, welche Verbrennungsmotoren problemlos mit E10 betrieben werden können. Dies trägt aber eher zur Verwirrung als zur Beruhigung bei. Berichte über die Unverträglichkeit von E10 bei bestimmten Fahrzeugen und der vielstimmige Chor der kritischen Stimmen auch von Umweltverbänden hinterlassen einen ratlosen Kunden, der einfach nur sein Auto tanken möchte. E10 erlebt einen ordentlichen Fehlstart und erholt sich davon bis heute nicht. Der Anteil von E10 am gesamten deutschen Kraftstoffmarkt unterschreitet auch Ende 2012 bei weitem die gesetzten Ziele.

Der Einsatz von Biomasse zur direkten und ausschließlichen Wärmeerzeugung entwickelt sich hingegen durchgängig positiv. Die hohen und steigenden Preise für Heizöl, Fernwärme und Erdgas lassen viele Eigentümer von Immobilien mehr und mehr ausschließlich oder wenigstens teilweise Biomasse Produkte nutzen, um Raumwärme, Prozesswärme und Warmwasser vor Ort zu erzeugen. Wenn erneuerbare Energien in den Wärmemarkt gebracht werden, basiert dies zum übergroßen Anteil auf Biomasse. Der Anteil der erneuerbaren Energien am Wärmemarkt steigt beständig, liegt aber gleichwohl Ende 2011 nur bei 10 % und damit noch deutlich hinter Heizöl, Erdgas, Fern- und Nahwärme. Dieser geringe Anteil ist auch zur Bedeutung des Wärmemarktes insgesamt in Perspektive zu setzen. Wärme, d. h. Raumwärme, Prozesswärme und Warmwasser, macht mehr als 50 % des gesamten deutschen Endenergiebedarfs aus.

Der Einsatz von Biomasse zeigt, wie schwer es für die erneuerbaren Energien ist, im Verkehrssektor und beim Endenergiebedarf Wärme Fuß zu fassen. Eine Energiewende wird aber ohne eine weitgehende Dekarbonisierung dieser beiden Bereiche nicht erfolgreich sein, da beide Bereiche für einen großen Teil des Energiebedarfs der Bürgerinnen und Bürger und der Wirtschaft verantwortlich sind.

Den bedeutendsten Beitrag zur Energiewende liefert der Einsatz von Biomasse zur Stromerzeugung. Gerade die Umwandlung von Biomasse in Biogas und dessen Einsatz in Stromerzeugungsanlagen trägt dazu erheblich bei. Die jährlichen Wachstumsraten liegen im hohen einstelligen Prozentbereich. Jährlich werden zwar im Gegensatz zu Photovoltaik und Windkraft nur einige 100 MW an zusätzlicher Leistung installiert. Gleichwohl übersteigt die Stromerzeugung auf Biomassebasis z. B. die Stromerzeugung aus Photovoltaik, weil die Anlagen rund um die Uhr betrieben werden können. Der Ausnutzungsgrad dieser Anlagen liegt zwischen 60 und 80 %. Die Stromerzeugung auf Biomassebasis erreicht Ende 2012 einen Anteil von ca. 6 % an der gesamten Stromerzeugung.

In den Jahren von 2009 bis 2012 verändert sich die Erzeugungsstruktur im deutschen Strommarkt entscheidend. Natürlich trägt die zum Ende dieser Periode gesetzlich angeordnete Stilllegung einiger Kernkraftwerke bei. Noch entscheidender ist aber der Ausbau der erneuerbaren Energien, der sich bereits vor Fukushima deutlich beschleunigte hatte. In diesen Jahren werden insgesamt fast 40.000 MW an Leistung überwiegend auf der Basis von Windkraft, Photovoltaik und Biomasse zusätzlich in Betrieb genommen. Der Anteil an der regenerativen Stromerzeugung wächst Ende 2012 auf ca. 23 %.

Da der Strommarkt insgesamt kaum wächst, verdrängen die regenerativen Anlagen überwiegend konventionelle Stromerzeugung. Innerhalb der konventionellen Stromerzeugung kommt es durch den Kernenergieausstieg zu einer Verschiebung der Erzeugungsstruktur. Kohlekraftwerke gehören zu den Gewinnern, während Kernenergie, aber auch hochmoderne GuD-Kraftwerke zu den Verlierern dieser Entwicklung zählen. Die Veränderung der Erzeugungsstruktur hat keinen zyklischen Charakter und sie hängt auch nicht an den niedrigen Preisen für CO_2 Zertifikate. Die Veränderung ist strukturell und nachhaltig. Sie wird sich mit dem Ausbau der erneuerbaren Energien weiter fortsetzen. Nur wenn dieser Ausbau gestoppt würde, käme es auch zu einer Stagnation bei der Verdrängung konventioneller Erzeugung.

Mit immer mehr erneuerbarer Erzeugung drängen immer mehr Anlagen in den Strommarkt deren Grenzkosten bei der

Stromerzeugung nahe bei null Euro pro Megawattstunde liegen. Diese Anlagen brauchen für den Strommarkt auch keinen Einspeisevorrang, sie sind definitionsgemäß in ihren Grenzkosten günstiger als konventionelle Anlagen, da der „Brennstoff" kostenlos ist. Mit jeder zusätzlichen Megawattstunde aus erneuerbarer Erzeugung wird eine Megawattstunde aus konventioneller Erzeugung nicht mehr erzeugt. Zuerst trifft es die Anlagen mit den höchsten Grenzkosten, also die Gaskraftwerke. Aber dies wird nicht das Ende der Entwicklung sein. Früher oder später werden auch alle anderen konventionellen Kraftwerke zunehmend substituiert. Zunächst gilt dies für Steinkohlekraftwerke und später reduziert sich auch die Produktion aus Braunkohle. Es wird nicht so sein, dass die konventionellen Anlagen überhaupt nicht mehr produzieren. Die Anzahl ihrer Betriebsstunden geht nur kontinuierlich zurück.

Die Herausforderung für die Eigentümer der konventionellen Anlagen liegt aber nicht nur in den zurückgehenden Betriebsstunden bzw. Volllaststunden ihrer Produktionsanlagen. An den Handelsmärkten sinken gleichzeitig die durchschnittlichen Strompreise. Wenn immer mehr Produktionsanlagen mit Grenzkosten nahe null in den Strommarkt drängen und gleichzeitig die Nachfrage stagniert oder sogar leicht zurückgeht, dann senkt dies den sich einstellenden Marktpreis; so ist die Funktionsweise der heutigen Strommärkte. Weniger Produktionsstunden, mit weniger durchschnittlichen Erlösen: So sieht die Lage für die konventionelle Stromerzeugung in dieser Zeit aus.

Obwohl der Anteil der erneuerbaren Stromerzeugung Ende 2012 erst bei 23 % liegt, ist der Strommarkt in Deutschland in einem tiefgreifenden Wandel. Dieser Wandel wird sich fortsetzen und er ist irreversibel, vorausgesetzt die Energiewende bleibt irreversibel. Damit erodiert das klassische Geschäftsmodell der großtechnischen Stromerzeugung auf der Basis konventioneller Kraftwerke. Dort, wo in diesem Sektor noch Geld verdient werden kann, hängt dies an bereits abgeschriebenen Großkraftwerken, die zu niedrigen Grenzkosten produzieren können. Das sind im wesentlichen Kernkraftwerke und Braunkohlekraftwerke. Das Schicksal der Kernkraftwerke ist beschlossen, die Braunkohle wird bei niedrigen CO_2 Preisen noch einige Jahre weiter wirtschaftlich betrieben können. Irgendwann wird auch sie durch den fortschreitenden Ausbau der erneuerbaren Erzeugung in ihrer Produktion eingeschränkt. Großkraftwerke auf Basis von Steinkohle und Erdgas erleben den Wandel bereits, ihnen und ihren Eigentümern stehen schwierige Zeiten bevor.

Die im Jahre 2009 ins Amt gewählte Bundesregierung novelliert in ihrer Legislaturperiode aber nicht nur das EEG, mit den weitreichenden Folgen, die bereits beschrieben wurden. Die Koalitionäre hatten sich im Wahlkampf des Jahres 2009 auch klar für eine Verlängerung der Laufzeiten der deutschen Kernkraftwerke ausgesprochen. Dies gilt es umzusetzen. Aus taktischen Erwägungen wird das Vorhaben durch die Bundesregierung nicht sofort nach der gewonnenen Wahl umgesetzt. Die Kanzlerin verständigt sich mit der in Nordrhein-Westfalen regierenden CDU auf einen Aufschub und wartet zunächst die Landtagswahlen in Nordrhein-Westfalen ab. Sie weiß, dass eine gesetzliche Verlängerung der Laufzeiten der Kernkraftwerke politisch und gesellschaftlich umstritten sein wird und im Zweifel Rückenwind für die Oppositionsparteien erzeugt.

Im Sommer 2010 geht die Bundesregierung den Entwurf eines Energiekonzeptes an. See- und landgestützte Windkraft, Photovoltaik und Biomasse: das sind die Eckpfeiler der erneuerbaren Energien für die Bundesregierung gemäß ihres Energiekonzeptes, welches im Spätsommer 2010 fertiggestellt ist. Bis 2020 soll der Anteil der erneuerbaren Stromerzeugung bei ca. 35 % liegen und der Anteil der erneuerbaren Energien am gesamten Primärenergieverbrauch soll ca. 20 % betragen. Dieses Energiekonzept der Bundesregierung wird im Kabinett nach fast einem Jahr Regierungsarbeit beschlossen und es enthält viele grundsätzlich sinnvolle Vorschläge, wie die Energiewende, die von der Bundesregierung so noch nicht genannt wird, vorangebracht werden kann. Es verdient schon deshalb eine besondere Würdigung, weil sich das Energiekonzept ganzheitlich mit der Energieversorgung in Deutschland beschäftigt. Die Stromversorgung und die Umstellung auf mehr erneuerbare Erzeugung nehmen zwar großen Raum ein, es werden aber auch wichtige Bedarfssektoren wie Mobilität, Gebäude und die Industrie adressiert.

Das Energiekonzept sieht auch die Verlängerung der Laufzeiten der deutschen Kernkraftwerke vor. Die Bundesregierung setzt um, was die sie tragenden Parteien fast ein Jahr vorher in ihrem Koalitionsvertrag vereinbart hatten. Dies liefert den eigentlichen Diskussionsstoff für die Medien und die Oppositionsparteien. Der gesamte Rest des Energiekonzeptes geht in der öffentlichen Wahrnehmung fast völlig unter. Die Opposition sieht einen gesellschaftlichen Konsens aufgekündigt und kritisiert auch die Unternehmen, die Kernkraftwerke betreiben.

Öffentlich verkaufen sich die Argumente der Opposition gut, tatsächlich mobilisiert das Thema Laufzeitverlängerung viele Kernkraftgegner und Wähler. Für 2011 stehen wichtige Landtagswahlen bevor. Von einem gesellschaftlichen Konsens zu sprechen, war allerdings immer schon gewagt. Umfragen, auch solche die im Herbst 2010 veröffentlicht werden, zeigen vielmehr, dass die Gesellschaft beim Thema Kernenergie gespalten ist.

Die Oppositionsparteien werfen den Kernkraftwerksbetreibern zudem Vertragsbruch beim Atomkonsens vor. Es sei erinnert, dass die im Jahre 1998 ins Amt gekommene rote-grüne Bundesregierung und die Betreiber der Kernkraftwerke lange Zeit über den Atomkonsens stritten. Nach langen und zähen Verhandlungen wurde in 2000 eher ein Kompromiss als ein Konsens erzielt. Es ging am Ende darum, dass beide Seiten lieber einen Vertrag unterschreiben wollten, um sich nicht vor den Gerichten streiten zu müssen. In der Einleitung zur Vereinbarung zwischen der Bundesregierung und den Betreibern aus dem Jahre 2000 heißt es wörtlich, „Unbeschadet der nach wie vor unterschiedlichen Haltungen zur Nutzung der Kernenergie ...". Klarer kann man einen Dissens im Grundsatz nicht zum Ausdruck bringen. Dass die Betreiber der Kernkraftwerke mit einer anderen Bundesregierung einen anderen Vertrag vereinbaren würden, war in dieser Vereinbarung explizit nicht ausgeschlossen. Gleichwohl heißt es in der Einleitung auch: „Beide Seiten werden ihren Teil dazu beitragen, dass der Inhalt dieser Vereinbarung dauerhaft umgesetzt wird ...". Die Dauerhaftigkeit wird in der Vereinbarung nicht weiter präzisiert, aber es ist davon ausgehen, dass es auch darüber keinen Konsens gab.

Gesellschaftlicher Konsens und Vertragsbruch hin oder her, am Ende des Jahres 2010 boxt die Bundesregierung ihre im Wahlkampf versprochene Laufzeitverlängerung durch den deutschen Bundestag. Grundlage dafür ist auch diesmal eine wenigstens in Teilen gelungene Verständigung mit den Betreibern. Durchaus wichtig und relevant wäre die Frage, ob sich die Kernkraftwerksbetreiber auf die neue Laufzeitverlängerung hätten einlassen sollen. Sie hätten diese auch ablehnen können. Dazu gäbe es eine Menge für und wider gegeneinander abzuwägen. Es sei darauf verzichtet, denn am Ende ist es kurz danach ganz anders gekommen. Am 11. März 2011, also ungefähr 6 Monate nach der Veröffentlichung des Energiekonzeptes der Bundesregierung, ereignet sich vor der Küste von Japan ein schweres Erdbeben. Die Folgen für die Kernenergie in Deutschland sind bekannt.

Die Rücknahme der Verlängerung der Laufzeiten der Kernkraftwerke wird gesetzlich in 2011 vollendet. Ab 2011 spricht die Bundesregierung nicht mehr von ihrem Energiekonzept aus dem Jahre 2010, sondern nur noch von der Energiewende. Tatsächlich wird das Energiekonzept im Wesentlichen zum Energiewende-Konzept 2011, weil die Passagen über die Laufzeitverlängerung durch die Inhalte der Atomgesetz Novelle aus 2011 ersetzt werden. Die Kanzlerin verweist in ihrer bereits schon einmal zitierten Regierungserklärung vom 17. März 2011 im Deutschen Bundestag auf das (an die neuen Realitäten angepasste) Energiekonzept und verspricht eine beschleunigte Umsetzung.

Nachfolgend an die neuen, politischen Weichenstellungen der Bundesregierung muss für den Zeitraum bis Ende 2012 allerdings weniger von einem geschlossenen Energiekonzept gesprochen werden, als vielmehr von einem „Reparaturbetrieb". Die überhastete Stilllegung von 6.300 MW an Kraftwerksleistung hat Konsequenzen. In ihren besten Zeiten produzierten diese Anlagen mehr als 50 Mio. Megawattstunden Strom und haben damit das Potential, fast 10 % des deutschen Strombedarfs bereit zu stellen.

Die vielen Konsequenzen aus dieser politischen Entscheidung werden im nachfolgenden Kapitel noch zu diskutieren sein. An dieser Stelle soll nur ein einziges Beispiel für den oben erwähnten „Reparaturbetrieb" erläutert werden. Im Frühjahr 2012 wird in den Medien berichtet, dass das Kernkraftwerk Biblis A wieder in Betrieb gegangen ist. Für den ein oder anderen ist dies eine Überraschung, denn Biblis A wurde in 2011 abgeschaltet. Bei näherer Betrachtung stellt sich heraus, dass es nur der Stromgenerator ist, der wieder in Betrieb genommen wurde und nicht der Reaktor. Der zuständige Netzbetreiber sah sich gezwungen, beim Eigentümer von Biblis A eine weltweit einzigartige Maßnahme zu veranlassen. Als Ergebnis dieser Baumaßnahme wird der Generator als Motor im sogenannten Phasenschieberbetrieb gefahren. Der Generator wurde von der ihn früher antreibenden Turbine des Kernkraftwerks Biblis A getrennt. Im Motorbetrieb wird dem Netz nunmehr Wirkleistung entnommen, damit der Motor in Rotation versetzt werden kann. Der so mit dem Netz gekoppelte, rotierende Motor wird vom Netzbetreiber genutzt, um sogenannte Blindleistung zur Verfügung zu stellen. Diese technische Baumaßnahme hat einen ernsten Hintergrund. Die Maßnahme wurde notwendig, um im Rhein-Main-Neckar-Raum die Spannung im Netz zu stabilisieren. Ohne den zum Motor umgebauten Generator wären die Spannungsstabilität und damit die Versorgungssicherheit in dieser Region nicht zu gewährleisten. Umgangssprachlich wäre von einer Stromausfallgefahr zu sprechen. Im Lichte dieses Risikos haben sich auch die beteiligten Behörden entschlossen zuzulassen, dass betriebliche Anlagen des Kernkraftwerks Biblis A wieder in Betrieb genommen werden können.

Teil II

Die Zukunft der Energiewende

Standortbestimmung (2013)

Unternehmen, Organisationen, Parteien, Behörden etc., alle arbeiten ständig an der eigenen Verbesserung. Für die Politik ist die Verbesserung der Lebensverhältnisse im eigenen Lande oberstes Gebot. Sich zu verbessern, dies gelingt nicht zuletzt durch planvolles Vorgehen, manche bezeichnen dies als Strategie. Strategie ist ein vielfältig interpretierter und auf fast alle Lebensbereiche anwendbarer Begriff. Tatsächlich hat das Militär diesen Begriff zuerst mit Inhalt gefüllt. Es liegt nahe, mit der Sprache des Militärs zu beantworten, was Strategie ist und viel wichtiger, welche Elemente eine gute Strategie mindestens umfassen muss. Demzufolge beantwortet eine gute Strategie mindestens drei Fragen: Wo bin ich (mein Standort), wohin will ich (mein Ziel) und wie komme ich dahin (mein Weg)?

Auch für die Energiewende braucht es eine klare Strategie und folglich Antworten auf die drei Fragen nach Standortbestimmung, Zieldefinition und Wegbeschreibung. Es mangelt nicht an Strategieentwürfen für die Energiewende. Manche sind gut und manche sind schlecht, manche haben viele und manche haben wenige Unterstützer. Leider korreliert die Güte der Entwürfe nicht zwingend mit der Anzahl ihrer Unterstützer; das würde es für den an der Energiewende interessierten Bürger deutlich einfacher machen.

Der Bürger sieht sich vielmehr einem unübersichtlichen Dschungel aus verschiedenen Strategien zur Energiewende gegenüber. Es gibt sie von allen politischen Parteien, vielen Verbände, manchen Nicht-Regierungsorganisationen und bedeutenden gesellschaftlichen Gruppen wie den Gewerkschaften. Für die einzige maßgebliche Strategie der Energiewende ist natürlich die Bundesregierung verantwortlich. Ihre Strategie ist die Einzige, die in die Tat umgesetzt werden kann. Und ihre Strategie ist auch die Einzige, die vor der Herausforderung steht, in die Tat umgesetzt werden zu müssen. Während sich die meisten Strategien zur Energiewende nur gegenüber bestimmten Wählergruppen oder Interessenvertretern gut verkaufen lassen müssen, kann sich dies eine Bundesregierung nicht leisten. Ihre Strategie zur Energiewende muss den Praxistest bestehen.

Die Bürger in Deutschland könnten erwarten, dass die Zeit für eine gemeinsame Strategie zur Energiewende reif ist. Die politischen Auseinandersetzungen um die Kernenergie sind Geschichte. Diese besonders konfliktträchtige Technologie ist seit Fukushima ein allseits akzeptiertes Auslaufmodell. Was wäre das für eine großartige Energiewende, wenn eine einzige Strategie von allen maßgeblichen politischen Parteien und gesellschaftlichen Gruppen getragen würde? Die Realität sieht leider anders aus. Die Energiewende wird zwar von allen Seiten begrüßt und weiter verfolgt, tatsächlich aber haben die verschiedenen politischen Farben unterschiedliche Vorstellungen davon, wie es mit der Energiewende konkret weitergehen soll. Dies gilt gerade im Jahr 2013, einem Wahljahr in Deutschland.

Wichtige Themen im Wahlkampf sind der Euro, die wirtschaftliche Entwicklung in Deutschland und die Energiewende. Mit Blick auf die Energiewende entwickeln die politischen Parteien jeweils ihr eigenes Profil. Es geht primär darum, sich vom politischen Gegner abzusetzen und abzugrenzen. Und es geht auch in 2013 nicht darum, nach Gemeinsamkeiten in Sachen Energiewende zu suchen.

Was könnte aber ein gemeinsames, strategisches Vorgehen von Politik, Wirtschaft und Zivilgesellschaft sein? Welche Übereinstimmungen könnte es bei der Standortbestimmung, der Zieldefinition und der Wegbeschreibung mit etwas gutem Willen von allen Seiten geben? Es geht dabei nicht nur um isolierte Einzelthemen. In allen drei Elementen der Strategie (Standort, Ziel und Weg) geht es auch immer ums Ganze, um das Energiesystem.

Das erste strategische Element ist eine Standortbestimmung. Wo steht die Energiewende heute? Dies ist eine der zentralen Fragen, mit denen sich auch die Bundesregierung beschäftigt. Sie hat eigens zu diesem Zweck eine Expertenkommission eingesetzt. Ähnliche Standortbestimmungen werden von vielen Gruppen durchgeführt und bisweilen nur anders benannt. Mal wird vom Monitoring der Energiewende gesprochen, mal von einem Zustandsbericht oder einer Bestandsaufnahme. Wie nicht anders zu erwarten, kommen alle Standortbestimmungen zu unterschiedlichen Ergebnissen, je nach Auftraggeber. Die meisten haben jedoch einen gemeinsamen Kern, der sich wiederum durch unabweisbare Daten und Fakten schlecht bestreiten lässt.

Bevor in die Analyse einer Standortbestimmung eingestiegen wird, soll anhand einiger Zahlen die Größe und Bedeutung des Energiemarktes beschrieben werden. Die Zahlen dienen als Orientierungsgrößen und sollen eine Einordnung nachfolgender Aussagen erleichtern. Im Jahre 2012 verbrauchte Deutschland ca. 3.750 Mio. Megawattstunden Primärenergie. Die regenerativen Energieträger kommen auf ca. 440 Mio. Megawattstunden (= ca. 12 %). Der überwiegende Teil (= ca. 88 %) kommt aus fossilen Energieträgern und aus Uranbrennstoffen. Der Anteil von Erdgas am Primärenergieverbrauch liegt bei ca. 800 Mio. Megawattstunden. Der gesamte Endenergiebedarf liegt bei ca. 2.500 Mio. Megawattstunden. Davon steht die Stromwirtschaft für einen Markt von ca. 600 Mio. Megawattstunden. Besonders für die Stromwirtschaft ist auch der höchste Leistungsbedarf relevant, da elektrische Energie anders als Erdgas, Kohle etc. großtechnisch nicht speicherfähig ist; dieser Wert schwankt über die Jahre und liegt bei ca. 80.000 MW.

Wer den Standort der Energiewende bestimmen will, der wird feststellen, dass es auf die Perspektive ankommt. Die wichtigste Perspektive ist die der Kunden, also der Bürgerinnen und Bürger, der Unternehmen, von klein bis groß, sowie aller weiteren gesellschaftlichen Gruppen, die als Verbraucher auf Energieversorgung angewiesen sind. Auch wenn jede Standortbestimmung den Kunden in den Mittelpunkt stellen muss, ist dies nicht die einzige Perspektive, die für die Energiewende wichtig ist. Auch die Perspektive der nationalen wie internationalen Politik und die Perspektive der Unternehmen, die in irgendeiner Form an der Bereitstellung von Energie beteiligt sind, dürfen nicht vernachlässigt werden.

Die richtigen Kriterien, um den heutigen Standort zu bestimmen, sind über das Energiewirtschaftsgesetz vorgegeben. Dort heißt es, dass die Energieversorgung vor allem sicher, preisgünstig und umweltverträglich sein soll. Dies waren immer schon die Kriterien, mit denen sich eine Standortbestimmung in der Energieversorgung systematisch und umfassend durchführen lässt. Diese Kriterien gelten im Übrigen nicht nur für die Stromversorgung als Teil der gesamten Energieversorgung. Sie gelten natürlich auch für alle anderen Teile der Energieversorgung: die Mineralölwirtschaft, die Gaswirtschaft, die Kohlewirtschaft etc. Die drei objektiven Kriterien aus Versorgungssicherheit, Umweltverträglichkeit und Preiswürdigkeit sollen im Folgenden um ein weiteres Kriterium erweitert werden. Es ist die Akzeptanz; die Akzeptanz der Energiewende bei den Kunden und Menschen im Lande, bei der Politik und bei den Unternehmen.

Beginnend mit der Sicherheit der Energieversorgung in Deutschland ist festzustellen, dass Versorgungssicherheit selbst vielschichtig ist. Sie hat bei der Versorgung mit Energierohstoffen eher die Bedeutung einer mittel- bis langfristigen Sicherung der Verfügbarkeit von Primärenergien, insbesondere der Importe, und liegt damit nahe bei den grundsätzlichen strategischen Fragen der Rohstoffversorgung. Aufgrund weltweit gut funktionierender Märkte für Erdöl, Steinkohle und Erdgas ist die Frage der langfristigen Sicherheit der Versorgung mit diesen Rohstoffen kaum ein Thema in der Öffentlichkeit. Viele deutsche Unternehmen, die global tätig sind, sorgen sich aber sehr wohl um ihre Rohstoffversorgung. Sie gründen sogar Allianzen über verschiedene Industrien hinweg, um ihre Interessen zu bündeln und gemeinsam auf den Rohstoffmärkten aufzutreten.

Hinsichtlich der Sicherheit der Versorgung mit Energierohstoffen wird uns die Abhängigkeit Deutschlands öffentlich immer wieder vorgeführt. Wenn im Winter russisches Erdgas, aus welchem Grund auch immer, nicht seinen Weg nach Westeuropa findet, beginnt das Krisenmanagement auf politischer und auf unternehmerischer Ebene. Anschließend wird regelmäßig von allen Seiten eine integrierte europäische Energie-Außenpolitik gefordert, zu Recht. Sobald das Erdgas wieder fließt, verschwindet das Thema wieder von der Tagesordnung. Die Versorgungssicherheit mit Energierohstoffen sollte uns Sorgen machen, aber weniger aufgrund der Herausforderungen um das russische Erdgas. Russland und Europa sind in Sachen Erdgas gleichermaßen aufeinander angewiesen. Die Europäer brauchen den Lieferanten Russland und die Russen brauchen den Kunden Europa.

Die Versorgung mit Energierohstoffen ist langfristig bei Kohle und Erdöl deutlich unsicherer, auch wenn dies kurzfristig nicht akut ist. Zwei global relevante Entwicklungen, die sich heute schon abzeichnen, werden mehr und mehr dazu beitragen. Der Rohstoffhunger steigt weltweit insbesondere aufgrund der Nachfrageentwicklung in Indien und in China. Gerade die Chinesen decken ihren Bedarf durch gleichermaßen strategische wie langfristige Partnerschaften. Sie wissen nicht nur um ihre Abhängigkeit von Rohstoffen, sondern sie handeln auch dementsprechend. Die Schutzmacht USA wird aufgrund ihrer zunehmenden Unabhängigkeit von Energieimporten immer weniger daran interessiert sein, Versorgungssicherheit für die westliche Welt notfalls auch mit militärischen Mitteln durchzusetzen. Die Erdölversorgung aus den arabischen Ländern wird damit eine geopolitische Herausforderung bleiben. Es gibt also allen Grund, das Thema Versorgung mit Energierohstoffen politisch langfristig auf der Agenda zu haben.

Der zweite wichtige Aspekt beim Thema Versorgungssicherheit ist die Verfügbarkeit und Funktionsfähigkeit notwendiger Energieinfrastruktur. Zu dieser Infrastruktur zählen alle Transport-, Verteilungs- und Umwandlungsanlagen, die Energierohstoffe, also Primärenergien, zu verbrauchsfähigen Endenergien für die Kunden machen. Dazu zählen Ölraffinerien, Kohleterminals in Häfen, Erdgastransportleitungen etc. Hier ist die Einbindung Deutschlands in den europäischen Verbund schon lange Realität und es gibt kaum einen Grund, dies kritisch zu sehen. Erdgas strömt über verschiedene Korridore unterschiedlicher Transportleitungen zu uns und unseren europäischen Nachbarn. Kohle und Erdöl werden beispielsweise im benachbarten Rotterdam entladen und versorgen große Teile Europas.

Eine echte Herausforderung ist hingegen die Versorgungsinfrastruktur bei der Stromversorgung. Hier gibt es die ganze Palette an akuten, kurzfristigen und mittelfristigen Herausforderungen. Alle haben nicht zuletzt mit dem überhasteten Ausstieg aus der Kernenergie zu tun.

Deutschland hat sich mit dem Kernenergieausstieg die umgehende Stilllegung von ca. 6.300 MW an gesicherter Kraftwerksleistung zugemutet. Über die technisch bedingte Notwendigkeit, die Leistungsbilanz aus Bedarf und Erzeugung bei der Stromversorgung auf tausendstel Sekunden genau auszugleichen, wurde schon gesprochen. Strom ist eben nicht speicherfähig. Bei hohem Leistungsbedarf und niedriger Einspeisung aus den regenerativen Erzeugungsquellen muss eine konventionelle Kraftwerksflotte bereit stehen, die in der Lage ist, den gesamten deutschen Strombedarf gesichert zu erzeugen. Auch wenn diese Anlagen ansonsten im ganzen Jahr still stehen, in solchen Stunden werden sie gebraucht, damit die Lichter in Deutschland nirgendwo ausgehen.

Bei den 6.300 MW an stillgelegter Kraftwerksleistung handelt es sich immerhin um ca. 8 % der insgesamt verfügbaren, gesicherten Leistung. Verschiedene Aufstellungen zeigen, dass die gesicherte Leistung in Deutschland nach der Stilllegung der Kernkraftwerke auf etwas über 80 000 MW an installierter Leistung zusammen geschmolzen ist. In den Stunden des höchsten Strombedarfes liegt die Jahreshöchstlast in Deutschland nahezu in der gleichen Größenordnung. Mit anderen Worten: Die freie Leistungsreserve ist ziemlich nahe bei null. Da darf im Gesamtsystem nicht mehr viel schief gehen. Jedenfalls zeigt auch der Blick ins Ausland, dass Stromversorgungssysteme in OECD Ländern üblicherweise über eine Leistungsreserve von mindestens 5 % verfügen.

Die Lage sollte weder bagatellisiert noch dramatisiert werden. Die Bundesnetzagentur spricht in angemessener Weise von einer zeitweise angespannten Lage im deutschen Stromnetz. Die Frage, ob es zu einem bundesweiten flächendeckenden Stromausfalls aufgrund dieser schmalen Leistungsreserve kommen könnte, ist klar zu verneinen. Gleichwohl könnte es bei Jahreshöchstlast in Einzelfällen bei bestimmten Kunden oder in ausgewählten Regionen zur zeitweisen Unterbrechung der Versorgung kommen.

Dass dies keine Fiktion ist, hat Deutschland im Februar 2012 erlebt. Im Februar 2012 ist es kalt in Deutschland, die Netzlast, d. h. die Summe aus allen Anforderungen der Verbraucher, ist hoch und die Einspeisung aus den regenerativen Quellen niedrig. Es kommt zu einem Versorgungsengpass und die Unterbrechung der Versorgung für ausgewählte Kunden kann nur knapp abgewendet werden. Außergewöhnliche Maßnahmen helfen, die Situation zu beherrschen. Zum einen wird Reserveleistung aus dem benachbarten europäischen Ausland aktiviert. Politik und Gesellschaft nehmen dies kaum zur Kenntnis, aber die Energiewirtschaft wundert sich. Da muss ein altes Ölkraftwerk aus Graz aktiviert werden, damit die Lichter in Deutschland nicht ausgehen. Zur Orientierung: Graz liegt südlicher als Wien und östlicher als Prag und ein Ölkraftwerk (fast) vom Balkan rettet die Stromversorgung in Deutschland. Zum anderen wird von den Netzbetreibern notgedrungen auf Kraftwerksleistung zugegriffen, die eigentlich für Systemdienstleistungen reserviert ist. Diese Reservierung von Leistung ist für den Fall von Kraftwerks- oder Leitungsausfällen und folglich zur Frequenzhaltung notwendig. Mit der Regelleistung verfügen die Netzbetreiber über Kraftwerke, um im Störungsfall sofort und zum Teil automatisch eingreifen zu können. Um einen Vergleich heranzuziehen: Wenn die Wasserversorgung aufgrund von Versorgungsengpässen gefährdet ist und droht eingeschränkt zu werden, kann auch die Feuerwehr zum Einsatz kommen. Das geht und die können auch helfen. Es darf nur kein Feuer ausbrechen, dann erst wird es tatsächlich kritisch.

Mitarbeiter in den Überwachungszentralen der Netzbetreiber werden dies mit einem gewissen Kopfschütteln lesen. Daher muss der Alltag im Netz beschrieben werden, damit kein falscher Eindruck entsteht. Die Vorgänge im Februar 2012 sind keine Einzelfälle. Es war zwar in jüngerer Zeit niemals so knapp. Gleichwohl ist es eigentlich immer eng und nur nicht immer so dramatisch. Der Alltag dieser Spezialisten in den Überwachungszentralen ist geprägt durch ein ständiges Eingreifen zur Stabilisierung der Stromversorgung in Deutschland. Sie fahren Kraftwerke rauf und runter, sie führen korrektives Schalten im Netz durch, um den Leistungsfluss so zu beeinflussen, dass keine oder möglichst wenig Engpässe entstehen. Sie beeinflussen den Blindleistungsfluss im Netz, um das Profil der Netzspannungen an den Netzknoten im zulässigen Spannungsband zu halten. Sie ermöglichen eine hohe Einspeisung der regenerativen Erzeugung, um dem Prinzip des Einspeisevorrangs dieser Anlagen Rechnung zu tragen. Sie stellen sicher, dass die Handelsergebnisse an den Strombörsen so weitgehend wie möglich auch durch physische Stromflüsse umgesetzt werden. Positiv ausgedrückt: Die Aufgabe dieser Hüter des elektrischen Lichtes in Deutschland war noch nie so spannend wie heute. Anders ausgedrückt: Nie war der Stress auf den Netzwarten der vier Verbundnetzbetreiber höher. Niemand will es beschreien. Aber es grenzt an ein Wunder, dass unter diesem täglichen Druck in den letzten Jahren kein schwerwiegender und allzu menschlicher Fehler gemacht wurde. Dies spricht umgekehrt für die eingesetzte Leit- und Steuerungstechnik und die Qualitäten der Mitarbeiter.

Nicht nur die Menschen arbeiten im Übertragungsnetz am Limit. Auch die Anlagentechnik wird durch die neue Situation nach dem Abschalten der Kernkraftwerke an ihre Belastungsgrenzen geführt. Das Defizit an gesicherter Leistung aus den Kraftwerken ist die eine Seite. Die andere Seite sind die Tragfähigkeitsgrenzen der Netze selbst. Kraftwerk und Netz sind eben eine systemtechnische Einheit. Dies ändern auch regulatorische Rahmenbedingungen nicht, selbst wenn diese gesetzlich zur Entflechtung von Monopol- und Wettbewerbsgeschäft verpflichten. Ein modernes Stromversorgungssystem zeichnet sich immer durch ein wohl balanciertes, komplexes System aus Leitungen und Erzeugungseinheiten aus. Die Entflechtung dieser beiden Seiten der Stromversorgung mag volkswirtschaftlich richtig sein, um Wettbewerb und Innovation zu fördern. Ein technisches Betriebsoptimum stellt niemand her, ohne beide Seiten gleichzeitig zu optimieren.

So sind die Übertragungskapazitäten im deutschen Stromnetz immer häufiger ausgeschöpft. Schon seit Jahren ist klar, dass Deutschland neue, zusätzliche Transportleitungen braucht. Es können noch viele Gutachten geschrieben werden, die immer wieder in anderer Schattierung fordern, dass der Netzausbau nicht oder nicht in dem Umfang erforderlich ist. All die klugen Verfasser dieser Studien haben eins gemeinsam. Sie haben nie betriebliche Verantwortung für die Netze getragen und waren damit nie höchstpersönlich dafür haftbar, dass die Lichter in Deutschland nicht ausgehen. Viele Auftraggeber dieser Gutachten, die auf einen limitierten Ausbau zielen, sehen natürlich wie schwierig der Ausbau der Höchstspannungsnetze in Deutschland ist. Sie wollen weiter die Energiewende und den Ausbau der erneuerbaren Erzeugung, aber eben nicht den notwendigen Ausbau der Netze. Dieser Streit darf nicht auf dem Rücken der Kunden ausgetragen werden. Den Netzausbau müssen Politik, Gesellschaft und zuständige Unternehmen gemeinsam durchsetzen.

Es wird im Übrigen keinen Königsweg geben, der die Konfrontation mit Teilen der betroffenen Bevölkerung vermeidet. Jede Bürgerbeteiligung ist sinnvoll; je früher, desto besser. Jede sorgfältige durchgeführte Planungsstufe hilft, die Auswirkungen so gering wie möglich zu halten. Es ist sicher richtig, Gleichstrom-Hochspannungsleitungen zu bauen, um den Windstrom über möglichst große Distanzen aus Norddeutschland in die Lastzentren Richtung Süden zu bringen. Es kann auch unendlich lange über technisch mögliche, vollständige oder teilweise Kabelstrecken diskutiert werden. Übrigens sind Kabelstrecken zwar optisch weniger störend als Freileitungen, aber bei näherer Betrachtung erfordern sie einen ebenso tiefen Eingriff in die Natur. Und wer eine Verkabelung fordert, der sollte auch akzeptieren, dass dies deutlich mehr Geld kosten würde, natürlich mit entsprechenden Konsequenzen für den Strompreis. Der Vergleich zwischen Straßennetz und Stromnetzen wurde schon mehrfach bemüht. Hier sei ein weiterer hinzugefügt: Theoretisch könnten wir in Deutschland unser Autobahnnetz auch untertunneln. Den von Autobahnen betroffenen Anwohnern wäre dies sicherlich recht. Die Gemeinschaft wird es allerdings Milliarden kosten, die wir an anderer Stelle vermutlich dringender brauchen.

Deutschland mangelt es beim Ausbau der Stromnetze nicht an Einsicht und auch nicht an Konzepten. Zwischen den zuständigen Unternehmen und der zuständigen Bundesbehörde, der Bundesnetzagentur, besteht weitgehend Einigkeit über das Arbeitsprogramm in den nächsten Jahren. Es fehlt auch nicht an politischer Unterstützung auf Bundesebene von fast allen Parteien. So lange allgemein über die Notwendigkeit des Netzausbaus gesprochen wird, ist alles gut und alle sind sich einig. Aber wenn es konkret wird, und aus Worten Handeln werden muss, dann sieht es wieder anders aus. Kommunale Entscheidungsträger und Landespolitiker wollen zwar die Energiewende, aber nicht die Hochspannungsleitung durch ihren Wahlkreis und wenn, dann bitte erst später und verkabelt. Bürger und Bürgerinitiativen erwarten genau dieses Verhalten von ihren Mandatsträgern.

Und wenn sich der Bau der Leitung nicht mehr politisch verhindern lässt, dann wird vor ein deutsches Gericht gezogen. Irgendeinen kleinen Planungsfehler oder eine fehlende bzw. nicht ausreichende Abwägung der Behörden werden die von den Gegnern eingeschalteten Juristen schon finden. Sie sind Experten darin, wie ein Vorhaben gestoppt oder ganz zu Fall gebracht werden kann. Da können die zuständigen Beamten ihre Arbeit noch so sorgfältig machen, das deutsche Planungsrecht ist, etwas martialisch ausgedrückt, ein Minenfeld geworden.

Es waren vor allem die Umweltbewegten, denen im Planungsrecht keine Hürde hoch genug, keine Beteiligung ausgiebig genug und kein Kriterienkatalog lang genug sein konnte. Es ist daher eine Ironie der Geschichte. Viele Umweltbewegte haben dazu beigetragen, dass sich die Projektträger im deutschen Planungsrecht verheddern. Heute leiden sie selbst darunter oder erleben teilweise die negativen Folgen für die Energiewende.

Die Energiewende kommt beim Netzausbau jedenfalls auch aufgrund planungsrechtlicher Hürden nur schleppend voran. Alle Beteiligten wissen genau, was in Sachen Netzausbau zu tun ist und dass dieser schnell kommen muss, wenn die Energiewende nicht ausgebremst werden soll. Es braucht hoffentlich nicht erst eine größere Netzstörung mit längeren Unterbrechungen der Stromversorgung, damit wir gemeinsam verstehen, dass unsere immer noch sehr sichere Stromversorgung auf gut ausgebauten Netzen beruht.

Würde der Versorgungssicherheit im Rahmen der Standortbestimmung eine Gesamteinschätzung gegeben, käme vermutlich ein „ausreichend" dabei heraus. Eine bessere Beurteilung würde hingegen die Umweltverträglichkeit des gesamten Energiesystems erhalten. Ihr kann fraglos ein „gut" attestiert werden, gerade wenn internationale Vergleiche für die Gesamteinschätzung herangezogen werden.

Das Ziel einer umweltverträglichen Energieversorgung war im ersten Energiewirtschaftsgesetz nicht vorgegeben. Unter den drei gleichrangigen Zielen ist es erst später hinzugefügt worden. Der Umweltschutz ist beginnend mit der Umweltbewegung in den 70er Jahren insbesondere durch gesetzlichen Schutz gegen Immissionen, also gegen umweltschädliche Einwirkungen auf Mensch und Natur, vorangebracht worden. Der Weg zu einem stetig verbesserten Umweltschutz ging über immer strengere Auflagen und Anforderungen an technische Anlagen, mit denen den Emissionen, also den Auswirkungen von technischen Anlagen und Geräten, Grenzen gesetzt wurden. Dieses Prinzip hat sich bis heute gehalten und wurde immer weiter verfeinert.

Bei der Reduktion von Treibhausgasemissionen geht Deutschland im Verbund mit der europäischen Gemeinschaft in einigen Sektoren den traditionellen Weg mit Obergrenzen von Emissionen und in ausgewählten Sektoren, zu denen auch die Stromerzeugung zählt, zusätzlich einen neuen Weg mit dem Emissionshandel. In Zahlen sieht der Entwicklungspfad der Emissionen in Deutschland wie folgt aus. Die gesamten Treibhausgasemissionen (davon tragen die CO_2 Emissionen den größten Anteil) liegen im Jahre 2010 auf einem Niveau von ca. 940 Mio. Tonnen CO_2 Äquivalent und sind um ca. 25 % gegenüber dem Jahr 1990 zurückgegangen. Das für 2020 gesetzte Ziel, einer Reduktion der Treibhausgasemissionen um 40 % gegenüber dem Basiswert aus dem Jahre 1990, ist immer noch erreichbar. Nach zwei Drittel der Zeit ist ungefähr auch zwei Drittel der Wegstrecke geschafft. Deutschland ist also auf einem ordentlichen Reduktionspfad.

Der Emissionshandel deckt ca. 50 % der gesamten Treibhausgasemissionen ab. Die vom Emissionshandel erfassten Sektoren werden nicht über Grenzwerte, sondern über den Verkauf einer begrenzten Anzahl von Emissionszertifikaten gesteuert. Die CO_2 Emission hat in Europa ein Preisschild bekommen und bislang nicht berücksichtigte Umweltkosten werden zwangsweise betriebswirtschaftlich internalisiert. Die europäische Gemeinschaft kann auf den gemeinsamen Emissionshandel stolz sein. Er ist neben dem Euro als einheitliche Währung ein zweites großes europäisches Integrationsprojekt mit globalem Vorbildcharakter.

Nach anfänglichen Erfolgen ist der Emissionshandel in eine schwierige Phase eingetreten. Man kann schlecht von einer Krise des Emissionshandels sprechen. Eine Krise würde bedeuten, er würde entweder als Handelssystem technisch nicht funktionieren oder er würde nicht helfen, die CO_2 Emissionen zu reduzieren. Beides ist nicht der Fall. Technisch funktioniert der Emissionshandel weitgehend reibungslos. Er wirkt zudem in der gewünschten Weise auf die Energiemärkte insbesondere auf die Stromhandelsmärkte.

Gleichwohl durchläuft der Emissionshandel eine schwierige Phase, weil die Preise für CO_2 Zertifikate mit um die 5 € pro Tonne CO_2 im Grunde verfallen sind. Diese niedrigen Preise sind durch die schwache Wirtschaftsentwicklung im Euroraum und den fort schreitenden Ausbau erneuerbarer Stromerzeugung, gerade in Deutschland, verursacht. Da sich die europäische Union nicht auf eine materielle Intervention in den Emissionshandel verständigen kann, wird das Preisniveau einstweilen auch so niedrig bleiben.

Wenn eine Standortbestimmung der Energiewende unter dem Kriterium der Umweltverträglichkeit erfolgt, wird dies heute fast ausschließlich mit dem Klimaschutz in Verbindung gebracht. Bemerkenswert ist, dass die Umweltverträglichkeit in der Energiewende politisch im Jahre 2013 vorrangig ist. Im Energiewirtschaftsgesetz ist der Vorrang der Umweltverträglichkeit in der

Energieversorgung gegenüber der Preiswürdigkeit und der Versorgungssicherheit nicht vorgesehen. Dieser Vorrang in der Energiewende ist eine politische Entscheidung. Sie äußert sich nicht zuletzt in den Stellungnahmen der von der Bundesregierung eingesetzten Experten, die von zwei „Oberzielen" für die Energiewende sprechen: der Reduktion der Treibhausgasemissionen und dem Ausstieg aus der Kernenergie.

Den Ausstieg aus der Kernenergie als ein Ziel zu definieren, ist nicht schlüssig. Der Ausstieg aus der Kernenergie ist vielmehr eine gesetzlich festgesetzte Rahmenbedingung der Energiewende. Der Ausstieg ist Realität, er ist Teil des Weges, den Deutschland zu den Zielen der Energiewende gehen muss. Die Reduktion der Treibhausgase muss in Deutschland mittelfristig ohne den Einsatz der Kernenergie gelingen.

Die Reduktion der Treibhausgasemissionen selbst als ein Ziel zu definieren, ist schlüssig und richtig. Noch richtiger wäre es allerdings, Versorgungssicherheit und Preiswürdigkeit gleichberechtigt daneben zu stellen. Das wäre nicht nur sachlich richtig, sondern auch noch gesetzeskonform.

Mit einem „ausreichend" und einem „gut" sind zwei Einschätzungen für die Kriterien Versorgungssicherheit und Umweltverträglichkeit bereits abgegeben. Das letzte Kriterium ist die Wettbewerbsfähigkeit der Preise. Nichts liegt so sehr im Argen, wie die Wettbewerbsfähigkeit der Preise. Hier schneidet die Energiewende richtig schlecht ab. Um im Bild der Beurteilungen zu bleiben, gibt es „mangelhaft". Noch ist diese schlechte Bewertung zu verschmerzen. Aber gerade die Entwicklung der Strompreise gefährdet die Akzeptanz der Energiewende mehr und mehr.

In Deutschland war die Energieversorgung im Vergleich zu anderen Industrieländern nie preiswert. Dies gilt gleichermaßen für nahezu alle Endenergieträger, aber besonders für Strom. Die Liberalisierung der Strommärkte sollte dies ändern. Steigender Wettbewerbsdruck in einem ehemals durch Gebietsmonopole gekennzeichneten Geschäft sollten die Effizienzreserven in den

Unternehmen mobilisieren und für sinkende Strompreise sorgen. Der Auftakt Ende der 90er Jahre war auch durchaus verheißungsvoll, die Strompreise fielen auf breiter Front. Die Energieunternehmen mussten sich einem bisher nie gekannten Kostendruck stellen, der Kunde wurde auch im Strommarkt König.

Die Politik hat schnell zugegriffen. Die Liberalisierungsrenditen sind, wenn überhaupt nur bei den großen Stromkunden, nie aber beim Gewerbekunden oder beim privaten Haushalt angekommen. Die Einführung der Ökosteuer auf Strom, die Umlage zur Refinanzierung der Kraft-Wärme-Kopplung und die EEG Umlage und anschließend auf alles die volle Mehrwertsteuer: Dies hat zusammen genommen die preissenkenden Effekte der Liberalisierung mehr als kompensiert. Der Staat hat bei den Stromkunden nicht nur selbst abgeschöpft, er hat den Stromkunden auch seine Klima- und Energiepolitik direkt über den Strompreis bezahlen lassen.

Eine grundsätzliche Trendwende ist nicht in Sicht. Die Strompreise werden weiter steigen. Der wesentliche Preistreiber der letzten Jahre war fraglos die EEG Umlage. Ende des Jahres 2012 wird die EEG Umlage auf zunächst 53 € pro Megawattstunde elektrische Energie festgelegt oder ca. 63 € pro Megawattstunde inklusive Mehrwertsteuer. Die Festlegung der Umlage ist übrigens keine Willkür. Auf Antrag der Übertragungsnetzbetreiber prüft und genehmigt die Bundesnetzagentur jeweils jährlich die entsprechende EEG Umlage für das nächste Kalenderjahr.

Die Bedeutung der EEG Umlage lässt sich am Beispiel eines Haushalts mit einer 4-köpfigen Familie erläutern. Wenn ein durchschnittlicher Energieverbrauch von ca. 4 Megawattstunden (dies entspricht 4.000 Kilowattstunden) unterstellt wird, liegt die Stromrechnung bei ca. 1.000 €. Es wird angenommen, dass sich die Beispielfamilie mit ca. 250 € pro Megawattstunde (dies entspricht einem Strompreis von 25 Cent pro Kilowattstunde) vertraglich einen günstigen Stromtarif gesichert hat. Die Gesamtrechnung eines solchen Haushalts wird abhängig vom Wohnort und vom Produktpreis des ausgewählten Stromlieferanten variieren. Zum Vergleich: In Frankreich und in großen Teilen der USA würde der gleiche Stromkunde bei gleichem Jahresverbrauch ungefähr die Hälfte für seine Stromrechnung zahlen.

Die Gesamtrechnung lässt sich aus Sicht der Kunden (also inklusive Mehrwertsteuer) in erster Näherung auf einerseits 500 € für Strombeschaffung und andererseits 500 € für Netznutzung und weitere staatliche Abgaben (z. B. Konzessionsabgabe und Stromsteuer) aufteilen. In den 500 € für die Strombeschaffung sind wiederum anteilig 50 %, also 250 € pro Jahr, für die EEG Umlage aufzuwenden. Durchgerechnet bezahlt die 4 köpfige Familie ca. 25 % ihrer Stromrechnung für die EEG Umlage und die darauf entfallende Mehrwertsteuer.

In der Öffentlichkeit und in den Medien wiederholte sich in den letzten Jahren mit jeder Erhöhung der EEG Umlage das gleiche Schauspiel. Die EEG Umlage steigt, also kündigen die meisten Stromversorger Strompreiserhöhungen an. Das ruft die Politik auf den Plan. Gerade die vehementesten Verfechter der Energiewende negieren nach Kräften, dass für die Strompreiserhöhungen die EEG Umlage zuständig ist. Wenn es sein muss, werden auch schon mal Studien in Auftrag gegeben, die üblicherweise den Energieunternehmen die Verantwortung für die Strompreisentwicklung in die Schuhe schieben. Das Image der Branche ist hinreichend schlecht, so dass dies öffentlich gut verkauft werden kann. Zudem wird in den Diskussionsrunden der Energieexperten und auf einer der zahlreichen Energiekonferenzen noch ein weiteres Stück politisches Theater aufgeführt. Es ist die öffentliche Versicherung durch die Verantwortlichen, dass die EEG Umlage endgültig nicht mehr weiter steigen wird.

Beide Rituale wiederholen sich Ende des Jahres 2012 plötzlich nicht mehr. Das mag an einem neuen Bundesumweltminister liegen. Das mag an den eingebrochenen Gewinnen der Stromversorger liegen, die nicht mehr so einfach verantwortlich gemacht werden können. Das mag aber auch an der erdrückenden Beweislast liegen, die ein Verleugnen der Ursachen für die Strompreiserhöhungen unmöglich macht. Oder es ist eine Mischung aus allem?

Jedenfalls ist es ein Fortschritt, auch für die Energiewende selbst, dass den Tatsachen jetzt nicht nur ins Auge geblickt wird, sondern dass darüber auch ehrlicher in der Öffentlichkeit gesprochen und in den Medien berichtet wird. Eines haben alle Verantwortlichen für die Energiewende, d. h. Politik, Wissenschaft und Energieunternehmen etc., aber noch nicht vollbracht. Den Stromkunden offen zu sagen, dass die EEG Umlage gut angelegtes Geld ist. Dieses Geld schafft zukunftsfähige Arbeitsplätze, hilft dem Klima und reduziert Deutschlands Abhängigkeit von Energieimporten. Es hilft uns die Entscheidung, aus der Kernenergie auszusteigen, in die Tat umzusetzen. Es hilft uns, unser Energiesystem so umzubauen, wie dies kein anderes Industrieland der Welt könnte. Es hilft, das Generationenprojekt Energiewende zu meistern.

Nach Versorgungssicherheit, Umweltverträglichkeit und Preiswürdigkeit ist die Akzeptanz der Energiewende ein weiteres messbares Erfolgskriterium. Natürlich hängt die Akzeptanz beim Bürger ganz maßgeblich auch an den Energiepreisen. Deshalb ist die EEG Umlage auch ein solcher Kristallisationspunkt für die Kosten der Energiewende. Hier treffen alte und neue Energiewelt immer noch aufeinander. Obgleich eine Versöhnung der gesellschaftlichen Streitigkeiten über die richtige Energiepolitik nach dem Kernenergieausstieg möglich sein müsste, werden weitere, weniger bedeutendere Streitfelder nicht beigelegt.

Im Grunde genommen kämpfen beide Seiten in der Öffentlichkeit mittlerweile um ihr jeweiliges Ansehen und um die Akzeptanz ihrer Position. Die Gegner der Energiewende waren dies gewissermaßen gewohnt. Sie müssen heute einräumen, dass die Energiewende grundsätzlich funktioniert und von den Bürgerinnen und Bürgern akzeptiert wird. Die Befürworter der Energiewende bekommen aber nun auch Gegenwind zu spüren. Die

Versprechungen der Unterstützer der Energiewende waren klar. So teuer wird es nicht werden und die Stromversorgung bleibt sicher. Dies wurde zu lange und zu laut behauptet und stellt sich als falsch heraus.

So stecken alle Beteiligten in Schwierigkeiten. Politik und Regierung müssen dem Wähler erklären, was da so alles auf sie zukommt. Behörden müssen Genehmigungen für große, technische Projekte erteilen, die in der betroffenen Bevölkerung für massiven Widerstand sorgen und die gleichwohl für die Energiewende dringend gebraucht werden. Die Energieunternehmen stecken in der Ertragskrise, jedenfalls wenn sie in konventionelle Stromerzeugung investiert haben. Ihr Geschäftsmodell funktioniert im Deutschland der Energiewende nicht mehr und neue Wettbewerber kommen von allen Seiten.

Und die Menschen in Deutschland stehen vor einer Energiewende, die sie grundsätzlich zwar wollen, bei denen ihnen aber zu selten offen gesagt wird, was sie von ihr alles zu erwarten haben. Dies trifft insbesondere auf die Entwicklung der Energiepreise und auf die Sicherheit der Energieversorgung zu.

2050: Energiewende

Die Energiewende startet im Jahre 1980 mit der gleichnamigen Studie des Öko-Institutes; 1990, kurz nach der Wiedervereinigung beginnt eine christlich-liberale Bundesregierung die Energiewende umzusetzen; das Einspeisegesetz tritt in Kraft. 2050 soll die Energiewende schließlich vollendet sein, jedenfalls nach Ansicht der christlich-liberalen Bundesregierung aus dem Jahre 2013. Die Energiewende wird eine Laufzeit von 7 Jahrzehnten überdauern, ein Generationen übergreifendes Projekt.

So betrachtet feiert die Energiewende nahezu „Bergfest". Sie ist fast 35 Jahre unterwegs und hat noch weitere 35 Jahre vor sich. Viele Zeitzeugen aus dem Jahre 1980, die bei den Anfängen der Energiewende maßgeblich beteiligt waren, sind heute noch „putzmunter". Einige Mitstreiter leisten immer noch ihren Beitrag, unser gesellschaftliches und politisches Leben zu gestalten. Man darf ihnen beste Gesundheit und ein langes Leben wünschen. Nur dann werden sie im Jahre 2050 noch erleben, wie die Energiewende zur Vollendung gebracht wird.

Die Bundesregierung hat bereits in 2011 für die Energiewende klare, langfristige Ziele gesetzt, mit denen die Energieversorgung im Jahre 2050 weitgehend frei von Kohlenstoff sein soll. Die CO_2 Emissionen in 2050 sollen gegenüber dem Bezugsjahr 1990 um mindestens 80 % sinken. Der Primärenergiebedarf soll gegenüber dem Bezugsjahr 2008 um 50 % sinken. Der durchgerechnete Anteil der erneuerbaren Energien am gesamten Endenergiebedarf soll dann 60 % betragen und der Anteil der erneuerbaren Energien an der Stromerzeugung soll im gleichen Jahr sogar 80 % erreichen.

Zur Bekämpfung der globalen Klimafolgen und zur Erreichung des 2 Grad Zieles hätte sich die Bundesregierung in ihrer Zielsetzung auf die Absenkung der CO_2 Emissionen beschränken können. Gleichwohl ist sie gut beraten, uns auch einen sinkenden Primär- und Endenergiebedarf zum Ziel zu setzen. Beides hilft niedrigere CO_2 Emissionen zu erreichen, es hilft aber auch die Importabhängigkeit Deutschlands von Erdöl, Erdgas und Steinkohle zu reduzieren. Wenn im Jahre 2050 ca. 60 % des Endenergiebedarfes aus regenerativen Quellen gedeckt werden, müssen 40 % immer noch aus fossilen Quellen stammen. Konsequenz: Deutschland wird auch im Jahre 2050 fossile Primärenergien nutzen und diese teilweise importieren müssen.

Mit Blick auf das Teilziel zur Absenkung des Primärenergiebedarfes kann erwartet werden, dass es langfristig vom Radar der Klima- und Energiepolitik verschwindet. Die Teilziele zur Reduktion der CO_2 Emissionen und zur strukturellen Veränderung des Endenergiebedarfes werden stärker in den Mittelpunkt der Diskussion rücken. Auch wenn aus statistischen Gründen eine Fortführung der jährlichen Primärenergiebilanzen erfolgen wird, rückt die Bedeutung des Primärenergiebedarfes in Deutschland bei einem steigenden Einsatz von regenerativen Energiequellen in den Hintergrund.

Der Grund dafür ist ein ganz praktischer. Welcher Primärenergieeinsatz ist der Stromerzeugung aus Windkraft und aus Photovoltaik zuzurechnen? Wie hoch ist der durchgerechnete Primärenergieeinsatz bei elektrisch betriebenen Wärmepumpen? Diese und andere Fragen kennen die Experten der Energiebilanzen nur zu gut. Sie stellten sich auch schon früher bei der Frage, wie hoch denn eigentlich der Primärenergieeinsatz bei einem Kernkraftwerk ist.

Diese Fragen wurden von den Experten mit unterschiedlichen Ansätzen beantwortet und die Antworten sind in den Fußnoten zu allen veröffentlichten Energiebilanzen nachzulesen. Beispielsweise werden in Energiestatistiken Substitutionsansätze verwendet. Es wird z. B. berechnet, welcher Primärenergieeinsatz erforderlich gewesen wäre, wenn die Stromerzeugung aus Windkraftanlagen in konventionellen Kraftwerken erfolgt wäre. Mit diesem Ansatz kann der Stromerzeugung aus Windkraft ein Primärenergieeinsatz zugewiesen werden. Diese Antworten haben bei einem immer höher werdenden Anteil an regenerativen Energien eine immer geringere Relevanz für eine Erfolgsmessung der Energiewende und deren Steuerung.

Für die Bilanzierung des Endenergiebedarfes und insbesondere der CO_2 Emissionen gilt dies nicht. Beide Bilanzen dienen heute schon der Erfolgsmessung für die Energiewende und dies wird auch langfristig bleiben. Hinsichtlich der CO_2 Emissionen würde man sich sogar wünschen, dass nicht nur die im Inland verursachten CO_2 Emissionen bilanziert werden. Auch die durch unser Konsumverhalten global entstehenden CO_2 Emissionen sollten als Teil der Statistik abgeschätzt werden. Es hilft dem Klima weltweit nur wenig, wenn wir die inländischen CO_2 Emissionen drastisch reduzieren, aber gleichzeitig durch unser Konsumverhalten global weiter nach oben treiben. Das wäre scheinheilig. Wir werden uns in nicht allzu ferner Zukunft mit dem deutschen globalen CO_2 Fußabdruck beschäftigen müssen.

Zurück zu den Energiewende Zielen: Obwohl die Zahlen der Bundesregierung als vermeintlich konkrete Ziele für 2050 daher kommen, sind sie mit Blick auf den gewählten Zeithorizont bis 2050 nicht mehr, aber auch nicht weniger als eine Vision. Ein kurzer Blick in den Rückspiegel zeigt, was es heißt, mehr als 35 Jahre in die Zukunft zu blicken. Anfang der 80er Jahre, zum Anfang unserer Energiewende, lebten wir in einer bipolaren Welt, die streng in Ost und West geteilt war. Die USA und die damalige Sowjetunion waren die Machtzentren auf diesem Planeten und nirgendwo konnte die Trennung in Ost und West so hautnah erlebt werden, wie im geteilten Deutschland. Das zentrale Thema der öffentlichen und politischen Debatte war die Sicherheitspolitik, gerade in unserem Land.

Die Energiepolitik beschränkte sich seinerzeit auf die Sicherstellung ausreichender und günstiger Energie. Wirtschaftswachstum und steigender Energieverbrauch entkoppelten sich erst zaghaft. In der Wahrnehmung der politisch und energiewirtschaftlich Verantwortlichen schienen sie vor dem Hintergrund historischer Erfahrungen stark miteinander verknüpft zu sein. Die größte Sorge der Politik in Energiefragen war, wie sichergestellt werden konnte, dass das Wirtschaftswachstum nicht durch Rohstoffengpässe, insbesondere beim Erdöl, verlangsamt werden würde. Umweltfragen rückten in diesen Jahren erst nach und nach in das Zentrum der Politik, angetrieben von frühen Aktivisten, die sich in diesem Politikfeld engagierten.

Es ist davon auszugehen, dass sich die Welt in den nächsten 35 Jahren in ähnlich weitreichender Weise verändern wird, wie sie es in den letzten Jahrzehnten getan hat. Und es ist anzunehmen, dass wir heute nicht wissen, was in 2050 sein wird. So wenig, wie die Menschen in 1980 wussten, was in 2013 sein würde. Wir sind also gut beraten, politische Ziele für 2050 als Vision einzuordnen und mit einer ordentlichen Portion Demut zu betrachten.

Wir sollten flexibel genug zu sein, uns auf weitreichende Veränderungen einzustellen. Solche Veränderungen können aus vielfältigen Strömungen entstehen und sie können tiefgreifenden Charakter haben, d. h. es kann Brüche in einer sich ansonsten kontinuierlich weiter entwickelnden Welt geben. Solche tiefgreifenden Veränderungen können durch andere nationale wie internationale, politische Rahmenbedingungen entstehen, bei der die Energiewende massiv beeinflusst werden kann. Wir dürfen zudem eine veränderte Erwartung der Gesellschaft an die Energieversorgung unterstellen.

Die Veränderungen werden ganz sicher aus neuen Technologien und damit verbundenen Innovationen entstehen. Gerade in der technologischen Entwicklung können wir heute im besten Fall erahnen, wie Veränderungen aussehen könnten. Sicher ist, dass sich die in 2050 verfügbaren Technologien mindestens so viel von den heutigen unterscheiden werden, wie die heutigen Technologien von denen der 80er Jahre. Ein Beispiel: Im Jahre 1980 gab es keine Mobilfunktelefonie. In 2020 glauben Experten an Mobilfunknetze mit einer Datengeschwindigkeit von 1 Gigabit pro Sekunde. Auf den mobilen Geräten könnten wir in höchster Auflösung überall Videotelefonie organisieren. Wer weiß schon, was noch in 2050 alles auf uns wartet.

Eine der richtigen Antworten auf die Unsicherheiten der Zukunft ist daher Flexibilität und Anpassungsfähigkeit. Eine weitere richtige Antwort ist es, sich möglichst viele Optionen offen zu halten. Dies gilt nicht nur, aber besonders für Technologien. Sicherlich ist eine Rückkehr zur Kernenergie in Deutschland einstweilen auszuschließen. Aber jedes zusätzliche Ausklammern von technischen Möglichkeiten reduziert die Anzahl unserer Optionen weiter. Dies sollten wir unterlassen.

Bei den langfristigen Zielen der Bundesregierung zur Energiewende handelt es sich im Grunde um eine Vision; nicht mehr, aber auch nicht weniger. Die Bundesregierung gibt über die langfristigen Ziele eine Marschrichtung vor. Die Richtung ist aus mehreren Gründen vernünftig. Sie steht zunächst einmal im Einklang mit einer Reihe von langfristigen, globalen Megatrends, die das Leben auf der Erde in den nächsten Jahrzehnten beeinflussen werden und gleichzeitig Relevanz für die Energiepolitik haben. Zu nennen sind der Klimawandel, die Rohstoffknappheit und der demographische Wandel, insbesondere in der westlichen Welt. Es ist zudem klar, dass die generelle Richtung der Energiewende von allen politischen Parteien, von der Wissenschaft und der überwiegenden Mehrheit in der Zivilgesellschaft geteilt wird. Die Ziele werden nur mit Blick auf Geschwindigkeit und Ambition unterschiedlich interpretiert. Das alles kann sich über die nächsten Jahrzehnte natürlich ändern, sowohl in Bezug auf die relevanten globalen Megatrends als auch in Bezug auf die gesellschaftlichen Anforderungen an die Energieversorgung. Gleichwohl sind die langfristigen Ziele der Energiewende heute nicht infrage zu stellen.

Öffentliche Diskussionen zur Energiewende werden überwiegend zur Stromversorgung geführt. Wenn überhaupt, wird gelegentlich auch die Erdgasversorgung diskutiert. Dies geschieht jedoch nur abhängig von winterlichen Außentemperaturen und gleichzeitigen Streitigkeiten zwischen Russland und den Transitländern für russisches Gas nach Westeuropa. Diese eingeengte Diskussion geht an bedeutenden Herausforderungen der Energiewende vorbei. Anstelle einer ausschließlichen Debatte zur Zukunft der Stromversorgung muss eine ganzheitliche Diskussion geführt werden. Die Stromversorgung ist im Jahre 2010 in Deutschland nur für ca. 38 % des Primärenergiebedarfes verantwortlich. Dieser Anteil ist über die Jahre leicht steigend (1990: 36 %, 2000: 37 %). Dies zeigt einen Trend, der sich vermutlich fortsetzen wird. Gleichwohl beginnt eine ganzheitliche Energiewende mit Blick auf 100 % des Primärenergiebedarfes. Insofern müssen die politischen Zielsetzungen der Energiewende in Zahlen und Fakten mit Bezug auf die gesamte Primär- und Endenergiebilanz Deutschlands übersetzt werden. Der gesamte Primärenergieeinsatz und die daran anschließende Umwandlungskette von der Primärenergie bis zur Endenergie muss bei der Energiewende betrachtet werden.

Die Energiewende muss zusätzlich beim Endkunden stattfinden, also bei der Umwandlung von Endenergie in sogenannte Nutzenergie. Endenergie ist der Sammelbegriff für die dem Energieverbraucher zur Verfügung gestellten Energieformen, z. B. Benzin oder Fernwärme. Der Verbraucher wandelt Endenergie in Nutzenergie um. Am Beispiel Wärme lässt sich der Begriff der Nutzenergie erläutern. Der Verbraucher benötigt die Nutzenergie Wärme und setzt dazu wahlweise die Endenergien Erdgas, Fernwärme, Strom, Biomasse etc. ein. Mechanische Antriebsenergie, Wärme, Licht sowie Energie für Kommunikation und Informationstechnologie sind Formen der Nutzenergie. Bei der Umwandlung von Endenergie in Nutzenergie spielt das Thema Energieeffizienz eine wichtige Rolle, auch für die Energiewende. Dies zeigt, dass nur ein ganzheitlicher Ansatz Erfolg haben kann.

Die Energiewende bedeutet nicht weniger als eine weitgehende Transformation des gesamten Energiesystems. Dies erschließt sich insbesondere aus der Übersetzung der Ziele der Bundesregierung auf einige Kennzahlen aus den Energiestatistiken, insbesondere mit Bezug auf den Primärenergiebedarf. Die Energiewende zielt hier auf eine fundamentale Veränderung im Verhältnis des Einsatzes von kohlenstoffhaltigen zu kohlenstofffreien Energieträgern. Die Veränderung dieses Verhältnisses ist mitentscheidend, um die Ziele zur Reduktion der CO_2 Emissionen zu erreichen.

Der Anteil kohlenstofffreier Primärenergien am gesamten Primärenergiebedarf betrug im Jahre 1990 (also zum faktischen Start der Energiewende) 13 %. Im Jahre 2000 stieg er auf 16 % und erreichte im Jahre 2010 zunächst seinen höchsten Wert mit fast 21 %. In zwanzig Jahren ist eine Steigerung von 8 % gelungen, die dazu notwendigen Anstrengungen wurden bereits beschrieben. Das Ziel der Bundesregierung läuft auf einen Anteil von ca. 60 % hinaus. Gemessen an der Geschwindigkeit der bisherigen Transformation wird Deutschland deutlich zulegen müssen, um die Ziele in 2050 zu erreichen.

Der Weg zum Ziel wird durch den Ausstieg aus der Kernenergie noch beschwerlicher. In 2010, dem Jahr vor Fukushima, deckt die Kernenergie als CO_2 emissionsfreie Energiequelle noch zu fast 11 % den Primärenergiebedarf in Deutschland. Im gleichen Jahr tragen die regenerativen Energiequellen erst zu 10 % zum Primärenergiebedarf bei. Erst im Jahr 2011, dem Jahr des Beschlusses zum Ausstieg aus der Kernenergie, übersteigen die erneuerbaren Energien erstmalig mit ihrem CO_2 freien Beitrag zum Primärenergiebedarf die Kernenergie. Die regenerativen Energieträger müssen im Laufe der kommenden Jahrzehnte nicht nur den Löwenanteil der fossilen Brennstoffe verdrängen, sondern bis 2022 zusätzlich die Kernenergie vollständig ersetzen.

Einige zusätzliche Datenpunkte verdeutlichen die Herausforderung der Energiewende aus der Perspektive der fossilen Primärenergien, deren Einsatz drastisch zurückgeführt werden soll. Im Jahre 1990, also kurz nach der deutschen Einheit, liegt der Anteil der fossilen Brennstoffe am Primärenergieaufkommen in Deutschland bei ca. 87 % und in absoluten Zahlen bei ca. 3 600 Mio. Megawattstunden. Im Jahre 2000 ist der Einsatz fossiler Brennstoffe bereits zurückgegangen. Über die ersten zehn Jahre der Energiewende wurde eine durchschnittlich, jährliche Absenkung um jeweils 0,8 % erreicht. In den folgenden zehn Jahren bis 2010 konnte die Absenkung leicht gesteigert werden und zwar auf ca. 0,9 % pro Jahr.

Werden die Ziele der Energiewende in Zahlen bis 2050 übersetzt, muss Deutschland die jährliche Absenkung des fossilen Primärenergiebedarfes drastisch erhöhen und zwar auf mehr als 3 % pro Jahr, d. h. über insgesamt 40 Jahre in jedem Jahr zwischen 2010 und 2050 eine Absenkung um mehr als 3 % am Ende eines Jahres gegenüber dem Ausgangswert am Anfang des gleichen Jahres. Dies ist ein jedenfalls historisch niemals erreichter Wert und bedeutet das 3- bis 4-Fache von dem, was über die letzten 20 Jahre durchschnittlich erreicht wurde.

So herausfordernd diese Zahlen auch erscheinen, sie sind gleichwohl durchaus erreichbar. Selbstverständlich braucht es dazu nicht nur den Willen, sondern auch die richtigen Maßnahmen. Darüber wird noch zu sprechen sein. Manches wird auch automatisch helfen. So wird die demographische Entwicklung in Deutschland ihren Beitrag leisten, den Primärenergiebedarf zukünftig weiter sinken zu lassen. Prognosen schätzen für Deutschland einen Rückgang der Bevölkerung von heute ca. 80 Mio.

Menschen auf ca. 70 Mio. Menschen in 2050. Es ist schwer abzuschätzen, was dies für die Energieversorgung genau bedeuten wird. Sicher ist aber, dass die Zielerreichung durch den demographischen Wandel Rückenwind bekommen wird.

Neben dem unausweichlichen demographischen Wandel sind weitere Veränderungen, die in den nächsten Jahrzehnten noch vor uns liegen, mit hinreichender Wahrscheinlichkeit vorhersehbar; manche externe Veränderung ist es nicht. Deutschland muss daher in seiner Klima- und Energiepolitik Wege verfolgen, die robust gegen solche Veränderungen sind. Es müssen Wege sein, die in möglichst vielen Szenarien richtig sind, aber wenigstens in keinem Szenario völlig falsch. Für mindestens drei Wege dürfte dies gelten.

Erstens muss stetig weiter in Energieeffizienz investiert werden. Eine ständig steigende Energieeffizienz hilft uns, einerseits den Nutzenergiebedarf der Endkunden mit einem möglichst niedrigen Endenergieeinsatz abzudecken und andererseits die Umwandlungskette von Primärenergie in Endenergie so effizient wie möglich zu gestalten.

Zweitens muss stetig weiter und zwar auf allen Stufen in erneuerbare Energien investiert werden. Nur Investitionen in erneuerbare Energien substituieren fossile Primärenergieträger, senken die CO_2 Emissionen und reduzieren die Abhängigkeit Deutschlands von Energieimporten.

Drittens müssen wir akzeptieren, dass Deutschland auch in 2050 noch fossile Primärenergien einsetzen wird. Hier muss die Energiewende eine weitere Transformation bewirken, um die Importabhängigkeit Deutschlands in einer Welt knapper werdender Rohstoffe zu verringern. Der Einsatz fossiler Brennstoffe, die überwiegend oder ausschließlich importiert werden, muss überproportional zurückgeführt werden. Im Ergebnis bedeutet dies, dass Steinkohle und Steinkohlenprodukte sowie Erdöl und Mineralölprodukte weitgehend zu substituieren sind. Die Grundlage für die in Deutschland noch eingesetzten fossilen Primärenergien bilden Braunkohle und Erdgas, wenigstens so weit wie diese im Inland zu wettbewerbsfähigen Preisen gefördert werden können.

Mit den politischen Zielen zur Energiewende und den drei dargestellten Wegen hat die Energiewende genügend Orientierung. Es kann darauf verzichtet werden, einen detaillierten Plan für die nächsten 35 Jahre zu entwickeln. Wir brauchen keinen Plan der Sekundenscharf und Millimetergenau vorschreibt, was, wann und von wem zu tun ist, um die Herkulesaufgabe Energiewende bis 2050 vollendet zu haben. Durch so manchen Energieexperten und Politiker entsteht in der öffentlichen und politischen Debatte der Eindruck, dass dies genau so geschehen sollte, damit die Energiewende ein Erfolg wird. Dies ist falsch. Die Ziele und die Wege sollten vielmehr ein Handlungs- und Orientierungsrahmen sein, auf dem aufgebaut wird.

Es braucht daher keinen detaillierten Plan, sondern Leitplanken und konkrete Vorschläge für die nächsten richtigen Schritte. Ein solcher Plan im Sinne langfristiger, detaillierter Vorgaben für alle denkbaren Felder der Klima- und Energiepolitik, wäre das Papier nicht wert, auf dem er geschrieben würde. Nicht etwa, weil ein solcher Plan am Tag seiner Veröffentlichung falsch wäre, sondern weil er sich am Tag nach seiner Veröffentlichung bereits überholt haben könnte und spätestens nach wenigen Jahren definitiv überholt sein wird.

Die Energiewende muss ein Suchprozess bleiben dürfen, in dem um die besten Lösungen in Politik, Wirtschaft und Wissenschaft gerungen wird. Sie muss ein Suchprozess bleiben dürfen, bei dem sich im Wettbewerb der Ideen und Innovationen solche Lösungen herausbilden, die von der Gesellschaft, den Menschen und damit den Energiekunden akzeptiert werden. Und sie muss ein Suchprozess bleiben dürfen, weil wir die Möglichkeiten zukünftiger Technologien heute niemals kennen können. Die öffentlich zu diskutierende Frage zur Energiewende darf daher nicht mehr lauten „Wo ist der detaillierte Plan?", sondern vielmehr „Was sind die nächsten richtigen Schritte?" – und davon gibt es eine ganz Reihe.

Fossile Primärenergien

Die Energiewende ist in den Köpfen der Menschen mit dem Ausstieg aus der Kernenergie und vielleicht noch mit dem Ausbau der erneuerbare Energien verbunden. Die zukünftige Bedeutung der fossilen Primärenergien spielt hingegen in der Wahrnehmung der Bürgerinnen und Bürger keine Rolle. Aber ohne fossile Energieträger wird Deutschland auch in 2050 nicht auskommen. Die Politik weiß dies, verschweigt dies aber gern, da dies beim Wähler nicht gut ankommt.

Die Welt wird auf unabsehbare Zeit nicht auf fossile Primärenergieträger verzichten können und wollen. Alle Prognosen zeigen einen kontinuierlichen Anstieg des Verbrauchs fossiler Primärenergien. Gerade die stark wachsenden Länder China und Indien werden immer mehr auf Importe dieser Energierohstoffe angewiesen sein. Ihr Rohstoffhunger wird so groß sein, dass er die Mengenströme und Preisentwicklungen an den globalen Rohstoffmärkten bestimmen wird. Die Länder, die diesem Rennen nicht ausgeliefert sein wollen, müssen eine eigene Rohstoffstrategie haben, die auch zu importierende Energierohstoffe abdeckt.

Für Deutschland ist es richtig, sich in diesem globalen Wettrennen auf die einheimischen, fossilen Energieträger zu konzentrieren und sich gleichzeitig so weitgehend wie möglich von ausländischen Energierohstoffen unabhängig zu machen. Es gibt Szenarien, in denen sogar die deutsche Steinkohle wieder wettbewerbsfähig sein würde. Diese Szenarien haben allerdings eine sehr niedrige Eintrittswahrscheinlichkeit. Für Braunkohle und Erdgas wird es hingegen eine Zukunft in Deutschland geben, wenn diese Primärenergien zu wettbewerbsfähigen Preisen gefördert werden können. Dies dürfte im Falle der Braunkohle noch viele Jahre der Fall sein, beim Erdgas werden die nächsten Jahre zeigen, ob inländische Förderung in erheblichem Maße möglich sein wird. In Bezug auf Braunkohle und Erdgas muss sich die deutsche Politik durchringen, auch derzeit unpopuläre Technologien zuzulassen, damit beide Energieträger auch langfristig eine Rolle in der Energieversorgung des Landes spielen können.

Der Abbau und die anschließende Verstromung von Braunkohle in den Revieren Nordrhein-Westfalens und Ostdeutschlands werden weitergehen. Die Vorkommen reichen noch über Jahrzehnte. Die Verstromung ist zu wettbewerbsfähigen Preisen möglich. Es wäre volkswirtschaftlich töricht auf diesen heimischen Energieträger zu verzichten. Die klassische Verstromung von Kohle, d. h. Braunkohle und Steinkohle, in konventionellen Kraftwerken wird insgesamt zurückgehen und der Einsatz von importierter Steinkohle in Kraftwerken wird langfristig nahezu vollständig verschwinden. Die verbleibenden Braunkohlekraftwerke können jedoch auch langfristig Teil des Rückgrates der Stromversorgung in Deutschland sein. Ihre Fähigkeit, Strom kontinuierlich ohne Wetter abhängige Unterbrechungen zu produzieren, wird auch im Stromversorgungssystem der Zukunft unverzichtbar sein.

Die gängige Bezeichnung für solche Anlagen ist bis dato „Grundlastkraftwerke“. Diese Bezeichnung wird die Rolle dieser Erzeugungsanlagen in Zukunft allerdings nicht mehr zutreffend beschreiben. Zum einen werden auch diese Anlagen nicht mehr das ganze Jahr rund um die Uhr mit voller Leistung laufen können. Zum anderen suggeriert die Bezeichnung „Grundlast“ einen Anspruch der Anlagen auf einen bestimmten Bereich des Leistungsbedarfes („Last“) von Kunden. Diese Bezeichnung atmet noch die alten Monopolzeiten in der Stromversorgung aus und ist daher mit der Liberalisierung ohnehin überholt.

Braunkohlekraftwerke werden zudem eine wichtige Stütze für die Systemdienstleistungen in der Stromversorgung sein. Zu den Systemdienstleistungen zählt insbesondere die Frequenzhaltung, mit der im Stromversorgungssystem eine Wechselstrom Frequenz von exakt 50 Hz eingehalten wird. Die Zuverlässigkeit und die Qualität jedes Stromversorgungssystem hängt nicht zuletzt von seiner Fähigkeit ab, Stromerzeugung und Strombedarf Millisekunden genau in Ausgleich zu bringen. Daran wird sich auch in 35 Jahren nichts ändern und genau dazu braucht es die Frequenzhaltung. Braunkohlekraftwerke sind in der Lage, für die Frequenzhaltung einen unverzichtbaren Beitrag zu leisten, und zwar 365 Tage im Jahr.

Der Nachteil der Braunkohle ist ihre hohe CO_2 Fracht. Braunkohle trägt unter den fossilen Primärenergien die mit Abstand höchste Kohlenstoffbelastung. Auch bei noch so effizienten Stromerzeugungsanlagen auf Braunkohlebasis sind die CO_2 Emissionen bereits in mittelfristiger Zukunft inakzeptabel hoch. Das beim Einsatz der Braunkohle freiwerdende CO_2 darf nicht oder wenn, dann nur zu einem geringen Teil, in die Atmosphäre gelangen. Dafür muss eine Lösung gefunden werden, die den Einsatz von Braunkohle auch langfristig im Sinne der Klimaverträglichkeit verantwortbar macht.

Technologien, um genau dies zu leisten, sind verfügbar. Wir wissen heute schon, wie dies grundsätzlich geht, allerdings wurde es großtechnisch noch nicht realisiert. Dies ist eine globale Herausforderung und nicht nur eine Deutsche. Wenn die Welt ihre CO_2 Emissionen drastisch reduzieren will, ist es eine Pflicht, CO_2 einzufangen, bevor es in die Atmosphäre gelangt. Es gibt keine seriöse Studie, die aufzeigt, wie globale Klimaziele erreicht werden können, und die gleichzeitig den Einsatz dieser Technologien ausklammert. Die Basis für den Einsatz dieser Technologien würde idealer Weise ein globales Abkommen zur Reduzierung der CO_2 Emissionen bilden, welches zu einem globalen CO_2 Preis führt. Dieser global einheitliche CO_2 Preis kann über ein System zur einheitlichen Besteuerung von CO_2 Emissionen wie auch über einen globalen Emissionshandel erreicht werden.

Bis zu einem globalen CO_2 Preis wird es vermutlich noch viele Jahre dauern. So lange können und sollten wir in Bezug auf die CO_2 Behandlungstechnologien nicht warten. Deutschland kann es sich nicht leisten, nach der Kernenergie eine weitere Schlüsseltechnologie zur Bekämpfung des Klimawandels zu verbieten, denn uns gehen sonst die Optionen aus. Zudem stecken in solchen Technologien auch immer Chancen für die deutsche Industrie, die solche Anlagen entwickelt, plant, baut und betreibt.

Die möglichen Technologien zur Abscheidung, zur Verflüssigung, zum Transport und zur Lagerung von CO_2 müssen in Deutschland weiter erforscht und erprobt werden. Die industrielle Nutzung dieser Technologien muss grundsätzlich möglich sein. Die Beherrschbarkeit der Umweltfolgen muss durch ein strenges, langfristig angelegtes Monitoring nachweisbar sein. Es gibt heute zwar kein gesetzgeberisches Verbot für diese Technologien, faktisch wirken die derzeitigen gesetzlichen Regelungen aber genauso. Dies ist zu ändern. Nach einer industriellen Erprobungsphase ist auf Bundesebene politisch zu entscheiden, ob diese Technologien später kommerziell eingesetzt werden dürfen. Wird dies vom Gesetzgeber zugelassen, entscheidet der Markt, und zwar der CO_2 Markt, über entsprechende Investitionen. Wenn sich die Kosten der Investition in die entsprechenden technischen Anlagen durch einen hohen Preis für CO_2 amortisieren, wird diese Technologie auch eingesetzt.

In Deutschland ist die Hürde für CO_2 Behandlungstechnologien sehr hoch geworden. Dies liegt nicht am mangelnden technischen Fortschritt und liegt auch nicht an Fehlversuchen oder Unfällen, die zu einer so niedrigen Akzeptanz in der Gesellschaft geführt hätten. Es liegt an einem politischen und öffentlichen Prozess, den Deutschland in den letzten Jahren immer wieder durchlaufen hat. Es gibt hinreichend viele Beispiele, die zeigen, wie in Deutschland eine Mobilisierung „gegen“ etwas erfolgreich organisiert werden kann. Die CO_2 Technologien sind hier nur ein weiteres Beispiel.

Diese Entwicklung gilt es umzukehren. CO_2 emittierende Kraftwerke sind nicht „schmutzig“, keine „Dreckschleudern“ oder „Klimakiller“. Wenn sie dies wären, so würde dies im Prinzip auch für hocheffiziente Gas- und Dampfkraftwerke oder für kohlebefeuerte Kraft-Wärme-Kopplungsanlagen gelten. CO_2 ist Bestandteil der Umgebungsluft und macht nicht krank. Menschen emittieren CO_2 und zwar durch Umwandlung des eingeatmeten Sauerstoffs. Diese Fakten erscheinen in der politischen Debatte gleichwohl selten, wenn es um die notwendigen gesetzgeberischen und regulatorischen Rahmenbedingungen geht.

Einzelne Bundesländer können heute diesen wichtigen Teil der Energiewende blockieren, in dem sie die Einlagerung von CO_2 in bestimmten Gesteinsformationen verhindern. Allein dass diese Blockademöglichkeit geschaffen wurde, war ein politischer Fehler. Die Blockadeoption für die Länder wird dazu führen, dass sie auch genutzt wird. Keine Landesregierung wird ihren Wählern erklären können, dass eine solche Option zwar existiert, sie aber zum Wohle der Energiewende und aus Solidarität zu allen anderen Bundesländern nicht in Anspruch genommen wurde. Man stelle sich vor, diese Option würde vom Gesetzgeber auch für die Endlagerung von nuklearen Abfällen geschaffen. In Windeseile hätten vermutlich alle Landesparlamente Beschlüsse gefasst, die eine Endlagerung radioaktiver Abfälle im eigenen Bundesland ausschließt. So wird es jedenfalls für die Einlagerung von CO_2 kommen. Hier besteht klarer politischer Handlungsbedarf und zwar auf Bundesebene.

Die gesetzgeberischen Vorgaben für Technologien zur CO_2 Behandlung sind im Übrigen ein gutes Beispiel für ein Kernproblem zur Gestaltung der Energiewende. Kurz gefasst, lautet das Problem: Viele Köche verderben den Brei! Das Problem liegt nicht nur bei den verteilten Kompetenzen zwischen Bundesumwelt- und Bundeswirtschaftsministerium. Jedes Bundesland macht seine eigene Energiewende und fast jede Kommune ebenso. Gerade bei Projekten von überregionaler oder sogar nationaler Bedeutung muss dies schief gehen. Die CO_2 Behandlungstechnologien sind ein Beispiel. Es gibt die klare Notwendigkeit, dass gesetzgeberische Kompetenzen zur Gestaltung der Energiewende an den Bund abgegeben werden müssen und zwar für eine begrenzte Zahl bestimmter Einzelprojekte. Die CO_2 Thematik gehört dazu und bestimmte Technologien für den zweiten wichtigen fossilen Primärenergieträger der Energiewende, das Erdgas, auch.

Erdgas wird die unverzichtbare Wunderwaffe der Energiewende sein. Erdgas bringt alle Eigenschaften mit, die bestens zu gebrauchen sind. Das Wichtigste zuerst: Deutschland hat den großen Vorteil über hinreichend viele Gesteinsformationen zu verfügen, in denen Erdgas in großen Mengen gespeichert werden kann. Diese liegen vornehmlich in Norddeutschland. Heute sind es immerhin bis zu ca. 20 % des gesamten, deutschen Jahresverbrauches, der zwischengelagert werden kann.

Die Erdgasspeicher werden derzeit zur Stabilisierung der Erdgasversorgung eingesetzt. Sie dienen dem Ausgleich zwischen einem über das Jahr temperaturbedingt, schwankenden Verbrauch und dem vergleichsweise konstanten Zufluss über Erdgaspipelines aus den Herkunftsländern; die bedeutendsten sind Russland und Norwegen. Transportüberschüsse im Sommer werden in den Speichern eingelagert und im Winter zur Stabilisierung der Erdgasversorgung genutzt, so die prinzipielle Funktionsweise der Erdgasspeicher. Energiespeicherung wird ein zentrales Thema der Energiewende sein. Das von Wind und Sonne abhängige Angebot an regenerativen Energien wird dauerhaft schwanken. Dieses schwankende Angebot muss ausgeglichen werden, dazu braucht es Energiespeicher. Kein anderes Medium bietet sich zur Lösung der Speicherprobleme so überzeugend an wie Erdgas.

Erdgas ist leicht und in großen Mengen transportierbar und bei Verbrennung emittiert es relativ wenig CO_2. Es kann zur direkten Erzeugung von Wärme oder aber in Gaskraftwerken auch zur Erzeugung von Strom eingesetzt werden. Der Einsatz zur Stromerzeugung ist nicht nur in großtechnischen Anlagen wirtschaftlich, sondern auch in kleinen und vermutlich irgendwann auch in kleinsten Anlagen zur Stromerzeugung. Erdgas kann für zentrale, aber auch für dezentrale Stromerzeugung eingesetzt werden. Erdgas kann aus verschiedenen Quellen kommen und doch über das gleiche Transport- und Verteilungssystem vom Ort der Gewinnung zum Ort des Verbrauches gebracht werden. Es kann aus dem fernen Ausland über Transportleitungen nach Deutschland strömen. Es kann aus deutscher Förderung, aus Biogasanlagen und aus der Methanisierung von Wasserstoff stammen. Die Reihenfolge der vorgenannten Gasquellen entspricht der heutigen Bedeutung.

Heute stammen fast 85 % des in Deutschland verbrauchten Erdgases aus dem Ausland, Tendenz in den letzten Jahren steigend. Dieser Trend muss umgekehrt werden. Der Erdgasverbrauch muss insgesamt sinken. Der überwiegende Anteil des Erdgases muss langfristig in Deutschland exploriert und gefördert werden bzw. produziert werden. Die Produktion kann in Form von Biogas aus Biomasse, in Form von Wasserstoff aus Elektrolyse oder in Form von synthetischem Erdgas aus methanisiertem Wasserstoff geschehen.

Um dieses Ziel zu erreichen, kann Deutschland nicht auf die Erforschung und Erprobung von Technologien zur Ausbeutung von sogenanntem unkonventionellem Erdgas verzichten. Unkonventionelles Gas kann durch neue Produktionstechnologien gefördert werden. Die Technologien verbinden komplexe, abgelenkte Horizontalbohrungen in großer Tiefe mit dem Aufbrechen von tiefliegenden Gesteinsformationen, in denen Erdgas gebunden ist. Die unkonventionelle Revolution hat ihren Siegeszug in den USA bereits begonnen, mit durchschlagendem Erfolg auf ein sinkendes Preisniveau für Erdgas und Strompreise und mit erheblicher Wirkung auf eine steigende Importunabhängigkeit der USA. Diese Technologien und die damit verbundenen Innovationen müssen wir auch in Deutschland ausnutzen.

Das Anbohren und Ausbeuten geeigneter Gesteinsformationen, aus denen Erdgas gewonnen werden kann, muss durch den Gesetzgeber zunächst zur Erprobung ermöglicht werden. Über solche Erprobungen ist herauszufinden, ob diese Technologien hinsichtlich ihrer nachhaltigen Auswirkungen auf die Umwelt vertretbar sind. Falls ja, muss der Weg für eine kommerzielle Nutzung freigemacht werden. Auch hier gilt, dass es sich Deutschland nicht leisten kann, auf eine solche Innovation zu verzichten, ohne sie überhaupt zu erproben. Regulierung, behördliche Aufsicht und eine strenge betriebliche Überwachung muss jede Erprobungsphase und jede anschließende kommerzielle Nutzung begleiten. Es sind höchste Anforderungen an die Ausbeutung dieser Erdgasvorkommen zu stellen. Gleichwohl muss eine Ausbeutung möglich sein, wenn sie trotz aller, selbstverständlich zu erfüllenden Umweltauflagen kommerziell Sinn macht.

Die zweite wichtige Herkunftsquelle für (Erd-)Gas wird Biogas sein. Die Umwandlung von Biomasse in Biogas und die Einspeisung von aufbereitetem Biogas in die existierenden Gasnetze ist heute schon Stand der Technik. Der Anteil von Biogas an der gesamten, in deutsche Netze eingespeisten Gasmenge ist heute noch sehr gering, gleichwohl mit hohen jährlichen Steigerungsraten. Die Ziele der Bundesregierung sind ehrgeizig; bis 2030 soll Biogas mehr als 10 % beitragen. Klar ist, dass die Wettbewerbsfähigkeit von Biogas mit dem CO_2 Preis steht und fällt. Nur bei einem entsprechend hohem CO_2 Preis und einer fortgesetzten Lernkurve zur Reduzierung der Herstellungskosten wird Biogas langfristig wettbewerbsfähig sein.

Die dritte, erst langfristig relevante Herkunftsquelle als gasförmiger Brennstoff wird Wasserstoff sein. Aus heutiger Perspektive erscheint dies wie ein Widerspruch, dass Wasserstoff einen Beitrag zur Reduzierung der CO_2 Emissionen leisten kann. Heute wird Wasserstoff fast ausschließlich aus Erdgas erzeugt. Der Umwandlungsprozess wird als Dampfreformierung bezeichnet und wandelt Erdgas in Wasserstoff und als Nebenprodukt in CO_2 um. Wasserstoff kann zum Gelingen der Energiewende also nur beitragen, wenn er nicht aus einem Dampfreformer stammt, sondern aus einer Elektrolyse. In der Elektrolyse wird Wasser unter Einsatz von elektrischer Energie in Wasserstoff und Sauerstoff zerlegt. Dieser so hergestellte Wasserstoff ist CO_2 emissionsfrei, im Gegensatz zu dem aus einem Dampfreformer stammenden Wasserstoff.

Die Elektrolyse ist dem Dampfreformer hinsichtlich seiner Wasserstoff Produktionskosten heute allerdings um Größenordnungen unterlegen. In keinem großtechnischen Industrieprozess wird der notwendige Wasserstoff heute über Elektrolyse hergestellt. Zwei Faktoren werden dies in Zukunft ändern. Zum einen wird ein steigender Preis für CO_2 den Dampfreformerprozess teurer und die Elektrolyse damit wettbewerbsfähiger machen. Und zum anderen wird die bei der Elektrolyse eingesetzte elektrische Energie in Zukunft deutlich günstiger werden. Auch dies erscheint bei erstem Blick nicht plausibel, erklärt sich aber aus einer veränderten Funktionsweise des Stromversorgungssystems und der Strommärkte in der Zukunft. Darauf wird noch einzugehen sein.

Steigende CO_2 Preise werden Wasserstoff aus Dampfreformern teurer und sinkende Stromeinstandspreise werden Wasserstoff aus Elektrolyse preiswerter machen. Ob dies langfristig ausreichend sein wird, um auch die großtechnische Wasserstoffproduktion in Chemieparks auf Elektrolyse umzustellen, kann dahin gestellt bleiben. Dort werden jedenfalls die ersten großen Elektrolyseure nicht gebaut. Diese werden an strategischen Punkten vermutlich in Norddeutschland gebaut. Dort, wo der Zugang zu hinreichend leistungsstarken Gastransportnetzen gegeben ist und wo die Stromanschlussleitungen der seegestützten Windparks aus der Nord- und Ostsee ankommen. Hier ist der richtige Platz für die Elektrolyseure. Hier können Sie Windstrom in Wasserstoff umwandeln und diesen Wasserstoff direkt in Erdgasnetze einspeisen.

Wasserstoff kann vermutlich bis zu einem Anteil von ca. 10 % direkt in Erdgasnetze eingespeist werden. Für eine höhere Beimischung müsste der Wasserstoff methanisiert werden. Das bedeutet, dass über einen verfahrenstechnischen Prozess CO_2 und Wasserstoff zu Methan, also zu synthetischem Erdgas, aufbereitet wird. Doch das ist so lange Zukunftsmusik, so lange die Möglichkeit der Beimischung von Wasserstoff nicht ausgeschöpft ist.

Die Elektrolyseure an Deutschlands Küsten werden eine Reihe von Problemen lösen. Zunächst werden sie den notwendigen Ausbau der Stromnetze reduzieren. Kommt es tatsächlich zu einem Ausbau der Windkraft auf hoher See mit mehreren 10.000 MW installierter Leistung, braucht dies gleichzeitig auch einen entsprechenden Netzausbau an Land. Der Netzausbau an Land ist heute schon eine immer größer werdende Herausforderung. Die gesellschaftliche Akzeptanz dieser Stromautobahnen sinkt vor Ort mit jeder neuen Leitung. Wenn ein Teil des Windstroms nicht über Stromnetze, sondern indirekt über Gasnetze transportiert werden kann, dann wird dies helfen. Es wird eine integrierte betriebswirtschaftliche Optimierung brauchen, um zu berechnen, wie viel Windstrom über Stromnetze und wie viel über Gasnetze zu transportieren sein wird. In dieser Optimierungsfrage wird auch der zweite Aspekt des eingespeisten Wasserstoffs eine Rolle spielen: Die notwendige Speicherung von Windstrom über den Wasserstoffumweg.

Es wird noch sehr lange dauern, bis Wasserstoff ein relevanter Faktor für die Energiewende ist. Gleichwohl macht es Sinn sich mit den Möglichkeiten heute schon zu beschäftigen. Zwei mögliche, heute nur schwer abzuschätzende Entwicklungen können dazu führen, dass Wasserstoff schon früher und nicht erst sehr langfristig eine Option für die Energiewende ist. Zum einen kann ein verschleppter Ausbau der Stromtransportnetze beschleunigend für eine Wasserstoffwirtschaft wirken. Stehen keine Stromnetze zur Verfügung und geht der Ausbau der seegestützten Windkraft gleichwohl voran, könnte überschüssige, nicht weitergeleitete elektrische Energie in Wasserstoff umgewandelt werden. Zum anderen kann der Einsatz von Wasserstoff als Antriebsenergie im Verkehrssektor zu einer vollkommen veränderten Nachfrage nach Wasserstoff führen. Dieser Wasserstoff muss allerdings aus Elektrolyse stammen. Sonst wird sich der Vorteil einer deutlichen Reduzierung der CO_2 Emissionen nicht realisieren lassen. Erst mit Wasserstoff aus Elektrolyse als Antriebsenergie werden Fahrzeuge CO_2 frei angetrieben. Ansonsten hätte auch direkt Erdgas eingesetzt werden können. Die höheren Anforderungen an niedrige CO_2 Emissionen im Verkehrssektor und eine mögliche Verfügbarkeit entsprechender Technologien, wie zum Brennstoffzellen, können also ebenfalls beschleunigend auf den Aufbau einer Wasserstoffwirtschaft wirken.

Die Umsteuerung auf Braunkohle und Erdgas als zentrale fossile Primärenergieträger für Deutschland heißt nicht, dass Erdöl und Mineralölprodukte sowie Steinkohle und Steinkohlenprodukte in Deutschland verboten werden sollten. Natürlich werden diese Primärenergien nicht vollständig und schon gar nicht in den nächsten Jahren verdrängt werden können. Die Richtung muss nur grundsätzlich klar sein und wann immer möglich muss der Gesetzgeber Anreize schaffen, die zu einer entsprechenden Substitution führen. Auch in Deutschland werden folglich auch im Jahre 2050 Steinkohle und Erdöl eingesetzt. Der Anteil dieser beiden, im Wesentlichen importierten Primärenergieträger liegt im Jahre 2010 zusammen bei 46 %. Es muss ein vorrangiges Ziel sein, dass dieser hohe Anteil bis zum Jahre 2050 auf einen einstelligen Prozentsatz gedrückt wird.

Die Regenerativen

Die Ziele der Bundesregierung für das Jahr 2050 weisen den regenerativen Energiequellen eine bedeutendere Rolle für die Energieversorgung in Deutschland zu als den fossilen Primärenergien. Die wichtigsten regenerativen Energieträger werden, in der Reihenfolge ihrer Bedeutung, die Windkraft, die direkte Nutzung der Solarstrahlung, Biomasse und die Wasserkraft sein. Weitere regenerative Energien mögen zusätzliche Beiträge liefern, hier ist vor allem die Geothermie zu nennen. Wie hoch der langfristige Beitrag der Geothermie sein kann, lässt sich heute schwer abschätzen.

Die Wasserkraft ist gemeinsam mit der Windkraft eine der ältesten regenerativen Energiequellen. Die Kraft des Wassers wird heute nahezu ausschließlich zur Erzeugung elektrischer Energie genutzt. Die frühen Formen der Anwendung der Wasserkraft als mechanische Antriebsenergie finden heute nur noch in Museen oder als Touristenattraktion statt. Wasserkraft ist bei den Menschen als saubere Energiequelle hoch akzeptiert, übrigens auch, weil in der Regel Wasserkraftnutzung und Hochwasserschutz Hand in Hand gehen.

Die Nutzung der Wasserkraft als regenerative Energiequelle ist zu unterscheiden, von der Nutzung der Wasserkraft zur indirekten Speicherung von Strom. Das Prinzip der Wasserkraft ist für beide Anwendungsfälle gleich. Aus einem Oberbecken wird Wasser in ein Unterbecken abgelassen. Der Höhenunterschied zwischen den beiden Becken wird als Strömungsgefälle genutzt, um Wasserturbinen anzutreiben. Regenerativ ist der Strom solcher Kraftwerke nur, wenn natürliche Zuflüsse dem Oberbecken Wasser zuführen. Wird das Oberbecken hingegen gefüllt, in dem Wasser aus einem Unterbecken in ein Oberbecken gepumpt wird, so wird zunächst elektrische Energie verbraucht. Mit den gleichen Wassermengen kann zwar später wieder elektrische Energie produziert werden, die so produzierten Strommengen sind aber nicht regenerativ.

An der Frage, ob der Zulauf des Oberbeckens natürlich ist oder nicht, könnte im Grunde jedes Kraftwerk hinsichtlich seines regenerativen Beitrages klassifiziert werden. Unübersichtlich wird es allerdings, weil es zusätzlich Mischformen gibt. Dort werden die Oberbecken teilweise durch natürliche Zuläufe gespeist und teilweise durch das Hochpumpen von Wasser aus einem niedriger liegenden Unterbecken.

In den offiziellen Statistiken zur Bilanzierung von Energieströmen wird diesen Umständen Rechnung getragen. So finden sich in der Energiestatistik für das Jahr 2010 insgesamt ca. 27 Mio. Megawattstunden an elektrischer Energie aus Wasserkraft. Das sind die tatsächlichen Produktionsmengen aus Wasserkraftwerken in Deutschland. Davon sind aber nur ca. 21 Mio. Megawattstunden regenerativ. Die Differenz von 6 Mio. Megawattstunden berücksichtigt, dass ein erheblicher Teil der Stromproduktion aus Wasserkraftwerken durch eine nicht natürliche Befüllung der Oberbecken möglich wurde. Die Statistik weist folglich auch den Stromproduktionsanteil aus, der zur indirekten Speicherung von Strom genutzt wird.

In Bezug auf Wasserkraft kann die Energiewende nicht auf deutlich höhere Beiträge aus dieser Energiequelle hoffen. Aus zukünftigen Effizienzsteigerungen durch die Erneuerung älterer Anlagen und neue Kleinanlagen kann ein moderates Wachstum der Wasserkraftnutzung entstehen. Einen substantiell höheren Anteil könnte die Wasserkraft allerdings nur bei massiven Eingriffen in die Natur beitragen. Nur auf Kosten solcher Eingriffe könnten zusätzliche Laufwasser- oder Speicherkraftwerke gebaut werden. Dies ist auch in Zukunft kaum vorstellbar.

Ausländische Wasserkraft, gerade aus den benachbarten Ländern Österreich und der Schweiz, liefert heute schon einen Beitrag zur Stromversorgung in Deutschland. Gleichwohl ist nicht zu erwarten, dass im Ausland für Deutschland Wasserkraftwerke nutzbar gemacht werden oder sogar gebaut werden, damit die Deutschen ihren Anteil an regenerativer Wasserkraft erhöhen können. Die Stromgeschäfte mit dem benachbarten Ausland sind in aller Regel bilaterale Tauschgeschäfte zum gegenseitigen Nutzen. Die deutschen Partner stellen ihren thermischen Kraftwerkspark für trockenere Zeiten zur Verfügung, während die ausländischen Partner ihre Überschüsse aus Wasserkraftwerken vermarkten. Ein zusätzliches Geschäft hat sich mit den Nachbarländern aus der Bereitstellung von Systemdienstleistungen ergeben. Dies hilft u. a. zur Stabilisierung der Netzfrequenz im Stromversorgungssystem, erhöht aber ebenso nicht den Anteil der regenerativen Stromerzeugung in Deutschland.

In der Energiebilanz der Wasserkraft wird die indirekte Speicherung von Strom über Pumpspeicherwerke in der bereits beschriebenen Weise erfasst. In Deutschland sind in 2012 ca. 7000 MW an Leistung in Pumpspeicherwerken installiert. Diese Pumpspeicherwerke produzieren jährlich ca. 6 Mio. Megawattstunden elektrische Energie. Wenn die Jahresproduktion durch die installierte Leistung dividiert wird, ergeben sich die Volllaststunden der Pumpspeicherwerke. Sie liegen demnach bei weniger als 900 h pro Jahr. Dies entspricht in etwa 10 % der Jahresstunden und weist auf den eigentlichen Verwendungszweck der Anlagen hin. Pumpspeicherwerke sind keine regenerativen Energiequellen, sondern vielmehr die bislang effizienteste Form der kurzfristigen und indirekten Speicherung von elektrischer Energie. Im Pumpbetrieb verbrauchen Pumpspeicherwerke Strom; der Speicher wird beladen. Im Turbinenbetrieb erzeugen Pumpspeicherwerke Strom; der Speicher wird entladen. Die Oberbecken von Pumpspeicherwerken verfügen zumeist nur über Speichervolumen, die im Turbinenbetrieb der Kraftwerke bereits in wenigen Stunden entleert sind. Dies belegt das nur geringe Energiespeichervolumen, welches durch diesen Kraftwerkstyp zur Verfügung gestellt wird.

Für eine mittel- oder sogar langfristige Speicherung größerer Energiemengen sind Pumpspeicherwerke völlig ungeeignet. Gleichwohl wird ein weiterer Ausbau von Pumpspeicherwerken notwendig sein. Der Bedarf an kurzfristiger, d. h. über Stunden oder Tage, indirekter Speicherung von Strom wird steigen. Die Stilllegung von Kernkraftwerken wird zudem die heute noch am Netz befindliche flexible Leistung zur Spannungs- und Frequenzstabilisierung absehbar reduzieren. Auch hier sind Pumpspeicherwerke geeignet einzuspringen. Für diesen Anwendungsfall wäre es denkbar, dass überschüssiger Windstrom in norwegischen Speichern (indirekt) gelagert wird und bei Bedarf wieder entnommen werden kann. Diese technische Lösung würde aber im Wettbewerb mit anderen Lösungen der direkten und indirekten Stromspeicherung stehen. Ob sich also aus kurzfristigen Strompreisdifferenzen im deutschen Strommarkt Transportleitungen nach Norwegen und zusätzliche Speicherkraftwerke in Norwegen finanzieren lassen, sollte wenigstens mit einem Fragezeichen versehen werden.

Die Wasserkraft wird einen stabilen, aber nicht wachsenden Anteil an der regenerativen Stromerzeugung bereitstellen wird. Für die in einem Stromnetz unverzichtbaren Systemdienstleistungen wird die Wasserkraft langfristig eine noch bedeutendere Rolle übernehmen müssen. Der Ausbau von Pumpspeicherwerken steht damit schon kurzfristig auf der Agenda der Energiewende, da eine Projektentwicklung und -realisierung 10 Jahre und länger in Anspruch nehmen kann.

Die bedeutendste regenerative Energiequelle für die deutsche Energiewende ist die Windkraft. In den Jahren 2002 bis 2011 ist die landgestützte Windkraft relativ konstant mit durchschnittlich knapp über 2000 MW installierter Leistung gewachsen. Das Wachstum der Windkraft wird sich in Zukunft auf den land- und seegestützten Ausbau der Windkraft aufteilen, ein jährlicher Zuwachs von durchschnittlich zwischen 2000 und 3000 MW pro Jahr ist wenigstens für die Zeit bis 2030 plausibel. Selbst bei einem anschließend nur noch moderaten Wachstum erreicht die gesamte installierte Leistung der Windkraft in 2050 mehr als 10.0000 MW und liefert so einen Betrag von mehr als 200 Mio. Megawattstunden für die Stromversorgung.

Gegenüber dem Stand Ende 2012 muss die installierte Leistung bis 2050 folglich mindestens verdreifacht werden. Dies kann durch eine ganze Reihe von Maßnahmen erreicht werden, nur durch die Ausweisung und Bebauung neuer Standorte wird es nicht gehen. Windkraftanlagen auf dem Festland müssen zukünftig höher gebaut und in ihrer Effizienz gesteigert werden. Gleichzeitig müssen die Anlagen an besonders windreichen Standorten errichtet werden. Für neue Windkraftanlagen muss eine Phase des Wettbewerbs um die besten Standorte eingeleitet werden, wenigstens so lange es noch ein EEG oder irgendeine andere Form der staatlichen Förderung der Windkraft gibt. Jede Förderung muss zukünftig auf diese Ziele ausgerichtet sein.

Einen beträchtlichen Anteil am Zuwachs der Windkraft muss der Ersatz von Altanlagen durch Neuanlagen bringen. Diese sind leistungsstärker und effizienter, d. h. die installierte Leistung einer neuen Anlage übersteigt die der alten Anlage und die Ausbeute pro installierter Leistungseinheit aus der neuen Anlage übersteigt die Ausbeute der alten Anlage ebenfalls. In den nächsten 35 Jahren werden alle, bis Ende 2012 installierte Windkraftanlagen das Ende ihrer technisch-wirtschaftlichen Nutzungsdauer erreicht haben. Jede Windkraftanlage kann folglich in den nächsten 35 Jahren ersetzt werden. An manchen Standorten könnte es sogar zu einer zweimaligen Erneuerung der Anlage bis 2050 kommen. In 2050 wird die durchschnittlich installierte Leistung einer Windkraftanlage bei über 4 MW pro Anlage liegen. Zum Vergleich: Der Mittelwert der neuinstallierten Windkraftanlagen über den Zeitraum von 2010 bis 2012 liegt bei deutlich mehr als 2 MW.

Entscheidend für eine erfolgreiche weitere Entwicklung der Windkraft wird die zukünftige Kostenentwicklung der Windkraftanlagen sein. Die Investitionskosten von Windkraftanlagen müssen weiter sinken, um gegenüber anderen Formen der Stromerzeugung wettbewerbsfähig zu werden. In 2020 wird die Windindustrie über drei Jahrzehnte durch staatlich festgesetzte Vergütungen auf der Grundlage des Einspeisegesetzes bzw. des EEG gefördert. Spätestens dann muss auf staatlich festgelegte Vergütungen für den eingespeisten Strom verzichtet werden können. Dazu sind weitere technologische Entwicklungen und Innovationen notwendig. Der perspektivische Verzicht auf Einspeisevergütungen unterstellt allerdings einen wirkungsvollen CO_2 Emissionshandel. Nur so kann ein betriebswirtschaftlich vernünftiger Vergleichsmaßstab hinsichtlich der Wirtschaftlichkeit und Wettbewerbsfähigkeit für die Windkraft definiert werden.

Neben dem landgestützten Ausbau und dem Ersetzen von Altanlagen durch Neuanlagen wird der Ausbau auf hoher See ein weiterer Treiber für einen steigenden Anteil der Stromerzeugung aus Windkraft sein. Es gibt bestehende Raumplanungen in der Nord- und Ostsee, einige Standorte sind entwickelt, die Netzverbindungen der zukünftigen Windparks sind geplant, teilweise im Bau oder schon realisiert. Diese Vorhaben müssen schon aus Gründen des Vertrauensschutzes gegenüber den Investoren zu einem erfolgreichen Ende geführt werden.

Die Entscheidung, die seegestützten Windparks außerhalb der Sichtweite der Küsten zu platzieren, war zwar politisch klug, um die Akzeptanz in den küstennahen Regionen für diese Technologie nicht zu gefährden. Es ist allerdings eine teure, politische Entscheidung, die mittelfristig korrigiert werden sollte. Die Stromproduktion aus einer leistungsgleichen Windkraftanlage ist auf hoher See ungefähr doppelt so hoch, wie an einem landgestützten, nicht küstennahen Standort. Das macht seegestützte Windkraftnutzung wirtschaftlich attraktiv. Ein vergleichbarer Produktivitätsvorteil kann aber auch erzielt werden, wenn Windkraftanlagen zwar seegestützt, aber küstennah, d. h. im flachen Wasser aufgestellt werden. Der Vorteil: bei gleich guter Ausbeute sind die Investitionskosten in küstennahen Gewässern deutlich niedriger.

Zwei Faktoren treiben die Kosten für Hochsee Windkraft gegenüber landgestützten bzw. küstennahen Windkraftanlagen nach oben. Die erheblichen Wassertiefen verteuern die gesamte Logistik, Montage und Inbetriebsetzung sowie insbesondere den Aufwand für die Fundamente und Gründung der Windkraftanlagen. Folgerichtig hat der Gesetzgeber die Einspeisevergütungen für seegestützte Windparks im EEG ungefähr doppelt so hoch angesetzt, wie bei landgestützten Anlagen. Wären die Einspeisevergütungen niedriger, gäbe es keine Investoren.

Ein weiterer signifikanter Kostentreiber steckt in den teuren Netzanbindungen der Hochseewindparks. Die Stromableitungen von Windparks müssen zunächst an aufwändigen Plattformen auf hoher See zusammengeführt werden und von dort über lange, am Meeresgrund verlegte Kabelstrecken mit dem Netz auf dem Festland verbunden werden. Die Kosten für die Anschlüsse der Windparks an das Stromnetz werden heute über die Netzentgelte auf die Kunden umgelegt. Die wahren Folgekosten der Hochseewindparks tauchen nicht in der EEG Umlage auf und sind damit für die Verbraucher nicht transparent. Hohe Einspeisevergütungen und hohe Netzanbindungskosten kennzeichnen den Aufbau der Windkraft auf hoher See.

Dies muss so nicht sein. Die Politik kann einen erheblichen Beitrag zur Kostenreduzierung der Energiewende leisten, indem sie küstennahe Standorte zulässt. Natürlich wird dies Fragen nach der Akzeptanz beim Wähler und speziell den betroffenen Bürgern auslösen, insbesondere nachdem bislang ein anderer

Weg gewählt wurde. Dies ist politisch nicht leicht zu vermitteln. Gleichwohl müssen neue, küstennahe Lösungen gefunden werden, die höchste Anforderungen an den Umweltschutz in den vielen sensiblen Naturschutzgebieten erfüllen.

Der öffentliche Widerstand gegen einen solchen Schritt wird groß sein. Die Gegenargumente sind bekannt, nicht alle sind stichhaltig. Das beste Argument für küstennahe Windkraft liefern unsere europäischen Nachbarn. Sie zeigen uns, wie diese Herausforderung gemeistert werden kann. Auch in den europäischen Nachbarländern gibt es an den Küsten Naturschutzgebiete, Tourismus, Fischerei und Schifffahrt. Kein anderes Land leistet sich jedoch einen ähnlichen Luxus und verlegt die Standorte von seegestützten Windparks so weit entfernt von der Küstenlinie.

Windkraft, sowohl in Form von land- wie auch seegestützten Windparks, wird eine immer zentralere Form der Stromerzeugung. Mit dezentraler Stromversorgung hat Windkraft nichts mehr zu tun. Die seegestützten Windparks werden großtechnische Anlagen sein. Die landgestützten Anlagen durchlaufen bereits seit Jahren einen technologischen Prozess zu immer größeren Kraftwerkseinheiten, um weitere kostensenkende Skaleneffekte zu generieren. So bleiben Investitionskosten niedrig und die Stromproduktion an guten Standorten hoch. Die Windkraft geht damit den Weg, den historisch auch konventionelle Großkraftwerke gegangen sind. Die einzelnen Windkraftanlagen werden immer größer, höher und leistungsstärker, und sie werden zu immer größeren Windparks zusammengeschaltet.

Grundsätzlich bietet Windkraft auch ein Potential für dezentrale Stromerzeugung. Solche Windkraftanlagen bewegen sich im Kilowatt Bereich und könnten kundennah vorzugsweise im ländlichen Raum eingesetzt werden. Das Ziel müsste primär die Verdrängung von Strombezug sein. Bislang hat noch keine Technologie eine Kostenschwelle erreicht, um wirtschaftlich auch nur annähernd vor dem Durchbruch zu stehen. Es ist heute schwer abzuschätzen, ob dezentrale Windkraft zur Energiewende beitragen wird oder ob es sich hierbei dauerhaft um eine Nischenlösung handeln wird.

Im Gegensatz zur Windkraft ist Photovoltaik beliebig skalierbar. Dies ist ein Vorteil, den es in den nächsten Jahren auszunutzen gilt. Über die Förderung der Photovoltaik in Deutschland ist viel Richtiges und manch Falsches gesagt worden. Es gibt vieles zu beklagen, was besser hätte laufen können und viele Milliarden Euro an unnötigen Ausgaben hätte einsparen können. Die deutschen Stromkunden werden diese Rechnung in den nächsten Jahren begleichen müssen. Daran lässt sich nichts mehr ändern.

Die Herstellungsprozesse von Photovoltaikmodulen sind in den letzten Jahren eine steile Lernkurve durchlaufen. Die Preise für Solarmodule, also die Halbleitereinheiten, die direkte Sonnenstrahlung in elektrischen Strom umwandeln, sind in den Jahren von 2007 bis 2012 um mehr als zwei Drittel gefallen. Für diesen Preisverfall ist eine Reihe von Faktoren verantwortlich.

Der bedeutendste Faktor ist sicherlich die Industrialisierung der Solarindustrie. Diese Industrie operierte vor 10 Jahren noch in einer Nische und ist heute auf höchstem Technologieniveau mit globalen Wertschöpfungsketten. Produktionsstätten sind weltweit verfügbar, eine Zulieferindustrie ist etabliert. Das gesamte Wissen über modernste Produktionstechnik wird in dieser Industrie erfolgreich eingesetzt. Weltweit werden Milliarden Euro Beträge in die Forschung und Entwicklung zur Verbesserung der Technologie gesteckt. Ein Ende der technologischen Entwicklung ist nicht in Sicht und es darf allein aus diesem Grund mit weiteren Effizienzsteigerungen und weiterem Kostensenkungspotential gerechnet werden. Für den Preisverfall über die letzten Jahre ist gleichwohl nicht nur die erstaunliche Lernkurve, sondern auch das Überangebot an weltweiten Produktionskapazitäten für Solarmodule verantwortlich. Schon deshalb ist eine einfache Extrapolation der Preisentwicklung der letzten Jahre in die Zukunft unzulässig.

Die jüngsten Preisentwicklungen machen die Photovoltaik in sonnenreichen Gegenden in Kombination mit ausgewählten Anwendungsfällen zu einer wettbewerbsfähigen Stromerzeugung. Zwei Beispiele: In Regionen mit hoher Solarstrahlung ist Stromerzeugung aus Photovoltaik günstiger als Stromerzeugung aus Dieselgeneratoren. Dieselgeneratoren sind in vielen Ländern übliche dezentrale Stromerzeugungsanlagen, besonders in Entwicklungsländern, wenn keine Netze vorhanden sind, oder in anderen Anwendungsfällen, in denen die Netzinfrastruktur weit entfernt ist. Aber nicht nur bei dezentralen Anwendungen ist Photovoltaik zunehmend wirtschaftlich interessant. An sonnenreichen Standorten, an denen Kraftwerke mit Öl betrieben werden, lohnt sich die Investition in Photovoltaik ebenfalls. Die Investitionskosten in Photovoltaik finanzieren sich aus dem ersparten Brennstoffeinsatz, wenigstens bei Ölpreisen jenseits von 100 US$ pro Barrel.

In vielen sonnenreichen Gegenden gibt es im Übrigen noch einen weiteren Grund mehr und mehr auf Photovoltaik zu setzen. Diese Regionen haben in aller Regel Herausforderungen bei der Wasserversorgung. Jedes konventionelle Kraftwerk mit einem Wasser-Dampf-Kreislauf braucht große Mengen Wasser. Photovoltaik braucht dies hingegen nicht.

Die Photovoltaik hat ihren Weg zu einer weltweit wichtigen Form der Stromerzeugung gerade erst begonnen. Diese Entwicklung wurde nur durch massive Subventionen möglich und bezahlt werden diese maßgeblich durch den deutschen Stromkunden. In sonnenreichen Gegenden wird Photovoltaik weiter Marktanteile an der Stromproduktion gewinnen, auch ohne eine gesetzlich vorgeschriebene Einspeisevergütung. Das EEG oder ähnliche Subventionen können und wollen sich die meisten Länder ohnehin nicht leisten.

Eine Entwicklung, wie sie in den letzten Jahren von der Photovoltaik durchlaufen wird, ist nicht ungewöhnlich. Auch andere technologische Innovationen brauchten Jahre oder Jahrzehnte bis sie den Durchbruch schafften. Solche Technologien werden häufig zunächst nur in wenigen Nischensegmenten eingesetzt. Die Protagonisten der etablierten Technologien nehmen das Neue in dieser Phase noch nicht ernst. Solche neuen Technologien werden schrittweise und nicht schlagartig erfolgreich; sie breiten sich langsam mehr und mehr aus, bis sie schlussendlich zu einer vorherrschenden Technologie werden. Der Zuwachs an Bedeutung solcher Technologien verläuft nicht linear, sondern exponentiell.

Rückschauend erscheint die wachsende Bedeutung einer bahnbrechenden Technologie logisch zu sein. Rückblickend finden sich auch jede Menge Experten, die eine entsprechende Entwicklung immer schon vorher gesehen haben. Tatsächlich gibt es allerdings nur wenige gute Prognosen zur Bedeutung zukünftiger Technologien. Gute Beispiele dafür sind das Automobil oder die Mobilfunktelefonie. Auch diese beiden Technologien wurden in ihrer Aufbauzeit abgelehnt und unterschätzt. „Ich glaube an das Pferd. Das Automobil ist nur eine vorübergehende Erscheinung.“, soll Kaiser Wilhelm II einmal mit Blick auf die Zukunftschancen des Automobils gesagt haben. Die Zeit hat den letzten Kaiser der Deutschen widerlegt.

In Deutschland wird die Photovoltaik zu Recht für die stark gestiegene EEG Umlage verantwortlich gemacht. Richtigerweise wurde von den Bundesregierung in den Jahren von 2010 bis 2013 immer wieder bei den Einspeisevergütungen eingegriffen. Die Vergütung wurde wiederholt gesenkt. Bestimmte Vertreter der Solarindustrie haben das jedes Mal scharf kritisiert und im folgenden Jahr wurde gleichwohl wieder ein neuer Rekord an Neuinstallationen von Solarmodulen erreicht.

Die Förderung der Photovoltaik muss schnellstmöglich umgestellt werden und zwar so, dass sie nachhaltig zum Erfolg der Energiewende in Deutschland beitragen kann. Der Nutzen der Photovoltaik liegt in der partiellen Eigenerzeugung von Strom. Die Skalierbarkeit der Solarmodule bieten dazu eine hervorragende Grundlage. Keine andere Stromerzeugungstechnologie kann auch nur annähernd so beliebig skaliert werden. Nur Photovoltaik kann auf den lokalen Strombedarf von Endkunden maßgeschneidert werden. Dies gilt es in deutschen Breitengraden auszunutzen.

Im gleichen Sinne sind Freiflächenanlagen auf der Basis von Photovoltaik, d. h. Anlagen von erheblicher installierter Leistung ohne direkte Anbindung an endverbrauchende Kunden, kritisch zu betrachten. Diese großen Photovoltaik Anlagen können in ihrer Förderung durch das EEG auf das Niveau von landgestützten Windkraftanlagen gekürzt werden. Die Solarindustrie ist reif genug, mit der Windindustrie in einen Wettbewerb um die günstigste Megawattstunde aus erneuerbarer Erzeugung zu treten. Es gibt mittlerweile keinen Grund, die CO_2 freie Megawattstunde aus Photovoltaik über einen gesetzlich festgelegten Preis höher zu vergüten, als die Megawattstunde aus Windkraft. Dem Klima helfen beide CO_2 freien Megawattstunden jedenfalls gleichermaßen.

Einer gleich hohen Vergütung für zentrale Windkraft und zentrale Photovoltaik kann das Argument entgegen gehalten werden, dass die Photovoltaik den Vorteil bietet, Strom immer dann zu produzieren, wenn die Verbraucher ihn brauchen. Der Produktionsverlauf einer Photovoltaik Anlage entspricht in etwa dem im Tagesverlauf zuwachsenden Strombedarf von Endkunden. Insoweit, so wird argumentiert, hätte die Megawattstunde aus Photovoltaik einen höheren Wert als die Produktion aus Windkraft, die üblicherweise nicht mit dem Lastbedarf der Kunde korreliert.

Diesem zutreffenden Argument kann erstens entgegen gehalten werden, dass Wind mit größerer Gleichmäßigkeit weht, als die Sonne scheint. Zweitens produzieren Windkraftanlagen in Wintermonaten mehr Strom als in Sommermonaten. Das passt folglich besser zum saisonalen Strombedarf, der im Winter höher und im Sommer niedriger ist. Dies wären gute Gründe die Stromerzeugung aus Windkraft höher zu vergüten als diejenige aus Photovoltaik.

Eine angemessene Vergütung einer Megawattstunde ist folglich schwerlich festzusetzen, erst Recht durch Behörden oder andere staatliche Stellen. Die bessere Lösung ist zumeist der Markt. Darauf wird noch zurück zu kommen sein.

Nicht nur die Überförderung großer Photovoltaik Anlagen muss zurückgefahren werden; gleiches gilt für die Photovoltaik Förderung schlechthin, also auch für Anlagen, die auf Dachflächen montiert sind. Es macht keinen Sinn, dass die Größe einer Photovoltaik Anlage durch die Dachgröße der entsprechenden Objekte bestimmt wird. In ostbayrischen ländlichen Kommunen ist beispielhaft zu begutachten, wie die Dächer von Häusern, Scheunen, Unterständen und allen denkbaren Gewerbegebäuden jeweils bis an den äußersten Rand mit Photovoltaikmodulen bedeckt sind. Zum Teil sind Objekte mit großen Dachflächen sogar nur zum Zweck der Montage einer Photovoltaik Anlage errichtet worden.

Die Größe der Dachflächen ist heute maßgeblich für die Größe der Photovoltaik Anlage und nicht etwa der Stromverbrauch, derjenigen, die unter diesem Dach wohnen oder ihr Gewerbe betreiben. Die in diesem Sinne überdimensionierten Photovoltaik Anlagen erzeugen Strom weit über den lokalen Bedarf hinaus, treiben die EEG Umlage auf immer neue Höhen und verursachen in den Stromnetzen, in die sie einspeisen, auch noch erhebliche Zusatzinvestitionen. Für so überdimensionierte Photovoltaik Anlagen sind weder die Hausanschlussleitungen der Kunden ausgelegt noch das vorgelagerte Netz. Insbesondere wenn diese Entwicklung ganze Nachbarschaften und Ortschaften erfasst, löst der Boom der Photovoltaik steigende Netzentgelte aus. Auch dies ist in Bayern heute schon sichtbar. Da Netzentgelte von allen Kunden zu zahlen sind, ist dies nichts anderes als eine verdeckte Förderung der Photovoltaik. Dieser Entwicklung ist ein Ende zu setzen. Sie kann durch eine neue Phase der Investitionen in Photovoltaik abgelöst werden und zwar auf der Grundlage eines veränderten und sinnvolleren Geschäftsmodells.

Bei den heutigen Strombezugspreisen für Endkunden, die aus dem Niederspannungsnetz versorgt werden, lohnt die Investition in eine Photovoltaik Anlage. Die sogenannte Netzparität ist für viele Kunden bereits heute erreicht. Netzparität bedeutet aus der Sicht eines Endkunden, dass die durchschnittlichen jährlichen Stromerzeugungskosten aus einer lokalen Stromerzeugungsanlage niedriger liegen, als die Strombezugskosten vom Energieversorger. In dem Maße, in dem die Strombezugskosten weiter steigen und gleichzeitig die Investitionskosten für Photovoltaik weiter fallen, werden auch Kunden in weniger sonnigen Gegenden von einer solchen Investition in eine Anlage profitieren können.

Um dieses Geschäft für den Kunden möglichst attraktiv zu gestalten, muss die Photovoltaik Anlage auf den Kundenverbrauch ausgelegt sein. Der größte Teil der durch die Anlage erzeugten elektrischen Energie muss direkt vor Ort verbraucht werden. Der Strombezug aus dem Netz sinkt um die lokal erzeugte Strommenge. Die Rechnung für den Strombezug wird gesenkt und die ersparten Strombezugskosten finanzieren die Investition in die Photovoltaik Anlage. Diese Anlagen sind im Einfamilienhaus in einer Leistungsklasse von wenigen Kilowatt, bei Mehrfamilienhäusern und im gewerblichen Bereich können auch zweistellige Kilowatt Leistungen sinnvoll sein.

Die Vorteile eines solchen, viel sinnvolleren Geschäftsmodells liegen auf der Hand. Der Ausbau der Photovoltaik geht weiter. Der Kunde senkt seine Stromrechnung. Die EEG Umlage steigt nicht weiter, jedenfalls nicht aufgrund des weiteren Ausbaus der Photovoltaik. Das zukünftige Geschäftsmodell basiert nicht auf gesetzlich festgelegten Einspeisevergütungen, sondern funktioniert, weil die lokale Stromerzeugung einen Teil der Stromlieferung verdrängt. Die bislang notwendigen Investitionen zur Verstärkung der Netze entfallen. Da die installierten Solarmodule auf den Eigenverbrauch ausgelegt sind, reicht die bestehende Kapazität der Netzanschlussleitung weiter aus, weil auch diese auf den Eigenverbrauch des Kunden ausgelegt ist. Das ist dezentrale

Stromerzeugung wie sie dezentraler und kundennäher nicht sein kann.

Diese Art der dezentralen Stromerzeugung ist eine Zeitenwende für die Energieversorgung. Und natürlich funktioniert sie nicht nur auf der Basis von Photovoltaik. Jede andere Art der lokalen Stromerzeugung würde mit dem gleichen Geschäftsmodell funktionieren, wenn die entsprechende Technologie gegen die Strombezugspreise der Kunden wettbewerbsfähig ist.

Außer der Photovoltaik sind solche technischen Anlagen heute noch nicht in Sicht, aber das galt für die Photovoltaik auch bis vor wenigen Jahren. Niemand kann heute wissen, ob und wann Kunden auch kleine Kraft-Wärme-Kopplungsanlagen oder Brennstoffzellen zu attraktiven Bedingungen angeboten werden. Gerade die dezentrale Stromerzeugung auf Erdgasbasis hat noch erhebliches Kostensenkungspotenzial.

Die gesamte dezentrale Stromerzeugung steht erst am Anfang ihrer Lernkurve. Im Laufe der nächsten Jahre kann die dezentrale Stromerzeugung der Energiewende ein weiteres Gesicht geben und zwar ganz im Sinne der Verfasser der Studie zur Energiewende aus dem Jahre 1980. Die Dezentralisierung der Stromerzeugung wäre sozusagen deren Demokratisierung, um die Väter der Energiewende zu zitieren.

Die Veränderungen, die für die Energiewirtschaft von einem solchen Geschäftsmodell ausgehen können, sind tiefgreifend. Das Geschäftsmodell kann grundsätzlich auf den gesamten Gebäudebestand in Deutschland angewendet werden. Mit Sicherheit wird es für den Großteil der fast 18 Mio. Wohngebäude interessant sein. Wenn eine langfristige Marktdurchdringung bei allen Gebäuden von 50 % unterstellt wird und Anlagen mit einer Leistung von durchschnittlich 5 kW installiert werden, dann generiert dieses Geschäftsmodell weitere ca. 5.0000 MW an installierter Photovoltaik Leistung. Darin sind Erweiterungen auf andere Gebäude und Gewerbeflächen sowie Innovationen, die sich durch dezentrale Stromspeicher ergeben können, noch gar nicht berücksichtigt. Dieses Beispiel zeigt, welche Bedeutung von dezentraler Erzeugung ausgehen kann.

Der neue Geschäftsansatz für dezentrale Erzeugung ist in der Energiewirtschaft bereits gut verstanden. Schon heute melden sich Befürworter und Gegner zu Wort, obwohl das Geschäftsmodell noch in den Kinderschuhen steckt. Die meisten Kritiker haben eine Menge zu verlieren, wenn sich dieses Geschäftsmodell durchsetzt und sie haben gute Argumente gegen ein solches Geschäft. Die meisten Befürworter haben eine Menge zu gewinnen, vor allem sehen sie Potentiale für die Hersteller von kleinen Systemlösungen auf der Basis von Photovoltaik Anlagen.

Politik und die Regulierungsbehörden werden im Zusammenhang mit der dezentralen Stromerzeugung schon bald wichtige Entscheidungen treffen müssen. Sie haben es in der Hand, dieses Geschäft möglich oder unmöglich zu machen. Es macht daher Sinn, sich mit den Argumenten für und wider dieses Geschäftsmodells auseinanderzusetzen.

Die folgende Analyse basiert auf dem Beispiel von Familie Mustermann, einem Beispiel Endkunden für Strom, die sich entschieden haben, auf das Dach ihres Eigenheims eine Photovoltaik Anlage zu installieren. Die Anlage ist auf ihren privaten Strombedarf ausgelegt. Die Anlage partizipiert nicht an den Einspeisevergütungen nach dem EEG, sondern ersetzt einen Teil des Strombezuges von Familie Mustermann durch Eigenerzeugung. Durch die Eigenerzeugung und den entsprechend verdrängten Strombezug sinkt die Stromrechnung von Familie Mustermann. Mit den ersparten Strombezugskosten finanziert der Kunde seine Photovoltaik Anlage. Für ihn ist dies vermutlich ein gutes Geschäft.

Es gibt aber auch eine andere Seite dieses Geschäftes. Mit dem Preis für eine Megawattstunde elektrischer Energie bezahlt der Kunde anteilig Stromerzeugung, Netznutzung und eine ganze Reihe von staatlichen Steuern, Umlagen und Abgaben. Jede Megawattstunde, die der Kunde folglich nicht mehr abnimmt, bedeutet für Stromerzeuger weniger Absatz, für Netzbetreiber weniger Einnahmen an Netzentgelten und natürlich weniger staatliche Einnahmen an Stromsteuer, Konzessionsabgabe und Mehrwertsteuer. Zudem sinkt auch noch die Strommenge, auf die die EEG Umlage verteilt wird. So wirkt das Geschäft unseres privaten Kunden auf die Lieferantenseite. Diese Wirkungen sind weitreichend und können signifikant werden, wenn viele andere Kunden dem Beispiel von Familie Mustermann folgen.

Wie ist ein solches Geschäftsmodell zum Wohle des Kunden, aber zum Nachteil anderer Parteien zu bewerten? Diese Frage wird am Ende politisch zu beantworten sein. Folgende Aspekte sind in die Bewertung einzubeziehen.

Die Wirkung auf die Stromerzeuger und auf die Einnahmen aus Steuern und Abgaben sind von den Betroffenen zu akzeptieren. Stromerzeuger bewegen sich im Wettbewerb, sie müssen sich an einen sinkenden Absatz anpassen. Gleiches gilt für den Staat, unabhängig davon, ob die relevanten Einnahmen auf Bundesebene oder bei den Kommunen zurückgehen.

Bei den Netzentgelten und bei der EEG Umlage sieht die Situation hingegen anders aus. Die Kalkulation der Netzentgelte und der EEG Umlage basieren jeweils auf einem Umlageverfahren. Die Gesamtkosten (d. h. Netzkosten bzw. EEG Folgekosten) werden durch die beim Kunden abgesetzte Menge elektrischer Energie dividiert und so die entsprechenden Entgelte bzw. Umlagen in Euro pro Megawattstunde berechnet. Gehen die Absatzmengen zurück, dann steigen die Netzentgelte bzw. die EEG Umlage. Beides sind nicht gerade gewünschte Effekte, weil sie den Strompreis für den Kunden noch weiter in die Höhe treiben. Ein steigender Strompreis würde die Attraktivität der dezentralen Stromerzeugung weiter erhöhen und immer mehr Kunden anlocken, ebenfalls in Eigenerzeugung zu investieren. Das würde die über das Netz gelieferte Absatzmenge weiter reduzieren und so weiter und so weiter. Es könnte ein sich beschleunigender Kreislauf eintreten.

Ein solches Phänomen ist bei einem Kostenumlageverfahren nicht ungewöhnlich. Alle Kostenumlageverfahren basieren auf der Aufteilung bestimmter Gesamtkosten auf eine festgelegte Anzahl von Leistungs- oder Produktionseinheiten. Sinkt die Anzahl der Leistungs- oder Produktionseinheiten bei konstanten Kosten, dann steigt der Preis in einem solchen Umlageverfahren. Viele freiwillige und gesetzlich vorgeschriebene Versicherungsgemeinschaften funktionieren im Prinzip auf einem Kostenumlageverfahren und kennen folglich vergleichbare Herausforderungen.

Genau hier setzt die Kritik derer an, die einer dezentralen Stromerzeugung Grenzen setzen wollen. Sie argumentieren, dass sich dezentrale Stromerzeuger aus der Solidargemeinschaft zur Refinanzierung von Netzinfrastrukturkosten bzw. von EEG Folgekosten wenigstens teilweise verabschieden. Dezentrale Energieerzeugung ist unsolidarisch, so die Argumentation, und deshalb muss eine Entsolidarisierung unterbunden werden. In der Sache selbst ist dies ein zunächst überzeugendes Argument.

Die Politik und die Regulierung werden sich zunächst mit einer grundsätzlichen Frage auseinandersetzen müssen, denn die Wirkung der dezentralen Erzeugung auf Netzentgelte und EEG Umlage ist offenkundig. Sollten die Umlageverfahren verändert werden oder bleibt es bei den etablierten Verfahren? In dieser Diskussion wird auch die Frage zu erörtern sein, welche übrigen Einflüsse auf die Netzentgelte und die EEG Umlage berücksichtigt werden müssen. Schließlich gibt es auch Effekte, die zu sinkenden Netzentgelten und einer sinkenden EEG Umlage führen.

Unter der Annahme, dass sich die Politik entscheidet, in die Umlageverfahren einzugreifen, stellt sich anschließend die Frage, wie dies geschehen soll. Dazu gibt es theoretisch mindestens zwei Ansätze. Beide führen dazu, dass das neue Geschäftsmodell für Photovoltaik und für jede andere Art der dezentralen Eigenerzeugung belastet wird oder überhaupt nicht vom Fleck kommt.

Beim ersten Ansatz werden die selbsterzeugten Megawattstunden der Kunden vollständig oder teilweise mit Netzentgelten und

EEG Umlage belastet. Dazu braucht es eine gesetzliche Regelung, die schnell geschrieben und in die Tat umgesetzt ist. Durch diese Regelung würde erreicht, dass sich auch die eigenerzeugten Strommengen an der Refinanzierung der Netzkosten bzw. der EEG Umlage beteiligen müssen und sich dem nicht mehr entziehen können. Die dezentrale Eigenerzeugung wird wirtschaftlich derart belastet, dass sie nur eingeschränkt kommen wird oder sogar vollständig unterbunden würde.

Es gibt mindestens zwei Gegenargumente, die gegen eine zusätzliche Kostenbelastung von Verbrauchsmengen sprechen, die in Eigenerzeugung bereitgestellt werden. Zunächst muss jede Eigenerzeugung gleich behandelt werden. Das würde beispielsweise auch für jede Art der industriellen oder gewerblichen Eigenerzeugung von elektrischer Energie gelten. Eine solche Regelung nur auf eine Technologie, in diesem Fall die Photovoltaik, und nur auf eine bestimmte Kundengruppe, in diesem Fall die privaten Endkunden, anzuwenden, ist kaum durchsetzbar. Der Widerstand gegen eine solche, erweiterte Regelung von Seiten der Industrie und anderer Eigenerzeuger in Deutschland erscheint vorprogrammiert.

Es lässt sich noch ein weiteres Argument ins Feld führen, warum eine zusätzliche wirtschaftliche Belastung von dezentraler Erzeugung nicht sachgerecht ist. Die steigenden Strompreise motivieren Kunden über ihr Nutzungsverhalten und ihr persönliches Energiemanagement nachzudenken. Jeder Kunde, der investieren möchte, um seine Stromrechnung zu senken, kann das auf verschiedenen Wegen tun. Er kann zum Beispiel auch in effizientere elektrische Geräte investieren und dadurch seinen Strombedarf senken. Sowohl die Investition in eine dezentrale Eigenerzeugung als auch Investitionen in effizientere elektrische Geräte führen zum gleichen Ergebnis: Sinkender Strombedarf, und eine sinkende Stromrechnung. In beiden Fällen, d. h. Eigenerzeugung oder Energieeffizienz, investiert der Kunde, um sein Ziel nach geringeren Stromkosten zu erreichen. Das Ergebnis der beiden Alternativen ist für die Netzentgelte und die EEG Umlage gleich, aber nur im Falle der Eigenerzeugung soll der Kunde mit zusätzlichen Belastungen rechnen müssen? Auch an diesem Beispiel zeigt sich, dass es wenig Sinn macht, die Investitionen der Kunden in Eigenerzeugung mit zusätzlichen Umlagen zu belegen. Daher ist dies eine kaum vorstellbare Lösung.

Als Zwischenergebnis ist wenigstens für die EEG Umlage festzuhalten, dass es aus dem Dilemma eines Umlageverfahrens kein Entrinnen gibt. Die EEG Umlage wird weiter steigen müssen, wenn die Folgekosten der erneuerbaren Erzeugung auf eine immer kleinere Absatzmenge umgelegt werden. Abhilfe kann nur kommen, wenn die Umlagebasis verbreitert wird. Dazu wäre beispielsweise ein insgesamt steigender Strombedarf hilfreich.

Beim zweiten Ansatz gibt es in Bezug auf die Netzentgelte noch eine andere Möglichkeit, mit dem auf eine sich ausbreitende dezentrale Erzeugung reagiert werden könnte. Der Ansatz zielt auf die Grundsatzfrage, ob das Preissystem der Netzentgelte bei einem stark steigenden Anteil an dezentraler Erzeugung umgestellt werden muss.

Besonders für Kunden aus dem Niederspannungsnetz gilt heute, dass diese ihre Netznutzung auf der Basis der gelieferten elektrischen Energie bezahlen. Das heute gängige Preissystem sieht vor, dass die bezogene Strommenge in Megawattstunden mit einem Preis für Netznutzung in Euro pro Megawattstunde multipliziert wird, um das Netzentgelt zu ermitteln. Geht durch dezentrale Erzeugung die Menge zurück, gehen auch die Netzentgeltzahlungen an die Netzbetreiber zurück.

Wird das Preissystem der Netzentgelte aber auf die ausgenutzte Netzkapazität, also auf die vom Kunden maximal in Anspruch genommene elektrische Leistung, umgestellt, ändert sich das Bild. Das Geschäftsmodell der dezentralen Eigenerzeugung, z. B. auf der Basis von Photovoltaik, würde mit einem solchen Preissystem wirtschaftlich deutlich unattraktiver. Diese Kunden werden zwar aus dem Netz weniger elektrische Energie beziehen, nehmen aber immer noch die gleiche maximale Leistung, also Netzkapazität, in Anspruch. Die Netzentgeltzahlung der Kunden würde sich folglich trotz Eigenerzeugung nicht ändern, denn der Kunde würde diesen Teil seiner Stromrechnung nicht absenken können.

Eine solche Veränderung des Preissystems wäre durchaus sachgerecht. Die Kostenstruktur der Transport- und Verteilungsnetze ist durch Fixkosten bestimmt. Das bedeutet, dass die Kosten dieser Wertschöpfungsstufe im Wesentlichen durch die zur Verfügung gestellten Leitungskapazitäten bestimmt sind und nur unwesentlich steigen oder sinken, wenn diese Kapazitäten anschließend mehr oder weniger in Anspruch genommen werden.

Für Kunden, die nicht aus dem Niederspannungsnetz, sondern aus dem Mittel- oder Hochspannungsnetz versorgt werden, wird dieser Tatsache bereits durch entsprechende Preissysteme Rechnung getragen. Sie bezahlen ihre Netznutzung überwiegend auf der Basis von Leistungspreisen in Euro pro Megawatt und zwar in Abhängigkeit der von ihnen maximal in Anspruch genommenen Leistung. Eine ebensolche Umstellung des Preissystems für Niederspannungskunden, d. h. insbesondere für Privatkunden, wäre also nur konsequent.

Die Preissysteme für Netzentgelte sind heute allerdings aus einem ganz praktischen Grund so unterschiedlich. Niederspannungskunden, d. h. vor allem Privatkunden und Gewerbekunden, haben in aller Regel Zähler installiert, die nur den Verbrauch der elektrischen Energie erfassen und nicht die maximal in Anspruch genommene Leistung. Damit sind Abrechnungen auch nur auf der Basis der gemessenen elektrischen Energie möglich. Kunden, die aus höheren Spannungsebenen versorgt werden, verfügen über Zähler mit zusätzlicher Leistungsmessung. Das macht die Umsetzung eines entsprechend sachgerechteren Preissystems erst möglich.

Für eine Umstellung des Preissystems, und sei es noch so sachgerecht, müssten folglich erst einmal die technischen Voraussetzungen

zungen geschaffen werden. Dazu ist eine Umstellung der Zähler Technologie, also der Messeinrichtungen für den Verbrauch elektrischer Energie, bei allen Privatkunden notwendig. Dies ist zwar ohnehin geplant, wird aber noch mindestens bis zum Jahre 2020 Jahre brauchen, bis alle Haushalte über solche modernen, digitalen Zähler verfügen.

Mancher Kritiker der dezentralen Eigenerzeugung wird nun entgegnen, dass auf das Jahr 2020 nicht gewartet werden muss. Hinsichtlich des Preissystems kann auf das bereits bewährte Mittel eines Grundpreises zurückgegriffen werden. Ein Grundpreis wird üblicherweise heute von allen privaten Kunden entrichtet. Der Anteil des Grundpreises an der Gesamtrechnung liegt zumeist bei ca. 10 %. Nur wenige Anbieter verzichten auf die Erhebung eines Grundpreises und rechnen die Stromlieferung gegenüber ihren Kunden ausschließlich über einen Arbeitspreis ab, also über einen Preis in Euro pro Kilowattstunde gelieferte Energie (= Arbeit). Der Grundpreis fällt für den Kunden unabhängig von seinem Verbrauch an. Er ist eine Art Anschlussgebühr, die jährlich oder monatlich zu zahlen ist. Dieser verbrauchsunabhängige Grundpreis ließe sich durch eine entsprechende Regulierung erhöhen, im Extremfall könnte die Netznutzung nur über einen Grundpreis entgolten werden. Die Netznutzung würde anschließend über einen fixen, jährlichen Betrag bezahlt. Auch dieser Ansatz wäre sachgerecht und würde im Ergebnis den Ausbau dezentraler Stromerzeugung bremsen.

Auch ein solches Preissystem hat aber kaum Realisierungschancen und zwar aus zwei Gründen. Zum einen würden Verbraucher kleinerer Strommengen den gleichen Preis für die Netznutzung bezahlen, wie Verbraucher größerer Strommengen. Dies ist sozialpolitisch kaum vorstellbar. Zum anderen würde der Anreiz zum effizienteren Einsatz elektrischer Energie sinken. Dies würde klimapolitisch nicht zur Energiewende passen.

Zusammengefasst belegen beide beschriebenen Ansätze, dass eine Reaktion von Regulierung und Politik, die die dezentrale Erzeugung erschwert oder sogar verhindert, kaum sinnvoll möglich ist. Die Chancen für die dezentrale Stromerzeugung auf Basis der Photovoltaik stehen also nicht schlecht stehen. Das Geschäftsmodell kann gerade mit solchen Anlagen funktionieren, die auf den Bedarf von Privatkunden maßgeschneidert sind. Es hat eine gewisse Ironie, dass dieses Geschäftsmodell gerade in Deutschland Verbreitung finden kann. Man hätte erwarten können, dass dies eher für Italien oder Spanien, also sonnenreiche Länder, zutrifft. In Deutschland findet es nicht wegen der hohen Solarstrahlung, sondern wegen der hohen Strompreise für Privatkunden eine gute Startbasis.

Die hohen Strompreise sind der Anreiz für private Eigenerzeugung. Dieses Geschäftsmodell kann zu einer weiteren Ausbauwelle der Photovoltaik in Deutschland führen, aber nicht nur dafür. Das Geschäftsmodell kann grundsätzlich auch auf andere Technologien zur dezentralen Eigenerzeugung übertragen werden, wenn diese gegen die Strompreise der Endkunden wettbewerbsfähig sind.

Mit der dezentralen Eigenerzeugung kann die Energiewende wieder einen Schritt weiter voran gehen. Sie wird allerdings auch einige Herausforderungen mit sich bringen. Regulatorische Eingriffe, die eine solche Entwicklung erschweren oder sogar verhindern könnten, werden schwierig zu organisieren sein. Politisch sind sie heute nicht in Sicht. Weder werden solche Eingriffe öffentlich gefordert, noch ist die Bereitschaft des Gesetzgebers erkennbar, solche Eingriffe kurzerhand umzusetzen. Die dezentrale Erzeugung stellt die Netzbetreiber bereits heute in vielfacher Weise vor Herausforderungen. Dies wird sich fortsetzen. In Bezug auf ein sachgerechtes Preissystem für Netznutzungsentgelte ist es übrigens nicht nur die dezentrale Erzeugung, die das heutige System der Netzentgelte infrage stellt. Darüber wird noch zu sprechen sein.

Die Windkraft und die Photovoltaik werden bei fortgesetzter Energiewende Zukunft haben, auch wenn die Geschäftsmodelle, mit denen sie ihren Beitrag leisten, unterschiedlicher nicht sein könnten. Als wesentliche weitere regenerative Energiequelle mit Wachstumspotential wird die Energiewende durch Biomasse unterstützt.

Den Beitrag der Biomasse zur Fortsetzung der Energiewende einzuschätzen, ist deutlich schwieriger als bei den übrigen regenerativen Energiequellen. Die theoretisch nutzbaren Potentiale der Biomasse sind riesig. Gleichwohl stellt sich die Frage, in welchem Umfang diese Potentiale wirtschaftlich nutzbar sein werden. Wie bei allen erneuerbaren Energieträgern steht und fällt die Wirtschaftlichkeit der Biomasse mit einem Regulierungsrahmen für CO_2 Emissionen. Gibt es einen solchen Rahmen nicht oder sind die CO_2 Preissignale schwach, kann Biomasse ihre Vorteile als CO_2 freie Energiequelle nicht ausspielen.

Zudem stellt sich bei Biomasse, anders als bei Photovoltaik und bei Windkraft, die Frage, ob sich das deutsche Energiesystem auch auf importierte Biomasse oder importierte Biomasse Produkte verlassen sollte. Grundsätzlich sind mit Biomasse Importen die gleichen Herausforderungen verbunden wie mit den Importen von fossilen Primärenergien. Es stellen sich Fragen nach einer steigenden Importabhängigkeit und nach den Methoden der Energiegewinnung. Hinzu kommt eine ethische Frage, die unter dem Stichwort „Tank oder Teller“ gut beschrieben ist. Ein reiches Land wie Deutschland sollte dies dadurch beantworten, dass es importierte Biomasse nicht zu einer tragenden Säule seines Energiesystems macht. Damit wird konsequent vermieden, dass Menschen außerhalb von Deutschland hungern oder auch nur höhere Lebensmittelpreise bezahlen müssen, weil die Deutschen Biomasse im großen Stile importieren.

Die zukünftige Bedeutung der in Deutschland gewonnenen Biomasse muss aufgrund der vielfältigen Einsatzmöglichkeiten der Biomasse für die verschiedenen Verwendungszwecke getrennt abgeschätzt werden. Biomasse lässt sich in Bio-Treibstoffe umwandeln und kann dem Verkehrssektor helfen, seine CO_2 Reduktionsziele zu erreichen. Biomasse kann direkt oder mit nur geringfügiger Aufbereitung als Brennstoff zur Wärmeerzeugung eingesetzt werden und dort seinen Beitrag zum Klimaschutz leisten. Biomasse kann zunächst in Biogas umgewandelt werden und danach alle denkbaren Anwendungen finden. Biomasse und auch Biogas können nicht zuletzt zur Stromerzeugung eingesetzt werden.

Wo Biomasse als regenerative Energiequelle zum Einsatz kommt, hängt von der wirtschaftlichen Attraktivität der jeweiligen Anwendung ab. Die wirtschaftliche Attraktivität wird ganz maßgeblich durch den geltenden Regulierungsrahmen bestimmt. Ein entsprechender Regulierungsrahmen kann beispielsweise durch Obergrenzen für CO_2 Emissionen bei Fahrzeugen oder durch Einspeisevergütungen für Biogas gesetzlich verankert werden. Insofern kann über die zukünftigen Anwendungsfelder der Biomasse im Deutschland der Energiewende nur spekuliert werden. Wahrscheinlich fließen die Mengenströme an Biomasse größtenteils in Bio-Treibstoffe und zum geringeren Teil in die Biogas Herstellung.

Der Endenergiebedarf ist im Verkehrssektor so hoch, dass jedes nationale CO_2 Minderungsziele auf erhebliche Beiträge aus diesem Sektor angewiesen ist. Dass Bio-Treibstoffe eine bedeutende Anwendung für Biomasse sein werden, liegt am heutigen Bedarf des Verkehrssektors. Im Jahre 2011 verbrauchte der Verkehrssektor fast 30 % des gesamten Endenergiebedarfes. Mineralölprodukte machen hier den Löwenanteil aus. Wenn fossile Primärenergien aufgrund ihrer CO_2 Frachten zukünftig immer mehr ausscheiden, dann bleibt dem Flug-, Schiffs- und Schwerlastverkehr kaum eine andere Möglichkeit, außer den Bio-Treibstoffen. Nur über Biomasse können CO_2 freie Treibstoffe mit hoher Energiedichte bereitgestellt werden. Im öffentlichen Personennahverkehr und beim privaten Personenkraftwagen können hingegen noch andere Endenergieträger eingesetzt werden, um ehrgeizige CO_2 Reduktionen im Verkehrssektor zu erreichen.

Die Umwandlung von Biomasse in Biogas ist bereits heute eine etablierte Technologie. Im Wettbewerb zum Erdgas ist Biogas heute wirtschaftlich unterlegen und wird dies ohne ein wirkungsvolles CO_2 Regime auch noch Jahre bleiben. Über die Möglichkeiten der Anwendung von Biogas muss nichts gesagt werden. Dazu kann auf die Ausführungen zum Erdgas verwiesen werden. Welche Mengenströme an regenerativen Biogas zukünftig zur Verfügung stehen, wird aber nicht nur vom CO_2 Regime abhängig sein. Gelingt es auch in Deutschland unkonventionelles Gas in großen Mengen zu fördern, so wird der Anteil an Biogas auch langfristig bescheiden bleiben.

Energiesystem der Zukunft

Die Politik hat sich ehrgeizige und langfristige Ziele gesetzt, welche Anforderungen das Energiesystem der Zukunft in Deutschland erfüllen soll. Die Ziele sind primär auf eine klima- und umweltschonende Energieversorgung ausgerichtet. Als Meilenstein der Energiewende ist die Mitte des laufenden Jahrhunderts gewählt. Eine Generation liegt noch vor uns, bis die Energiewende abgeschlossen sein soll.

Bei einem Zeithorizont bis zum Jahre 2050 liegt die Versuchung nahe, sich in Utopien zu versteigen oder wenigstens mit hohem Risiko auf unausgereifte Technologien zu setzen. Die Politik könnte einige Zukunftsforscher befragen, welche Technologien bei der Energieversorgung langfristig eine maßgebliche Rolle spielen könnten. Sind es genetisch manipulierte Pflanzen, die extrem schnell wachsen und der Biomasse einen Schub geben? Kann das Potential der Meeresenergie durch Wellen- und Gezeitenkraftwerke angezapft werden? Hat sich sogenannte organische Photovoltaik durchgesetzt und ist diese so preisgünstig, dass alles was steht, liegt und fährt mit einem eigenen Stromerzeugungssystem auf dieser Basis ausgestattet? Ist die CO_2 Abtrennung aus dem Abgasstrom thermischer Kraftwerke Stand der Technik und ist das so eingefangene CO_2 kein Abfall, sondern ein eigener Rohstoff? Haben wir endgültig einen Durchbruch bei der Kernfusion und holen wir dadurch das Sonnenfeuer auf die Erde?

Natürlich ist nichts davon auszuschließen, aber gleichwohl kann niemand den politisch Verantwortlichen empfehlen, auf solche Technologien und Potentiale zu setzen. Das wäre zu riskant, auch weil auf solche Entwicklungen nicht spekuliert werden muss. Die gute Nachricht ist, dass die Energiewende schon unter Einsatz bekannter Technologien und Geschäftsmodelle gelingen kann. Alles, was sich auf dem Weg über die nächsten Jahrzehnte an zusätzlichen technologischen und wettbewerbsfähigen Optionen ergibt, ist willkommen. Sehr langfristig können die Fusionskraftwerke der Zukunft vielleicht die Braunkohleverstromung ersetzen, und Meereskraftwerke werden vielleicht mit der seegestützten Windkraft kombiniert und liefern mit beachtlicher Konstanz elektrische Energie ins Netz.

Das deutsche Energiesystem der Zukunft sollte auf realistische Szenarien und berechenbare Potentiale setzen. Die wesentlichen Säulen der zukünftigen, regenerativen und fossilen Versorgung mit Primärenergie in Deutschland sind bekannt: Braunkohle und Erdgas als fossile Primärenergieträger; Erdgas mit dem Potential, die Brücke zur Biomasse und zum Wasserstoff zu schlagen; Strom aus Wasserkraft, Windkraft und Photovoltaik; dazu eine starke Entwicklung der Biomasse, die direkt zur Verbrennung und Wärmeerzeugung eingesetzt werden kann bzw. aus der Biogas oder Bio-Treibstoffe entstehen können. Auf der Basis dieser Primärenergien muss das Energiesystem der Zukunft aufgebaut werden.

Damit gehen die Importe fossiler Primärenergien im deutschen Energiesystem der Zukunft kontinuierlich zurück. Deutschland wird gerade durch die gezielte Substitution von Erdöl und Mineralölprodukten zunehmend importunabhängig. Eine viel diskutierte Frage ist zudem, ob sich das Energiesystem in Deutschland auch auf regenerative Importe abstützen sollte. Das Thema von Biomasseimporten wurde bereits diskutiert. Aber auch Stromimporte stehen immer wieder zur Debatte. Das Desertec Projekt ist das prominenteste und ehrgeizigste Vorhaben dieser Art. Solarstrom soll aus dem nordafrikanischen Sonnengürtel nach Europa exportiert werden. Das ist eine reizvolle Idee, denn die Solarstrahlung in Nordafrika ist um ein vielfaches höher und gleichmäßiger als in Deutschland.

Die Grundsatzfrage ist nicht, ob regenerative Importe Teil der Energieversorgung sein werden; dies wird sich ohnehin nicht verhindern lassen. Die Frage ist vielmehr, ob die regenerativen Importe eine tragende Säule sein sollten. Tragende Säule heißt, dass die Energieversorgung der Zukunft nicht ohne diese Importe auskommt, genauso wie das Energiesystem von heute nicht auf Energieimporte verzichten kann. In diesem Sinne entstehen durch Importe von regenerativen Primärenergien die gleichen Herausforderungen, wie bei den fossilen Importen. Als eine tragende Säule sind sie konsequenterweise nicht zu empfehlen.

Wenn sich Deutschland in seinem Energiesystem überhaupt auf Importe abstützen will, dann sollten die europäischen Nachbarn bevorzugte Partner sein. Auch dies wird nicht ganz einfach, wie folgende Beispiele zeigen. Selbstverständlich kann über Leitungsverbindungen aus Österreich, der Schweiz und Norwegen verlässlich Strom aus Wasserkraft importiert werden. Fragt sich nur, ob die Österreicher, Schweizer und Norweger zusätzliche Wasserkraftwerke für die deutsche Energiewende bauen werden. Selbstverständlich könnte auch CO_2 freier Kernenergiestrom aus Frankreich einen Beitrag zur Senkung der CO_2 Emissionen in Deutschland leisten. Vermutlich werden daran aber weder Frankreich noch Deutschland interessiert sein.

Die tragenden Säulen des Energiesystems der Zukunft werden inländische Primärenergiequellen sein, das ist absehbar. Die Energiewende verändert aber nicht nur die Struktur und die Zusammensetzung der Primärenergieversorgung in Deutschland. Sie greift auch tief in die einzelnen Stufen der Energieumwandlung und Wertschöpfung ein. Erdöl- und Steinkohlewirtschaft werden sich massiv verändern müssen. Zudem werden die Infrastrukturen zur Energieverteilung und Energiespeicherung betroffen sein. Es werden völlig neue Distributionsgeschäfte mit Energie entstehen und bestehende Geschäfte werden an Bedeutung verlieren.

In der Gesamtschau muss an dem Energiesystem der Zukunft mit klaren Stoßrichtungen gebaut werden. Eine dieser Stoßrichtungen ergibt sich aus den Anwendungsmöglichkeiten, die durch die verbleibenden fossilen und regenerativen Primärenergien geboten werden.

Aus Braunkohle lässt sich per Energieumwandlung Strom und Wärme produzieren. Die Ausnutzung der Abwärme ist aufgrund der abgelegenen Standorte für Braunkohlekraftwerke meist unwirtschaftlich. Eine Wärmeauskopplung ist zwar technisch grundsätzlich möglich, macht aber aufgrund der großen Distanzen zu Wärmesenken, also zu Wärmekunden, keinen Sinn. Damit steht Braunkohle auch in Zukunft vornehmlich zur Stromerzeugung zur Verfügung. Nicht anders verhält es sich mit den regenerativen Energieträgern Wasserkraft, Wind und Solarstrahlung. Sie werden ausschließlich zur Stromerzeugung zur Verfügung stehen. Die Solarstrahlung wird in deutschen Breitengraden thermisch nur für Niedertemperaturwärme genutzt werden können und insgesamt kein großes Potential entfalten.

Erdgas wird heute überwiegend nicht zur Stromerzeugung eingesetzt, sondern zur Wärmeerzeugung. Dies wird sich ändern. Steigende Energiepreise werden den Anreiz erhöhen, Energie immer effizienter einzusetzen. Gerade die Wärmedämmung und eine bessere Gebäudeisolierung und Gebäudetechnik lassen den Gasabsatz im Markt für Raumwärme schon seit Jahren stetig sinken. Dieser Trend wird sich fortsetzen. Die Gaswirtschaft wird sich dem anpassen. Wärmeerzeugung aus Gas wird an Bedeutung verlieren und Stromerzeugung aus Gas an Bedeutung gewinnen.

Gas bietet gerade bei der dezentralen Stromerzeugung große Entwicklungspotentiale. Kleine Blockheizkraftwerke, Gasmotoren oder sogar Brennstoffzellen, das werden die dezentralen Stromerzeuger auf Gasbasis sein. Gas wird zudem der zentrale

Energiespeicher des gesamten Energieversorgungssystems sein. Und Gas ist der flexibelste Energieträger, wenn es um die Aufnahme von regenerativem Biogas und Wasserstoff geht. Die Bedeutung von Gas bleibt hoch, die zukünftige Rolle im Energiesystem wird eine andere sein.

Der Energiebedarf von Kunden wird nicht durch Primärenergien gedeckt, sondern durch Endenergien. Diese werden aus der Umwandlung von Primärenergien gewonnen. Strom, Wärme, Benzin, Diesel etc. sind Endenergieträger, die beim Kunden zum Einsatz kommen. Im Energiesystem der Zukunft wird aus den noch verfügbaren Primärenergiequellen vornehmlich Strom erzeugt. Strom wird zum Endenergieträger schlechthin werden müssen, damit die Energiewende gelingen kann. Im Jahre 2012 wurde für die Bereitstellung von Strom ca. 40 % des gesamten Bedarfes an Primärenergie benötigt. Dieser Anteil wird und muss sich deutlich erhöhen. Er muss vermutlich bis zum Jahr 2050 mehr als verdoppelt werden. Die Angebotsseite entwickelt sich Richtung Strom, weil die verfügbaren Primärenergieträger fast ausschließlich in Strom umgewandelt werden. Die Ausnahmen sind Gas und Biomasse, aber auch aus Gas wird zu erheblichen Teilen Strom erzeugt werden.

Wenn sich die Endenergiebilanz auf der Angebotsseite Richtung Strom entwickelt, muss die Nachfrageseite folgen. Heute spielt Strom mit einem Anteil von ca. 25 % am Endenergiebedarf noch eine untergeordnete Rolle. Das muss sich ändern und der Anteil von Strom am Endenergiebedarf muss steigen. Nur so können die fossilen Primärenergieträger verdrängt werden und die regenerativen Primärenergieträger eine dominierende Rolle übernehmen. Wer die Energiewende will, muss dem Endenergieträger Strom zusätzlichen Absatz ermöglichen.

Für Energieexperten ist es trivial, die Verbraucher machen es sich in aller Regel nicht bewusst: Der Verbrauch von Strom erzeugt kein CO_2. Es sind bestimmte Formen der Stromproduktion, die CO_2 Emissionen mit sich bringen. Löst man das CO_2

Problem bei der Stromerzeugung, so ist das CO_2 Problem insgesamt gelöst. Daher ist ein steigender Stromverbrauch in Zukunft auch nicht per se schlecht. Wenn Strom CO_2 frei erzeugt wird und wenn Strom effizient eingesetzt wird, dann ist gegen einen insgesamt steigenden Stromverbrauch nichts einzuwenden.

Dem Stromversorgungssystem steht im Energiesystem der Zukunft eine massive Veränderung bevor, ein Paradigmenwechsel. Weltweit wird Stromversorgung seit mehr als 100 Jahren nach dem gleichen Prinzip geplant, gebaut und betrieben. Der Kundenbedarf an elektrischer Energie ist das Kriterium schlechthin, nach dem Stromversorgungssysteme weltweit ausgerichtet sind. Da elektrische Energie nicht speicherfähig ist und der Kundenbedarf über die Zeit schwankt, müssen die Systeme genau darauf ausgelegt sein. So entstehen heute weltweit komplexe, technische Systeme mit Netzen und Erzeugungsanlagen zu genau diesem Zweck.

Zukünftig müssen die Stromversorgungssysteme nicht nur vom Kunden und von seinem Verbrauchsverhalten her entwickelt, geplant, gebaut und betrieben werden. Systemisch muss die Stromversorgung der Zukunft genauso von der Angebotsseite her entwickelt werden. Die Frage lautet zukünftig nicht mehr nur „Wann braucht der Kunde wie viel elektrische Energie?“, sondern auch „Wann bietet die regenerative Erzeugung wie viel elektrische Energie an?“.

Natürlich muss für die Stromwirtschaft der Kunde immer noch im Mittelpunkt seines Geschäfts stehen. Der Kunde ist es, der elektrische Energie benötigt und dafür bezahlt, denn die Energiewende ist kein Selbstzweck. Gute Kundenbeziehungen und eine breite Kundenbasis werden an Bedeutung gewinnen. Mit dem Kunden wird übrigens deutlich mehr Geld verdient werden können, da der Kunde selbst in Stromerzeugung und das Management seiner Stromversorgung investieren wird. Dies verlagert den Schwerpunkt der Investitionen im Stromversorgungssystem vom Großkraftwerk zum Kunden.

Der angesprochene Paradigmenwechsel ist deshalb keine Abwendung vom Kunden, sondern beschreibt eine systemische Veränderung. Wenn sich die Energiewirtschaft in der jüngeren Vergangenheit gegenüber diesen Entwicklungen zögerlich gezeigt hat, dann deshalb, weil diese grundlegende Transformation absehbar war und weil sie das etablierte System zu großen Teilen infrage stellt. Deutschland baut in der Stromversorgung bereits fleißig an diesem neuen System. Weltweit ist es einzigartig. Es ist eine Operation am offenen Herzen, mit erheblichen Risiken. Daran darf die Energiewirtschaft die Politik und die Gesellschaft hin und wieder erinnern.

Wenn die Stromerzeugung mehr und mehr auf regenerative Stromerzeugung umgestellt wird, dann ist der Paradigmenwechsel in der Stromversorgung unausweichlich. Der Paradigmenwechsel einerseits und die steigende Bedeutung von elektrischer Energie als maßgeblicher Endenergieträger andererseits, verändern die Anforderungen an das Stromversorgungssystem fundamental. Die gesamte Endenergiebilanz verändert sich auf der Angebotsseite in Richtung elektrische Energie. Die Nachfrageseite muss folgen, um die Energiebilanz auszugleichen.

Das Potential für Veränderungen auf der Nachfrageseite liegt beim Erdöl und seinen Produkten. Die Endenergiebilanz Deutschlands weist für Mineralölprodukte heute einen Anteil von ca. 37 % aus. Auf zwei Feldern spielen Mineralölprodukte beim Kunden traditionell eine herausragende Rolle. Das ist einerseits im Verkehrssektor und andererseits beim Energieeinsatz zur Wärmeerzeugung der Fall. Hier müssen CO_2 intensive Mineralölprodukte substituiert werden. Es muss gelingen, deutlich mehr CO_2 arme oder CO_2 freie Endenergieträger einzusetzen, auch elektrische Energie.

Dem Verkehrssektor stehen durch die Energiewende die mit Abstand größten Herausforderungen bevor. In 2011 wurden im Verkehrssektor fast 30 % der gesamten Endenergie verbraucht. Mehr als 90 % der eingesetzten Primärenergie sind Mineralölprodukte. Mit ca. 2 % ist der Einsatz von Strom im Verkehrssektor fast zu vernachlässigen.

Die Treibstoffversorgung für die Schifffahrt und für den Luftverkehr benötigt wegen der hohen Energiedichten auch langfristig Mineralölprodukte oder in Teilen Treibstoffe auf Biomassebasis. Der Straßenverkehr für Güter und Personen muss folglich umso mehr transformiert und dekarbonisiert werden. Ein erster Beitrag wird aus einer weiter steigenden Energieeffizienz im Verkehrssektor kommen. Im Zeitraum von 2000 bis 2010 ist der spezifische Energieverbrauch im Verkehrssektor gesunken. Im Personenverkehr ging der Energieverbrauch pro Verkehrsaufwand, d. h. der Energieverbrauch pro gefahrenem Personenkilometer, um mehr als 10 % zurück. Der Energieverbrauch pro Verkehrsaufwand im Güterverkehr, d. h. der Energieverbrauch pro beförderte Tonne Fracht, ist im gleichen Zeitraum sogar um fast 20 % zurückgegangen. Dies ist eine beachtliche Entwicklung, die den technologischen Fortschritt in Verkehrsbereich belegt. Dieser Trend muss und wird sich fortsetzen.

Im gleichen Bezugszeitraum von 2000 bis 2010 ist der gesamte Energieverbrauch im Verkehrssektor allerdings nur geringfügig gesunken. Die erheblichen Fortschritte in der Effizienz wurden durch einen gestiegenen Personenverkehr, d. h. mehr gefahrene Kilometer, und insbesondere durch eine Erhöhung des Güterverkehrs, d. h. mehr beförderte Fracht, kompensiert. Zukünftig wird die demographische Entwicklung und ein verändertes Mobilitätsverhalten der Kunden die Fahrleistung im Personenverkehr sinken lassen, gegen den Trend der vergangenen Jahre. Auch das Frachtvolumen im Güterverkehr sollte zukünftig weniger stark wachsen. Gleichwohl können die Ziele der Energiewende im Verkehrssektor nicht nur durch steigende Effizienz und sinkende Verkehrsleistungen erreicht werden.

Ohne eine Umstellung auf andere Antriebsenergien kann der Verkehrssektor seinen Beitrag für die Energiewende nicht bringen. Im Straßenverkehr werden heute überwiegend Mineralölprodukte als Treibstoffe eingesetzt. Im Energiesystem der Zukunft stehen als Treibstoffe hingegen Erdgas, Produkte aus Biomasse, Wasserstoff oder elektrische Energie zur Verfügung. Im Falle von Biomasse oder Erdgas sind darauf basierende Treibstoffe in Verbrennungsmaschinen entweder vollständig oder nahezu CO_2 frei. Im Falle von elektrischer Energie oder Wasserstoff kann die Antriebsenergie CO_2 frei erzeugt werden.

Die Energieträger Biomasse, Wasserstoff, Erdgas und Strom sind für die Mobilität der Zukunft unverzichtbar. Gemessen an dem geringen Anteil, den diese Energieträger heute haben, wird sich der Straßenverkehr völlig verändern müssen. Alle Aussichten auf weitere Effizienzsteigerungen bei den klassischen Verbrennungsmotoren, alle intelligenten Verkehrsleitsysteme der Zukunft einschließlich der intelligenten Fahrzeuge auf den Straßen werden zusammen nicht ausreichen, um die notwendige Transformation zu stemmen.

Schon seit geraumer Zeit stellt sich die Politik die Frage, über welche Anreiz- und/oder Regulierungsansätze alternative Antriebsenergien in den Verkehrssektor eingeführt werden können. Bei den üblichen Instrumenten von staatlicher Seite würde üblicherweise zunächst an Steuern gedacht. Eine zusätzliche steuerliche Belastung müsste, wie bei der Stromerzeugung, mit der Internalisierung der Kosten für CO_2 Emissionen gerechtfertigt werden. Allerdings sind die steuerlichen Belastungen auf Benzin und Diesel heute schon hoch. Zusätzliche Preiserhöhungen würden daher nicht annähernd die Steuerungswirkung entfalten, wie in anderen Bereichen der Energieversorgung. Ein solcher Eingriff durch die Regulierung ist politisch wenig wahrscheinlich, da er kaum Steuerungswirkung entfalten wird und beim Wähler gleichzeitig unpopulär ist.

Auf europäischer Ebene wird der Verkehrssektor schon seit einigen Jahren über Obergrenzen bei den CO_2 Emissionen für Fahrzeuge reguliert. Die Autohersteller müssen innerhalb der von ihnen hergestellten Fahrzeugflotte einen mittleren CO_2

Ausstoß pro Kilometer erreichen. Diese Regulierung ist ein Paradebeispiel, wie schwierig es ist, die europäische Industrie- und Umweltpolitik unter einen Hut zu bringen und gleichzeitig die unterschiedlichen Forderungen der Mitgliedsstaaten angemessen zu berücksichtigen. Die Verantwortlichen arbeiten an der Quadratur des Kreises. Immer wenn in Brüssel über die Verschärfung der CO_2 Grenzwerte diskutiert wird, prallen unterschiedliche Interessen aufeinander. Mancher Politiker, gerade aus dem Ausland, ist geneigt, die Latte für die Automobilindustrie einfach immer höher zu legen und die CO_2 Emissionsgrenzen drastisch abzusenken. Die politischen Vertreter aus Deutschland haben in dieser Diskussion keine leichten Stand und üben sich zu Recht in Zurückhaltung, wenn es um allzu forsche Ziele geht. Es steht einer der bedeutendsten, deutschen Industriezweige auf dem Spiel, der durch falsche Regulierung schnell an globaler Wettbewerbsfähigkeit einbüßen kann.

Um die Wettbewerbsfähigkeit des Sektors zu stärken und niedrigere CO_2 Emissionen zu erzielen, muss in diesem Sektor auf Technologieentwicklung und auf Innovationen gesetzt werden. Von staatlicher Seite sind alternative Antriebsformen über zusätzliche öffentliche Mittel für Forschung und Entwicklung zu fördern. Elektromobilität, Erdgasmobilität, Einsatz von Wasserstoff in Brennstoffzellen und Treibstoffe auf Biomassebasis: Das sind die Gebiete, die möglichst alle und auch noch gleichzeitig entwickelt werden müssen.

Die Ausgangsbasis könnte nicht besser sein: Eine Weltklasse Autoindustrie und eine Kundenbasis in Deutschland, die bereit ist, hohe Preise für Spitzentechnologie zu bezahlen. Hinzu kommen eine hervorragende Forschungslandschaft und eine Zulieferindustrie mit hoher Flexibilität und Innovationskraft. Selbstverständlich müssen auch die konventionellen Verbrennungsmaschinen weiter entwickelt werden. Aber die alternativen Antriebsformen müssen zum Nutzen der Energiewende überproportional gestärkt werden. Drei grundsätzlich verschiedene, bereits fortgeschrittene Entwicklungen verdienen besondere Beachtung.

Die erste Entwicklung zielt auf die Bereitstellung ausreichender Treibstoffe und deren Verteilungsinfrastruktur, die den Kunden den Zugang zu den Treibstoffen ermöglicht. Treibstoffe auf Biomassebasis, Erdgas und Strom sind heute keine Herausforderung und auch die notwendige Infrastruktur ist entweder vorhanden oder vergleichsweise leicht aufzubauen. Wasserstoff ist hingegen weder als CO_2 freier Treibstoff vorhanden, noch existiert eine entsprechende Infrastruktur. Beides, die Erzeugungs- und die Verteilungsinfrastruktur, wird zu entwickeln sein, wenn mit Wasserstoff betriebene Fahrzeuge, vermutlich auf der Basis von Brennstoffzellen, serienreif verfügbar sind.

Die zweite Entwicklung betrifft die Fahrzeugseite. Es sind insbesondere Elektrofahrzeuge, deren Entwicklung weiter vorangebracht werden muss. Die verschiedenen Hybridtechnologien, die konventionelle Verbrenner, mit batteriebetriebenen Elektromotoren kombinieren, sind ein wichtiger Zwischenschritt. Mittel- bis langfristig werden mehr und mehr reine Elektrofahrzeuge auf den Markt kommen. Ob die Bereitstellung der elektrischen Energie als Antriebsenergie aus Brennstoffzellen stammt oder durch Batterien bereitgestellt wird, kann dahingestellt bleiben. Beide Technologien würden ihren Beitrag zur Substitution von Mineralölprodukten leisten. Insofern sind Brennstoffzellen und Batterien jeweils Technologien, die leistungsfähiger und kostengünstiger werden müssen. Es muss folglich sowohl in Batterieforschung und -entwicklung sowie in Batteriefertigung zur Entwicklung der besten Produktionstechnik investiert werden, als auch in die entsprechenden Bereiche für Brennstoffzellen Technologien.

Nicht zuletzt muss als dritte Entwicklungsrichtung, die Nachfrageseite, systematisch entwickelt werden. Die Kunden müssen die Fahrzeuge mit den neuen Antriebstechnologien auch wollen. Nicht erst seit dem Desaster um den Treibstoff E10, ist klar, dass die Kunden gerade bei der individuellen Mobilität mitgenommen werden müssen. Dies gilt nicht nur für den Einsatz von biomassebasierten Treibstoffen, sondern im Grunde für alle alternativen Antriebsenergien.

Die Bedeutung der alternativen Antriebstechnologien für die Energiewende erschließt sich nicht nur aus dem Potential zur Absenkung der CO_2 Emissionen, so wichtig diese auch für die Ziele im Verkehrssektor ist. Eine steigende Nachfrage nach Wasserstoff als Treibstoff und eine zunehmende Anzahl von Elektrofahrzeugen, die batteriebetrieben sind, können dem Energiesystem insgesamt helfen. Beide Technologien, der Wasserstoffeinsatz in Brennstoffzellen und der Stromeinsatz bei Batterien, bringen Eigenschaften mit, die für das gesamte Energiesystem der Zukunft wichtig sind. Diese Eigenschaften werden erst langfristig voll zum Tragen kommen. Es braucht eine substantielle Marktdurchdringung, bevor diese Technologien über den Kundennutzen hinaus einen zusätzlichen Systemnutzen entfalten werden.

Mit Wasserstoff angetriebene Fahrzeuge werden die Nachfrage nach Wasserstoff steigern. Es wird ein Distributionsnetz an Tankstellen verfügbar sein müssen, dass Wasserstoff lokal an Kunden liefert, so wie dies mit den bestehenden Treibstoffen heute der Fall ist. Die Wasserstoffproduktion selbst muss auf Elektrolyse basieren, um einen Beitrag für die Energiewende zu leisten. Nur so sind der Wasserstoff und die Fahrzeuge im Betrieb vollständig frei von CO_2 Emissionen. Steigt der Bedarf an Wasserstoff substantiell an, dann wird die zentrale Produktion von Wasserstoff gegenüber einer dezentralen Produktion im Vorteil sein, weil eine Kostendegression bei großen Produktionsanlagen zu erwarten ist.

Die Standorte für die großen Herstellungsanlagen von Wasserstoff sollten logistisch optimal gewählt werden. Es bieten sich Standorte an, bei denen ein entsprechend dimensionierter Stromanschluss genauso verfügbar ist, wie auch der Zugang zu Gastransportnetzen. Die richtige Standortauswahl kann zusätzlich einen Beitrag liefern, den Ausbau der Stromtransportnetze in Grenzen zu halten. Alles zusammen genommen, bieten sich küstennahe Standorte mit entsprechenden Netzzugängen zur Strom- und Gasinfrastruktur an. Elektrische Energie aus seegestützter Windkraft, die wegen limitierter Leitungskapazitäten nicht weitergeleitet oder wegen temporärer Überproduktion nicht verbraucht werden kann, geht in die Wasserstoffproduktion. Der so produzierte Wasserstoff findet seinen Weg als zusätzliche Einspeisung in die Gasnetze oder in eine wie auch immer gesondert aufgebaute Distributionsinfrastruktur für Wasserstoff.

An einigen Zahlen wird deutlich, welche Bedeutung die Wasserstoffproduktion für den Verkehrssektor und für die Energiewende langfristig haben kann. Wenn beispielsweise 10 % der Fahrzeuge auf Wasserstoffantrieb umgestellt würden, entsteht dadurch eine erhebliche Nachfrage nach Wasserstoff. Für CO_2 frei hergestellten Wasserstoff braucht es elektrische Energie, die in den Elektrolyseuren eingesetzt wird. Die entsprechend benötigte Menge an elektrischer Energie könnte durch ca. 10.000 MW an seegestützter Windkraft bereitgestellt werden.

Selbstverständlich werden neue Windparks nicht ausschließlich für eine Wasserstoffproduktion errichtet. Die Zahlen belegen zunächst nur das Nachfragepotential für Wasserstoff und elektrische Energie, mit dem der Verbrauch von Mineralölprodukten im Verkehrssektor vermieden und auf eine CO_2 freie Stromproduktion umgeleitet werden kann. Die nicht speicherbare Stromproduktion aus regenerativer Erzeugung wird in speicherbaren Wasserstoff umgewandelt.

Langfristig kann so ein wichtiger Baustein zur Stabilisierung des Stromversorgungssystems entstehen. Wenn die Stromversorgung zu einem sehr hohen Anteil auf erneuerbarer Erzeugung basieren soll, werden die erneuerbaren Erzeugungsanlagen in vielen Stunden im Jahr nicht bedarfsgerecht produzieren. Im Falle von Unterproduktion müssen Reservekraftwerke und andere Speicherlösungen einspringen. In den zahlreichen Stunden der Überproduktion, d. h. einer Stromproduktion, die über dem

Leistungsbedarf der Kunden liegt, können die entsprechenden Strommengen über Wasserstoff gespeichert werden.

Trotz der langfristigen Chancen ist zu beachten, dass der Umwandlungsprozess von Strom in Wasserstoff über Elektrolyse vergleichsweise ineffizient ist. Jede direkte Nutzung der elektrischen Energie ist besser, als eine indirekte Speicherung der elektrischen Energie über den Umweg Wasserstoff. Elektrolyseure arbeiten mit einer Umwandlungseffizienz von ca. 75 %, d. h. sie verursachen 25 % Energieverluste. Die hohen Energieverluste sind ein immer wieder vorgetragenes Argument gegen den Aufbau einer industriellen Wasserstoffwirtschaft. Wer die Wasserstoffwirtschaft nicht will, darf allerdings alternative Vorschläge für zwei Herausforderungen nicht schuldig bleiben. Für den Verkehrssektor braucht es CO_2 freie, speicherbare Treibstoffe mit hoher Energiedichte. Wo sollen Treibstoffe herkommen, wenn sie nicht nur aus Biomasse hergestellt werden sollen? Und die absehbare Stromüberproduktion aus regenerativer Erzeugung braucht eine Lösung zur langfristigen, indirekten Speicherung elektrischer Energie. Was soll sonst mit der überschüssigen elektrischen Energie geschehen? Beide Fragen zeigen, dass es nur wenige Optionen neben dem Wasserstoff gibt.

Eine regelmäßige Stromüberproduktion ist in Deutschland erst mittelfristig zu erwarten, natürlich abhängig von der zukünftigen Ausbaugeschwindigkeit der regenerativen Stromerzeugung. Zudem zeigen jüngere Untersuchungen, dass sich die photovoltaikbasierte Stromproduktion in Süddeutschland und die windkraftbasierte Stromproduktion in Norddeutschland gut ergänzen. Stark vereinfacht gesagt: Weht der Wind im Norden, scheint nicht die Sonne im Süden und umgekehrt. Dieses Phänomen wird die Stromüberproduktion aus regenerativer Erzeugung für einige Jahre noch in Grenzen halten. Bei stetigem Ausbau der erneuerbaren Erzeugung wird sich dies gleichwohl ändern. Einige Abschätzungen sagen dies für das Jahr 2030 voraus. Spätestens dann wird es das Startsignal für den Aufbau einer Wasserstoffwirtschaft geben.

Am Beispiel der Wasserstoffwirtschaft zeigt sich, wie sich Verkehrssektor und Energiesystem der Zukunft gegenseitig ergänzen können. Wenn Fahrzeuge CO_2 freien Wasserstoff als Treibstoffe einsetzen sollen, kann der Wasserstoff nur aus der Elektrolyse kommen und dazu braucht es große Mengen regenerativer Stromerzeugung. So schließt sich der Kreis. Eine weitere, ebenso enge Verbindung zwischen den Verkehrssektor und dem Energiesystem der Zukunft entsteht über batteriebetriebene Fahrzeuge.

Elektrofahrzeuge werden zusätzliche Nachfrage nach elektrischer Energie generieren und den Einsatz von Mineralölprodukten im Verkehrssektor verdrängen. Gegenüber der Antriebsenergie Wasserstoff haben Elektrofahrzeuge den Vorteil, dass sie die elektrische Energie direkt in Antriebsenergie umwandeln. Dies gilt für reine Elektroautos und für Hybridfahrzeuge, wenn diese vollständig bzw. teilweise an einer Steckdose „betankt" werden. Eine zukünftige Marktdurchdringung wird nicht nur über reine Elektrofahrzeuge erfolgen, sondern auch über Hybridlösungen. Dies sind Fahrzeuge, in denen die Antriebsenergie zum Teil aus Batterien und zum Teil aus herkömmlichen Treibstoffen kommt. Besonders japanische Hersteller produzieren diese Fahrzeuge schon seit Jahren in Serie.

An Zahlen wird das Potential von Elektrofahrzeuge deutlich und zwar sowohl in Bezug auf eine zusätzliche Nachfrage nach elektrischer Energie als auch in Bezug auf einen langfristigen Systemnutzen, den die Elektromobilität entfalten wird. Diese Zahlen sollen den langfristigen Systemnutzen von Elektroautos verdeutlichen. Sie beschreiben kein kurzfristiges Marktszenario.

Bei einer Marktdurchdringung von 1 % würden auf Deutschlands Straßen ca. 400.000 Elektrofahrzeuge fahren. Glaubt man den Prognosen von Verkehrs- und Autoexperten, wird dies noch 10 Jahre dauern. Ein durchschnittliches Elektrofahrzeug wird über eine Batteriekapazität von 20 bis 30 Kilowattstunden verfügen und die Reichweite mit einer gefüllten Batterie wird zwischen 150 und 200 km liegen. Geladen werden die Fahrzeuge vornehmlich im privaten und beruflichen Umfeld mit einer elektrischen Leistung zwischen 5 und 50 KW abhängig von der jeweils vor Ort verfügbaren Ladeinfrastruktur. An Schnellladestationen werden bis zu 100 KW Ladeleistung zur Verfügung gestellt. Diese Stationen würden den heutigen konventionellen Tankstellen entsprechen. Eine entleerte Batterie kann an solchen Stationen in ca. 15 min aufgeladen werden.

Die Fahrzeuge werden in Summe jährlich ca. 1 Mio. Megawattstunden an elektrischer Energie nachfragen. Der Stromverbrauch in Deutschland würde dadurch um ca. 0,2 % steigen. Hochgerechnet auf eine 100 prozentige Markdurchdringung mit Elektrofahrzeugen würde der Stromverbrauch entsprechend um ca. 20 % steigen.

In dem 1 % Szenario werden in Elektrofahrzeugen in Summe 10.000 Megawattstunden an Batteriekapazität bewegt. Der Systemnutzen der von diesen Batteriekapazitäten ausgehen kann, liegt in der schnellen und kurzfristigen Verfügbarkeit von elektrischer Leistung. Diese Leistung kann bei nicht ausgeglichener Leistungsbilanz im Stromversorgungssystem aktiviert werden. Die Batterien der Fahrzeuge können so als Leistungspuffer fungieren und beitragen, die Stabilität des Stromversorgungssystems zu erhöhen.

Das Management eines solchen dezentralen, auf viele Fahrzeuge verteilten Speichers kann im Zeitalter mobiler Telekommunikation gelöst werden. Es braucht zudem nicht den gleichzeitigen Zugriff auf alle verfügbaren Batterien, um eine relevante Größenordnung zu erreichen. Im Übrigen ist darauf hinzuweisen, dass ein durchschnittliches Fahrzeug im Privatbesitz mehr als 90 % seiner Zeit nicht bewegt wird und nur in weniger als 10 % der Stunden eines Jahres benutzt wird. Ein durchschnittlicher PKW steht fast das gesamte Jahr für einen Systemnutzen zur Verfügung, vorausgesetzt er ist an das Stromversorgungsnetz angeschlossen und die Autobesitzer lassen einen Zugriff auf die Batterie zu.

Die Relevanz eines solchen Systemnutzens soll mit einem Vergleich verdeutlicht werden. Die kurzfristige Speicherung von elektrischer Energie zum Ausgleich von Leistungsschwankungen erfolgt heute in Pumpspeicherwerken. In Summe sind ca. 7000 MW an Kraftwerksleistung dieses Typs installiert. Elektrische Energie wird indirekt als potentielle Energie in Wassermengen in großen Höhen gespeichert; das Funktionsprinzip wurde bereits erläutert. Das Pumpspeicherwerk Wehr liegt im Südschwarzwald und gehört zu einer Gruppe ähnlicher Kraftwerke in der Region. Mit einer installierten elektrischen Leistung von 910 MW gehört das Kraftwerk Wehr zu den größeren Anlagen dieser Art in Deutschland. Ist das Oberbecken mit Wasser gefüllt, kann das Kraftwerk ca. 7 h mit voller Leistung laufen, bis das Becken entleert ist. Im Oberbecken der Kraftwerksanlage wird eine Wassermenge gespeichert, die einer indirekten Speicherung von ca. 7000 Megawattstunden elektrischer Energie entspricht.

Bei einer Marktdurchdringung von nur 1 % stehen in Elektrofahrzeugen 10.000 Megawattstunden an Batteriekapazität zur Verfügung. In der Gegenüberstellung dieses Speichervolumens mit dem Pumpspeicherwerk Wehr zeigt sich die Relevanz des Ansatzes. Es sind vergleichbare Größenordnungen und dies bereits bei nur sehr geringer Marktdurchdringung mit Elektrofahrzeugen. Nicht alle Fahrzeuge werden für die Stabilisierung des Stromnetzes durchgehend zur Verfügung stehen. Nicht alle Eigentümer von Elektrofahrzeugen werden ihre Batterien Dritten zur Nutzung freigeben, schon gar nicht ohne ein angemessenes Nutzungsentgelt. Das Beispiel zeigt gleichwohl, dass die Elektromobilität für die Energiewende aus systemtechnischer Sicht relevant ist.

Neben dem systemtechnischen Nutzen stellt sich die Frage nach der Wirtschaftlichkeit eines solchen Ansatzes. Oder anders gefragt: Kann daraus ein Geschäft gemacht werden? Ein dezentraler, verteilter Speicher für elektrische Energie in Form von Autobatterien hätte heute einen Marktwert, wenn er denn verfügbar wäre. Die Betreiber der Transportnetze benötigen Erzeugungsanlagen und Speicherlösungen mit diesen technischen Eigenschaften. Sie organisieren regelmäßig über das Jahr verteilt Auktionen, an denen sich die Betreiber von Kraftwerken beteiligen können. Über solche Auktionen erwerben die Transportnetzbetreiber das Recht, anteilig und zeitlich befristet auf entsprechende Kraftwerke zuzugreifen, um diese anteilig für Systemdienstleistungen vorzuhalten. Üblicherweise stellen die Eigentümer von Pumpspeicherwerken und anderen Kraftwerken mit ähnlichen technischen Eigenschaften ihre flexible Leistung zur Verfügung und erhalten dafür ein entsprechendes Entgelt. Der Systemnutzen solcher Kraftwerke hat also einen Marktwert und einen Marktpreis. Der gleiche Marktpreis würde sich prinzipiell auch für einen verteilten Batteriespeicher realisieren lassen.

Aus dem Systemnutzen der Batterien lässt sich ein interessantes Geschäft für alle Seiten machen. Kunden, die ihre Batterie zur Verfügung stellen, erhalten ein Entgelt. Dienstleister fassen viele, verteilte Batterien zu einem Speicher zusammen, betreiben diesen und organisieren einen leistungsfähigen Zugang zu diesem Speicher. Die Transportnetzbetreiber mieten den so konfigurierten Speicher für die notwendigen Systemdienstleistungen. Heute ist dies noch Zukunftsmusik und sicherlich sind noch viele Hürden zu nehmen. Nicht zuletzt muss der Kunde überzeugt werden, dass durch das Be- und Entladen keine beschleunigte Alterung seiner Batterie verursacht wird. Aber das Geschäftsmodell ist grundsätzlich realisierbar und attraktiv für die beteiligten Partner, wie ein paar aktuelle Zahlen belegen sollen.

Pumpspeicherwerke der Dimension des Kraftwerks Wehr wurden in Deutschland in jüngerer Zeit nur selten gebaut. Insofern können die Investitionskosten für ein solches Kraftwerk nur als Bandbreite abgeschätzt werden. Wenn die Bandbreite der Investitionskosten auf die üblicherweise speicherbare Energiemenge bezogen wird, können die Investitionskosten in ein Pumpspeicherwerk mit den entsprechenden Investitionen in Batterietechnologien verglichen werden. Aus einer solchen Berechnung ergibt sich für die Investition in ein Pumpspeicherwerk eine Bandbreite von 0,1 bis 0,3 Mio. € pro Megawattstunde Speichervolumen. Die Preise für leistungsfähige Batterien sinken seit Jahren entlang einer Lernkurve und haben gesichert bereits die Marke von 0,5 Mio. € pro Megawattstunde unterschritten.

Der simple Vergleich der Investitionskosten begründet noch keine Wirtschaftlichkeit für die Batterien. Die technisch wirtschaftliche Lebensdauer beider technischen Alternativen spricht heute noch klar für das Pumpspeicherwerk. Diese Lebensdauer liegt bei mehr als 50 Jahren; an eine solche Lebensdauer wird eine Batterie vermutlich nie heran kommen. Auf der anderen Seite spricht der doppelte Nutzen der elektrischen Batterie für diese Lösung, weil sie nicht nur einen Systemnutzen generiert, sondern auch Kundenbedürfnisse nach Mobilität erfüllt.

Die Transformation des Verkehrssektors ist für die Energiewende ohne Alternative. Sie muss langfristig angelegt sein, da es nicht nur um die richtigen CO_2 freien oder CO_2 armen Primärenergieträger gehen kann, sondern auch um die richtigen Fahrzeug- und Mobilitätskonzepte. Technologie- und Innovationsförderung stehen bereits im Mittelpunkt staatlicher Aktivitäten, die durch Vielfalt in der Förderung gekennzeichnet ist. Die laufenden Forschungs- und Entwicklungsaktivitäten in der Automobilindustrie legen die Schlussfolgerung nahe, dass es im Grunde noch zu früh ist zu entscheiden, was sich am Ende durchsetzen wird. Es können Treibstoffe auf Biomassebasis sein, die der Verbrennungstechnik eine langfristige Perspektive geben. Es kann der direkte Einsatz von Strom über leistungsfähige und kostengünstige Batterien sein, die dem Elektroauto zum Durchbruch verhelfen. Es kann der Einstieg in die Wasserstoffwirtschaft sein, weil sich mobile Brennstoffzellen als Technologie durchsetzen. Oder es können alle Entwicklungsrichtungen gleichzeitig sein, die ihre jeweilige Anwendung in bestimmten Kundensegmenten und in ausgewählten Regionen findet. Selten war es für eine Industrie so herausfordernd und aufwändig, so viele mögliche Alternativen gleichzeitig verfolgen zu müssen.

Für die Energiewende zeichnen sich über die Optionen der Batterie angetriebenen und der Wasserstoff angetriebenen Fahrzeuge interessante Zukunftsperspektiven ab. Diese Fahrzeuge würden nicht nur die Mobilitätsbedürfnisse der Kunden befriedigen. Sie hätten auch das Potential, langfristig dem deutschen Energiesystem zu nutzen. In beiden Fällen würde zudem zusätzliche Nachfrage nach elektrische Energie generiert und gleichzeitig die CO_2 intensive Primärenergie Erdöl substituiert.

Mineralölprodukte müssen nicht nur im Verkehrssektor, sondern auch bei der Bereitstellung von Wärme so weitgehend wie möglich substituiert werden. Die Bereitstellung von Wärme muss weitgehend dekarbonisiert werden, um die Ziele der Energiewende zu erreichen. Mehr als 50 % des Endenergiebedarfes entfallen in Deutschland auf die Bereitstellung von Wärme, davon ca. die Hälfte auf Prozesswärme und die andere Hälfte auf Raumwärme und Warmwasserbereitung. Besonders der Endenergiebedarf für Raumwärme und Warmwasser bietet große Einsparungs- und Substitutionspotentiale. Die Effizienzanstrengungen der letzten Jahre haben den Wärmebedarf pro Quadratmeter Wohn- und Gewerbefläche bereits kontinuierlich sinken lassen. Hier werden Erdöl, Erdgas, Fernwärme und Strom immer effizienter zur Bereitstellung von Raumwärme eingesetzt. Moderne Verbrennungs- und Gebäudetechnik sowie eine immer bessere Gebäudeisolierung sind die wesentlichen Treiber dieser Entwicklung.

Dies wird sich weiter fortsetzen. Es ist ein langsamer, aber stetiger Prozess. Bei der Verbrennungstechnik in der privaten oder gewerblichen Nutzung handelt es sich um langlebige Investitionsgüter mit Lebensdauern von mehr als 10 Jahren. Noch längere Zyklen braucht die energetische Gebäudesanierung. In den letzten Jahren wurde nur ca. 1 % des Gebäudebestandes saniert.

Den Zielen der Bundesregierung folgend soll diese Rate verdoppelt werden. Für den gesamten Gebäudebestand braucht es anschließend nicht weniger als 50 Jahre, um ihn auf den neuesten Stand zu bringen. Diese Entwicklung würde sich über staatliche Förderprogramme beschleunigen lassen. In Deutschland haben sie eine gewisse Tradition und werden immer wieder aufgelegt. Besser geeignet, weil von nachhaltiger und breiterer Wirkung, wäre die Mobilisierung von privatem Kapital, um die Energieeffizienz im Gebäudebereich zu verbessern.

Es müssen noch mehr Geschäftsmodelle gefunden und erfolgreich eingesetzt werden, damit die Energieeffizienz im Gebäudebereich vorankommt. Experten sind sich einig, dass bei der energetischen Gebäudesanierung Milliarden an Investitionen mit ordentlichen Renditen angelegt werden könnten. In der Politik ist der Sachverhalt verstanden und eine Reihe von Maßnahmen, u. a. ein verändertes Mietrecht, versprechen eine steigende Energieeffizienz.

Eine ebenso positive Wirkung auf die Energieeffizienz entfalten steigende Energiepreise. Es gehört zu den schlichten Wahrheiten, dass Energieeffizienz durch nichts so sehr gesteigert wird, wie durch eine Erhöhung der Energiepreise. Es ist gleichwohl politisch unkorrekt, dies öffentlich auszusprechen und erst Recht, daraus die Forderung nach staatlichen induzierten Preiserhöhungen zur Steigerung der Energieeffizienz abzuleiten. Es hat ja bisweilen Parteitagsbeschlüsse gegeben, mit denen vor vielen Jahren eine Steigerung der Benzinpreise auf 5 D-Mark gefordert wurde. Der öffentliche Gegenwind war erheblich.

Für die Bürger mit kleinem Einkommen klingt dies fast zynisch. Für sie sind die Energiekosten zu einer ernst zu nehmenden Belastung in ihrem Alltagsleben geworden. Die politischen Parteien entdecken die soziale Dimension der Energiewende erstaunlicherweise erst Stück für Stück. Manche Partei meint das Problem durch Verstaatlichung der Energieversorger lösen zu können. Verstaatlichung hat sich bislang jedenfalls nirgendwo auf diesem Planeten als ein nachhaltig erfolgreicher Ansatz herausgestellt, jedenfalls nicht, wenn die Unternehmen gesund sind, die da verstaatlicht werden sollen.

Energieeffizienz war und ist ein zentraler Baustein der Energiewende. In Bezug auf den Energieeinsatz für Raumwärme bedeutet eine immer weiter steigende Energieeffizienz nicht nur einen immer weiter sinkenden Bedarf an Brennstoffeinsatz, sondern auch eine immer weiter sinkende Rentabilität von Investitionen in Energieverteilungsinfrastruktur. So rechnet sich beispielsweise der Ausbau von Fernwärmenetzen und der Ausbau von Erdgasnetzen immer weniger. Selbstverständlich wird die sogenannte Verdichtung der Netze weiter verfolgt. Dort, wo Fernwärmenetze und Erdgasnetze existieren, Kunden aber noch nicht daran angeschlossen sind, rechnen sich neue Anschlüsse immer noch. Der Neubau kompletter Netze oder groß angelegte Erweiterungen sind allerdings kaum noch wirtschaftlich.

Für Kunden bieten sich gleichzeitig immer neue technische Lösungen zur Wärmeerzeugung an. Die kombinierte Erzeugung von Strom und Wärme in Kleinanlagen ist genauso eine Alternative, wie Wärmepumpen oder Wärmeerzeugung auf der Basis von Biomasse. Jede dieser Lösungen trägt zur Substituierung von fossilen Brennstoffen und damit zur Reduzierung der CO_2 Emissionen bei. Wie schon im Verkehrssektor sind für das Energiesystem auch beim Wärmebedarf solche Lösungen von besonderer Bedeutung, die nicht nur einen Kundenbedarf decken, sondern auch das Potential haben, die Herausforderungen des Energiesystems insgesamt beherrschbar zu halten. Dazu gehören alle technischen Lösungen der dezentralen, kombinierten Erzeugung von Strom und Wärme sowie die Wärmepumpe.

Die Chancen der dezentralen Stromerzeugung, auch in Kombination mit einer Wärmebereitstellung, wurden bereits erläutert. Sinken die Stromerzeugungskosten solcher Anlagen unter den Bezugspreis für die Kunden, dann werden diese Lösungen auch ohne staatliche Förderung wirtschaftlich attraktiv. Ein zusätzlicher Systemnutzen entsteht, wenn die einzelnen dezentralen Anlagen in einem überregionalen Verbund zusammengeschlossen werden. Diese sogenannten virtuellen Kraftwerke können je nach Bedarf einen Beitrag leisten, Defizite oder Überschüsse in der übrigen Stromproduktion auszugleichen.

Eine der wichtigeren technischen Anlagen der Zukunft dürfte die elektrisch betriebene Wärmepumpe sein. Eine Wärmepumpe erzeugt aus Strom Raumwärme, indem sie der Umgebungsluft oder dem Erdreich Restwärme entzieht und entsprechend aufbereitet. Heutige Wärmepumpen generieren an guten Standorten aus einer Megawattstunde elektrische Energie bis zu 4 Megawattstunden Raumwärme. Das Konzept ist nicht neu, hat sich bislang aber aufgrund der hohen Investitionskosten gegen andere technische Lösungen zur Wärmeerzeugung nicht durchgesetzt. Das wird sich aus mehreren Gründen ändern. Die niedrigen Wärmeverbräuche durch gute Gebäudeisolierung werden die Investitionen in eine Infrastruktur für die Gas- oder Fernwärmeverteilung immer weniger tragen. Wenn diese Netze keine Anschlussmöglichkeiten mehr bieten, bleiben nur noch wenige Optionen zur Wärmebereitstellung. Biomasse, Heizöl, also feste und flüssige Brennstoffe, sind eine Alternative oder eben der Einsatz von elektrischer Energie über eine Wärmepumpe.

Die elektrisch betriebene Wärmepumpe generiert zusätzliche Nachfrage nach elektrischer Energie und substituiert den Einsatz von fossilen Brennstoffen, beides wichtige Ziele der Energiewende. Und die Wärmepumpe ist hinsichtlich ihrer Wärmeerzeugung steuerbar. Die kurzfristige Speicherung von Niedertemperaturwärme ist leicht möglich. So kann die Wärmepumpe immer dann Wärme erzeugen, wenn das Stromversorgungssystem insgesamt eine hohe Produktionsleistung erzielt. Die Beeinflussung der Nachfrage nach elektrischer Energie in Bezug auf Höhe und Zeitpunkt wird eine wichtige Eigenschaft in den kommenden Jahren. Dies wird durch den immer höheren Anteil an Wind- und Sonnenabhängiger Stromerzeugung geboten sein. Die Wärmepumpe, wie viele andere technische Lösungen, kann neben dem Kundennutzen einen solchen Systemnutzen bereitstellen.

Das Energiesystem der Zukunft zeichnet sich einerseits durch eine kontinuierlich steigende Konzentration auf Strom als Endenergieträger und andererseits durch eine Vielfalt technischer Lösungen und Innovationen aus. Großkraftwerke auf der Basis von Braunkohle und Wind werden neben dezentraler Stromerzeugung aus Photovoltaik Beiträge liefern. Der weiträumige Ausbau der Transportnetze durch Hochspannungs-Gleichstrom-Übertragungsleitungen wird neben dem Ausbau intelligenter, lokaler Verteilungsnetze vorangetrieben. Geschäftsmodelle zur Steigerung der Energieeffizienz gehen Hand in Hand mit dem Ausbau dezentraler Stromerzeugung und der Installation intelligenter Steuerungssysteme zur Gebäudeautomatisierung. Energie wird großtechnisch und zentral im Gasversorgungssystem und gleichzeitig in dezentralen stationären und mobilen Batterien gespeichert. Dieses Energiesystem kann mit Recht als unübersichtlich bezeichnet werden. Wichtig ist, dass es als Gesamtsystem beherrschbar bleibt.

Moderne Informations- und Kommunikationstechnologien eröffnen auch im Energiesystem ungeahnte Möglichkeiten. Die Vernetzung von kleinsten technischen Anlagen und Komponenten wird zukünftig zu immer niedrigeren Transaktionskosten führen. Das Management verteilter Lösungen wird so technisch und zu geringen Kosten möglich. Diese bereits laufende technologische Revolution wird sich ihren Weg auch in das Energiesystem der Zukunft bahnen. Das sogenannte Internet der Dinge wird der Energiewende weiteren Rückenwind geben und die Realisierung der bereits erkennbaren Trends unterstützen.

Mit dem Internet der Dinge werden selbst die kleinsten elektrischen Komponenten und Anlagen im Netz, d. h. im Internet, sein. Sie können so überwacht und gesteuert werden. Das kann durch die Eigentümer der technischen Anlagen selbst oder auch durch mandatierte Dienstleister geschehen, die aus dem Zugang zu technischen Komponenten mehr und mehr Geschäftsmodelle entwickeln. Die Vielfalt der Geschäfte, Opportunitäten und Dienste, die auf uns zukommen, lässt sich nur ansatzweise erahnen. Die Kreativität von vielen Unternehmern und Innovatoren weltweit hat bereits ein neues Betätigungsfeld gefunden.

Für die Energiewende ist das eine gute Nachricht. Das Internet der Dinge wird auch bei der Energieversorgung neue Geschäftsmodelle ermöglichen. Sind elektrische Anlagen und Komponenten Internet-fähig und generieren Daten, die archiviert, komprimiert, kombiniert und ausgewertet werden können, wird in Sachen Energieverbrauch eine neue Transparenz für Kunden entstehen. Aus Verbrauchstransparenz wird Verbrauchseffizienz entstehen. Die Energieeffizienz wird steigen, wenn die Kunden kinderleicht auf die notwendigen Daten bzgl. des eigenen Verbrauchs zugreifen können. Das Internet der Dinge wird den Kunden helfen, ihren Energieverbrauch besser zu verstehen und zu optimieren.

Das Internet der Dinge wird aber nicht nur den Kunden helfen. Viele dezentrale, elektrische Komponenten und Anlagen der Kunden, haben das bereits beschriebene Potential einen Systemnutzen bereit zu stellen. Sie können nicht nur dem Kunden dienen, sondern auch dem Energiesystem insgesamt, wenn der Kunde dies zulässt. Viele kleine Komponenten haben grundsätzlich das Potential für einen Systemnutzen; der Systemnutzen hat einen Marktwert. Dieser kann über das Internet der Dinge gehoben werden. Es ist keine aufwändige, zusätzliche Informations- oder Kommunikationstechnik notwendig. Sind die entsprechenden Komponenten im Netz, kann der Kunde oder auch ein autorisierter Dienstleister darauf zugreifen.

Erst mit dieser technologischen Revolution werden beispielsweise die Batterien in unzähligen Elektrofahrzeugen zu großen Stromspeichern zusammengeschaltet und für das Stromversorgungssystem verfügbar gemacht. Gleiches könnte für dezentrale Erzeugungsanlagen gelten oder auch Wärmepumpen, deren

Wärmeerzeugung ferngesteuert gestartet oder gedrosselt werden kann. Welche Geschäftsmodelle sich am Ende durchsetzen werden, ist heute unmöglich zu sagen. Ob die Bereitschaft der Kunden vorhanden sein wird, eigene Anlagen für ein Systemnutzen zur Verfügung zu stellen und dafür ein Entgelt zu erhalten, ist ebenso nicht vorherzusagen.

Möglicherweise werden verschiedene Dienstleister in einem Haus oder Gebäude auf verschiedene Komponenten zugreifen. Vielleicht gibt es einen Mobilitätsdienstleister, der nicht nur das Elektrofahrzeug zur Verfügung stellt, sondern der sich auch den Zugriff auf die Batterien im Fahrzeug gesichert hat, um daraus einen Mehrwert zu generieren. Ein weiterer Dienstleister greift auf die Photovoltaik Anlage auf dem Dach zu und vermarktet die überschüssigen Strommengen, die die Anlage über den Bedarf der Kunden hinaus produziert usw. Möglicherweise gibt es auch einen Universaldienstleister, der das Energiemanagement des gesamten Gebäudes übernimmt. Zunächst optimiert er das lokale Energiesystem im Gebäude. Wenn noch ungenutzte Leistungsreserven vorhanden sind, werden diese im Stromversorgungssystem angeboten. Dies kann durch steigenden oder sinkenden Verbrauch oder durch steigende oder sinkende Einspeisung ins Netz geschehen. Vielleicht sieht die Zukunft des Internet der Dinge auch ganz anders aus, und nichts davon wird realisiert oder alles nebeneinander – wer weiß das schon.

Wie auch immer die Zukunft der modernen Informations- und Kommunikationstechnologien einschließlich des Internet der Dinge aussieht, die Innovationen in Produkten, Lösungen und neuen Geschäftsmodellen werden der Energiewende helfen. Gerade verteilte, dezentrale Energielösungen werden profitieren und einen bedeutenden Beitrag im Energiesystem der Zukunft leisten. Natürlich wird das Energiesystem der Zukunft auch seine großtechnischen, zentralen Anlagen zur Energieerzeugung, Umwandlung und Speicherung haben. Diese Anlagen werden allerdings das System nicht mehr in der Weise dominieren, wie sie es in der Vergangenheit getan haben. Sie werden sich vielmehr an die neue Welt dezentralere Anlagen anpassen müssen.

Abschließend bleibt die Frage, ob das Energiesystem im Jahre 2050 der Vision entspricht, die 1980 in der ersten Energiewende Studie skizziert wurde. Die Antwort lautet ja und nein.

Ja, der Verzicht auf Erdöl und Kernenergie wird Realität. Nein, Steinkohle wird keine bedeutende Rolle spielen, Braunkohle hingegen schon und Erdgas ebenso.

Ja, die Regenerativen werden die Primärenergiequellen schlechthin sein. Nein, auch sie werden nicht nur als dezentrale Lösungen zur Verfügung stehen, sondern gerade die bedeutendste regenerative Energiequelle, die Windkraft, wird eher in Form zentraler Kraftwerksanlagen aufgebaut werden.

Ja, die Dezentralisierung der Energieversorgung kommt, weil Kunden in eigene Lösungen zur Erzeugung und zum Management des eigenen Energieverbrauches investieren. Nein, allein damit lässt sich das Energiesystem der Zukunft nicht bestreiten. Auch in Zukunft braucht es große und kapitalstarke Energiedienstleister, die in der Lage sind, die großen Infrastrukturen im Netz und in der Erzeugung zu planen, zu bauen und zu betreiben.

Politik für die Energiewende

Die Energiewende ist ein langfristig angelegter Prozess der Transformation des Energiesystems in Deutschland. Sie verfolgt primär das Ziel, ein nachhaltiges Energiesystems aufzubauen, unter besonderer Berücksichtigung des Klimaschutzes. Langfristig sollen die CO_2 Emissionen gegenüber dem Stand von 1990 drastisch sinken. Trotz der herausragenden Bedeutung darf sich die Klima- und Energiepolitik in einem Industrieland wie Deutschland nicht einseitig auf den Klimaschutz konzentrieren. Dies wird auch von den politischen Parteien anerkannt. Daher muss die Energiewende auch die im EnWG verankerten Ziele Sicherheit der Energieversorgung und Preiswürdigkeit verfolgen.

Das Energiekonzept der Bundesregierung definiert die langfristigen Ziele der Energiewende. In westlichen Demokratien werden mit langfristigen Konzepten allerdings weder Wahlen gewonnen, noch konkrete Politik für die Menschen gemacht. Langfristige Perspektiven werden in Präambeln von Gesetze beschrieben, die tatsächliche Wirkung der Gesetze muss hingegen kurzfristig sein. Politik und Regierung sind sich dessen bewusst. Sie wissen, dass ihre Gestaltungsmacht an Legislaturperioden gebunden ist und kurzfristig ausgerichtet sein muss.

Vor diesem Hintergrund haben Empfehlungen an eine Klima- und Energiepolitik überhaupt nur eine Chance auf politische Wahrnehmung, wenn sie einige Kriterien erfüllen. Die Empfehlungen müssen kurzfristig ausgerichtet sein, im besten Fall mit bestehenden Gesetzen umgesetzt werden können und sie müssen mehrheitsfähig sein, so dass sie nicht an den unterschiedlichen Interessen u. a. von Bund und Ländern scheitern. Nicht zuletzt müssen sie die aktuellen Herausforderungen in der Klima- und Energiepolitik adressieren und gleichzeitig im Einklang mit den langfristigen Zielen der Energiewende stehen. Mit der Absicht, diese Kriterien zu erfüllen, sind die folgenden Ausführungen zu verstehen.

Zahlreiche, überwiegend sinnvolle Vorschläge zur Klima- und Energiepolitik werden bereits seit Jahren diskutiert. Es gibt hinreichend viele Beispiele für eine Revitalisierung des Emissionshandels, für ein neues EEG oder eine neue Architektur der Strommärkte. Wissenschaftler, Unternehmenslenker und Spitzenvertreter der Verbände schlagen regelmäßig, überwiegend sinnvolle Ansätze und Modelle vor, mit denen wichtige Fragen der Klima- und Energiepolitik beantwortet werden sollen. Die nachfolgenden Vorschläge treten dazu nicht in Konkurrenz. Sie erheben nicht den Anspruch, völlig neu zu sein oder langfristig eine bessere Lösung. Sie sind vielmehr als ein kurzfristiger Aktionsplan zur Stimulierung der Energiewende zu verstehen.

Worauf kann ein solcher Aktionsplan für die Energiewende aufbauen? Die gute Nachricht ist, dass heute schon hinreichend wirkungsvolle Werkzeuge zur Verfügung stehen. Die vorhandenen Gesetze zur Klima- und Energiepolitik reichen grundsätzlich aus. Sie müssen allerdings besser umgesetzt, inhaltlich nachgeschärft oder teilweise gründlich renoviert werden. Die gesetzlichen Vorgaben können zudem noch besser ineinander greifen und damit ihre Gesamtwirkung verstärken.

Die noch auszuführenden Bestandteile eines Aktionsplans konzentrieren sich auf die hoheitlichen Funktionen des Staates als Gesetzgeber und Aufsicht. Der Staat schafft den gesetzlichen und regulatorischen Rahmen, in dem sich die Energiewirtschaft bewegt, und überwacht die Durchsetzung und Einhaltung seiner gesetzlichen Vorgaben. Der Staat könnte sich grundsätzlich auch als Unternehmer engagieren. In dieser Rolle würde er Steuergelder in die Unternehmen der Energiewirtschaft investieren. Der Bund hat sich in dieser Rolle traditionell zurück gehalten. Länder und insbesondere die Kommunen sind hingegen ganz maßgeblich in der Energiewirtschaft investiert. Große Teile der Strom-, Erdgas- und Fernwärmewirtschaft sind über deutsche Kommunen in Staatshand.

Auch unsere europäischen Nachbarn sind als Unternehmer in der Energiewirtschaft tätig. Gerade die Infrastruktur für den Energietransport wird überwiegend in Staatsunternehmen verantwortet. Der deutsche Staat hätte sich hier in jüngster Zeit engagieren können. Die Gelegenheit bestand über die letzten Jahre aufgrund einer Verkaufswelle von Unternehmen, bei denen der überwiegende Teil der Gastransport- und Stromtransportinfrastruktur in die Hände neuer Eigentümer gelegt wurde. Es ist durchaus bemerkenswert, dass der deutsche Staat hier nicht eingestiegen ist, denn es waren nicht zuletzt Staatsunternehmen aus dem europäischen Ausland, die Strom- und Gastransportnetze in Deutschland erworben haben.

Zum Einstieg in die Energieinfrastruktur ist der Zug für den deutschen Staat vorerst abgefahren. Ob sich dies als Vorteil oder Nachteil herausstellen wird, bleibt abzuwarten. Auf den derzeit schleppenden Ausbau der Stromtransportnetze zur Anbindung der seegestützten Windkraft hätte ein Engagement von staatlicher Seite vermutlich beschleunigend wirken könnte.

Während ein zunehmendes staatliches Engagement auf Bundesebene ausgeblieben ist, nutzen viele Kommunen ihre Möglichkeiten Steuergelder in Energieversorger zu investieren. Das Recht der Kommunen in ihrem Gemeindegebiet Konzessionen an einen Netzbetreiber zu vergeben, wird von vielen Kommunen genutzt, um diese Aufgabe in städtische Hände zu geben. Die Anzahl der Stadtwerke steigt, anders als zu Beginn der Liberalisierung prognostiziert. Die Übernahme des lokalen Energiegeschäfts durch kommunale Unternehmen gibt den Kommunalpolitikern unmittelbaren Einfluss auf die Gestaltung der Energieversorgung vor Ort.

Zur Re-Kommunalisierung der Energieversorgung und zur Frage, wie stark der Staat überhaupt in der Energieversorgung als Unternehmer tätig sein sollte, gibt es über die politischen Parteien hinweg unterschiedliche Auffassungen. Es ist nicht erkennbar, dass es in dieser Frage sehr bald einen überparteilichen Konsens geben könnte. Jede Handlungsempfehlung hätte zwangsläufig eine parteipolitische Färbung und unterbleibt daher.

Der Aktionsplan empfiehlt kein zusätzliches staatliches Engagement als Unternehmer. Es konzentriert sich auf die politische Rolle des Staates. Da es bis dato noch nicht gelungen ist, für die Energiewende einen sich selbst tragenden Prozess zu initialisieren, braucht sie weiter politischen und gesellschaftlichen Anschub, sonst kann sie noch zum Stillstand kommen. Politik und Regierung müssen sich immer wieder neu hinter die Energiewende stellen und sie aktiv fördern. Konkret braucht es eine ganze Bandbreite an Initiativen der Politik und der in Verantwortung stehenden Regierungen. Nachfolgend wird ein Aktionsplan mit insgesamt 8 Themenfeldern empfohlen, die zu bearbeiten sind. Jedes Aktionsfeld trägt für sich zum Erfolg der Energiewende bei. Untereinander sind sie abgestimmt und widerspruchsfrei. Sie sind zudem langfristig auf das Energiesystem der Zukunft ausgerichtet.

1 Braunkohle und Erdgas

Kein anderes Land der Welt leistet sich den Luxus auf die Ausbeutung heimischer Primärenergiequellen zu verzichten. Der heute aus der Mode gekommene Begriff „Bodenschätze" beschreibt den Wert heimischer Rohstoffe. Auch Deutschland sollte alles tun, damit seine Bodenschätze erkundet und abgebaut werden können.

Braunkohle und Erdgas sind die beiden fossilen Primärenergien, über die Deutschland in bescheidenem Umfang verfügt und bei denen die Chance besteht, dass sie zu wettbewerbsfähigen Preisen ausgebeutet werden können. Selbstverständlich müssen dabei höchste Ansprüche an den Umweltschutz gestellt werden.

Aus der Erkundung der Braunkohlevorkommen im Rheinland und in den neuen Bundesländern wissen wir, dass diese Rohstoffe noch über Jahrzehnte abgebaut werden können. Die Erfahrung der letzten Jahre zeigt gute Erfolge bei der Wiederherstellung der Natur nach der Stilllegung von Abbaugebieten. Es bleibt die Herausforderung der hohen CO_2 Fracht der Braunkohle. Kaum ein fossiler Brennstoff verursacht einen derart hohen spezifischen Ausstoß von CO_2 wie die Braunkohle. Nicht selten wird in Braunkohlekraftwerken für jede Kilowattstunde elektrische Energie mehr als ein Kilogramm CO_2 emittiert.

Deutschland hat ein vitales Interesse an der Entwicklung von Technologien zur Abscheidung, zum Transport und zur Speicherung von CO_2. Ob es zu einer großtechnischen Anwendung kommt, kann derzeit dahingestellt bleiben. Zunächst geht es um eine Erprobung aller Behandlungs- und Umwandlungsstufen im industriellen Maßstab, nachdem verschiedene Pilotprojekte bereits gezeigt haben, wie dies grundsätzlich gehen kann. Die nunmehr im industriellen Maßstab anzugehenden Projekte müssen intensiv wissenschaftlich begleitet werden. Sie müssen insbesondere die Langzeitwirkungen der Speicherung von CO_2 in bestimmten Gesteinsformationen untersuchen. Wenn die Erprobung von CO_2 Behandlungstechnologien eingestellt wird, dann wird die Verstromung von Braunkohle aufgrund der hohen CO_2 Emissionen in die Atmosphäre irgendwann unverantwortlich. Um diese Option der Stromerzeugung nicht zu verlieren, müssen die gesetzlichen Voraussetzungen für eine fortgesetzte Erprobung der CO_2 Behandlungstechnologien geschaffen werden.

Erdgas ist für die Energiewende eine nicht minder zentrale Primärenergiequelle, gerade weil Erdgas für eine langfristige

Speicherung von großen Energiemengen unersetzlich ist. Erdgas wird die flexibelste Primärenergiequelle überhaupt sein. Daher kommt der Gaswirtschaft eine ebenso zentrale Bedeutung zu, wie der Stromwirtschaft.

Funktionierende Gasmärkte und eine leistungsfähige Gasnetzregulierung sind für die Energiewende mindestens genauso essentiell, wie funktionierende Strommärkte und eine leistungsfähige Stromnetzregulierung. Die Gaswirtschaft brauchte hinsichtlich einer effektiven Marktöffnung seit der Jahrtausendwende einige Jahre länger als die Strommärkte. Heute benötigt die Gaswirtschaft keine vergleichbaren gesetzgeberischen Initiativen wie der Stromsektor. Die Zusammenlegung der Netzgebiete mit verschiedenen Gasqualitäten zu einem einheitlichen Marktgebiet schreitet voran. Der Gasspeicher sind in Deutschland ist bereits hervorragend ausgebaut.

Die Politik muss sich allerdings entschließen, die Pilotprojekte zur Exploration und Förderung von unkonventionellem Gas zuzulassen. Es geht noch nicht um grünes Licht für eine industrielle Exploration und Förderung dieser Gasvorkommen in Deutschland. Vielmehr muss der Gesetzgeber eine Erkundungsphase ermöglichen, mit denen die Potentiale dieser Primärenergie in Deutschland abgeschätzt werden können. Erst anschließend ist über die Frage zu entscheiden, ob und wie diese Vorkommen kommerziell in einem industriellen Maßstab ausgebeutet werden können.

Der Weg für unkonventionelles Gas in Deutschland muss freigemacht werden. Dies muss in einem gestuften Vorgehen erfolgen, das einen Abbruch nach jeder weiteren Entwicklungsstufe ermöglicht. Heute ist diese Rohstoffoption gesetzgeberisch ausgeschlossen. Dieser Weg muss verlassen werden. Das Ausland zeigt uns, wie wichtig diese Rohstoffquelle für eine Volkswirtschaft sein kann.

2 Auslaufbetrieb der Kernenergie

In der Kernenergie wird der Staat über seine hoheitlichen Aufgaben hinaus agieren müssen. Seine Rolle als Gesetzgeber und Aufsicht wird langfristig nicht ausreichen. Vor den deutschen Gerichten sind bereits mehrere Verfahren anhängig, in denen die Betreiber gegen eine Reihe staatlicher Maßnahmen und Gesetze klagen. Das Moratorium der Bundesregierung aus dem März 2011 wird ebenso beklagt, wie die Erhebung der Brennelemente Steuer auf Uran und die Novelle des Atomgesetzes. Erste gerichtliche Erfolge stellen sich für die Betreiber bereits bei der Klage gegen das Moratorium und gegen die Brennelemente Steuer ein. Drei Verfahren laufen bereits, mit guten Erfolgschancen für die Betreiber.

Der nächste juristische Streit ist beim Thema Endlagerung von hochradioaktivem Abfall vorprogrammiert. Bundes- und Landespolitik haben in dieser heiklen Frage einen die Parteigrenzen übergreifenden Konsens erzielt, der in ein Standortauswahl-Gesetz mündete. Gorleben ist in diesem Gesetz als möglicher Standort für ein Endlager nicht ausgeschlossen, sondern wird gleichrangig neben anderen möglichen Standorten evaluiert. Es ist kaum vorstellbar, dass nach ersten Voruntersuchungen zu möglichen Endlagerstandorten nur Gorleben weiter verfolgt wird. Sicherlich sind auch andere Standorte auf ihre tatsächliche Eignung hin zu erkunden. Dies wird hohe zusätzliche Kosten verursachen, die im Endlagergesetz bereits abgeschätzt wurden.

Diese Kosten, so sagt es das Gesetz, sollen von den Abfallverursachern, also von den Kernkraftwerksbetreibern, getragen werden. Die Betreiber werden auf die bisherigen Ausgaben für die immer noch nicht abgeschlossene Erkundung von Gorleben verweisen. Sie werden weitere Kosten nicht übernehmen wollen, so lange nicht abschließend geklärt ist, ob sich Gorleben als Standort für ein Endlager eignet. Erst wenn die Erkundung in

Gorleben abgeschlossen ist und Gorleben anerkanntermaßen als ungeeignet beurteilt wird, werden sich die Betreiber in der Pflicht sehen, weitere Mittel zur Endlagersuche bereit zu stellen. Der nächste juristische Streit droht.

Die juristischen Auseinandersetzungen zur Kernenergie verbessern das Verhältnis zwischen den Betreibern und der Regierung nicht. Erfolge der Betreiber vor deutschen Gerichten werden nicht nur zu materiellen finanziellen Forderungen an die Bundesregierung führen, sondern auch die Reputation des Gesetzgebers beschädigen.

Die Betreiber haben zudem in den nächsten Jahren einen Auslaufbetrieb ihrer Kernkraftwerke vor Augen, der ihnen nicht mehr große Freude bereiten wird. Die Laufzeiten der Kernkraftwerke sind irreversibel begrenzt. Der Rückbau der abgeschalteten Anlagen wird Milliarden verschlingen. Auch beim Rückbau wird es zu Konflikten mit den Aufsichtsbehörden kommen. Ein über Jahre gestreckter Rückbau oder ein sogenannter sicherer Einschluss ist für die Betreiber deutlich günstiger, als der direkte unmittelbarer Rückbau eines abgeschalteten Kernkraftwerks. Politisch wird gleichwohl Druck auf den schnellstmöglichen Rückbau gemacht.

Nicht zuletzt wird die sinkende Anzahl an kerntechnischen Anlagen eine Herausforderung für die Betreiber. Wie wird genügend und ausreichend qualifiziertes Personal zur Verfügung gestellt? Dies gilt übrigens nicht nur auf der Seite der Betreiber, sondern auch auf Seiten der Aufsichtsbehörden und auf Seiten unabhängiger Gutachter.

Werden alle Aspekte zusammen genommen, dann leuchtet der unlängst aus Gewerkschaftskreisen kommende Vorschlag ein, über ein Stiftungsmodell für die gesamte deutsche Kernkraft nachzudenken. Alle aktiven und stillgelegten Kernkraftwerke sowie die Endlager werden in eine Stiftung eingebracht. Die Stiftung finanziert ihre Aufgaben aus den übernommenen Rückstellungen der Betreiber und aus den Erlösen der noch laufenden Kernkraftwerke bis zu deren Laufzeitende.

Die juristischen Streitigkeiten zwischen Betreibern und Bundesregierung werden in einem großen, diesmal tatsächlichen Konsens beigelegt. Die bisherigen Eigentümer der Kraftwerke sind aus ihren Pflichten entlassen, müssen aber auf Rechtsansprüche gegen den Staat und auf die eigenen Rückstellungen verzichten. Die Stiftung organisiert den Auslaufbetrieb, den Rückbau und die Endlagerung. Der Staat kann entscheiden, ob er die Stiftung mit einer Steuer auf Brennelemente belasten will oder ob er die entsprechenden Summen in der Stiftung belässt, damit diese ihre Pflichten erledigen kann. Die Steinkohle hat es vorgemacht und die Kernenergie wird dies kopieren. Die Frage ist nicht ob, sondern nur wann ein solches oder ähnliches Modell kommt.

Die Kernenergie ist ein Auslaufbetrieb. So bitter es für diese stolze und erfolgreiche Industrie auch ist, sie wird in den nächsten Jahren Stück für Stück immer mehr ein Fall von geordneter Abwicklung sein. Mit jedem zusätzlich abgeschalteten Kernkraftwerk verliert die Industrie ihren Charakter als tragende Säule der deutschen Stromwirtschaft. So steht die Energiewende nicht nur für einen neuen Anfang, sondern auch für das Ende der Kernenergie.

3 Energieeffizienz

Zu den klima- und energiepolitischen Werkzeugen der EU Kommission zählen u. a. alle Initiativen, die die Energieeffizienz verbessern. Die Richtlinie der Kommission zur Energieeffizienz muss innerhalb festgelegter Fristen in nationales Recht umgesetzt werden. Diese Reformvorhaben stehen in der nächsten Legislaturperiode ab 2014 an. Die Energieeffizienz wird in den nächsten Jahren eine der großen Herausforderungen für die Energiewende werden. Zwei Bereiche sind zu unterscheiden.

Erstens kann der Primärenergiebedarf zur Bereitstellung von Endenergie sinken, wenn die notwendigen Umwandlungsprozesse weniger Energieverluste verursachen. Das beste Beispiel sind die vergleichsweise hohen Energieverluste bei der Stromerzeugung in konventionellen Kraftwerken. Wird Strom in Kraft-Wärme-Kopplung produziert, also gemeinsam und gleichzeitig mit Wärme, sinkt der Primärenergieeinsatz erheblich. Die Umwandlungseffizienz hat fraglos Potentiale und wird in Deutschland vor allem durch die Förderung der Kraft-Wärme-Kopplung voran gebracht.

Zweitens ist der Endenergiebedarf beim Energieverbraucher durch effizientere technische Anlagen und Geräte zu verringern. Beispiele für einen möglichst effizienten Einsatz von Endenergie sind: Weniger Energieeinsatz zur Heizung eines Quadratmeter Wohnraum, weniger Treibstoffverbrauch durch einen LKW bei der Beförderung einer Tonne Fracht, weniger Benzinverbrauch eines PKW auf einem Kilometer Fahrtstrecke oder weniger elektrischer Energieverbrauch bei der Beleuchtung einer bestimmten Wohn- oder Gewerbefläche. Es geht um einen geringeren Einsatz von Endenergie, wo immer die Verbraucher Nutzenergie in Form von Wärme, mechanischer Energie oder Beleuchtung brauchen.

Das wirkungsvollste und marktwirtschaftlichste Instrument zur Steigerung der Energieeffizienz beim Verbraucher ist ein steigender Preis für Energie. Dies ist keine Empfehlung für weitere Preissteigerungen durch den Staat auf dem Wege von zusätzlichen Steuern und Abgaben. Die Energiepreise sind für die Endverbraucher schon heute hoch genug, um einen Anreiz zu mehr Energieeffizienz zu bieten. Das Preissignal für mehr Energieeffizienz ist vorhanden. Die Kunden müssen auf dieses Preissignal aber auch reagieren können und hier ist bei den technischen Anlagen und Ausrüstungen anzusetzen.

Die technischen Anlagen, die für den Kunden Endenergie in Nutzenergie umwandeln, unterliegen einem ständigen Innovationsprozess. Große Potentiale sind bereits gehoben und weitere werden ganz sicher folgen. Weitgehend unerschlossen sind bislang die Effizienzpotentiale, die das Verbraucherverhalten direkt ansprechen. Eine Stoßrichtung für die Zukunft ist die Steigerung der Energieeffizienz durch eine höhere Transparenz des Energieverbrauchs. Neue Technologien, wie zum Beispiel der digitale Zähler für den Strom-, Gas- oder Wärmeverbrauch, in Kombination mit neuester Kommunikations- und Informationstechnologie werden dem Energieverbraucher zeitnah und leicht verständlich vermitteln, wo und wie er seinen Energieverbrauch senken kann. Hier kann staatliche Regulierung ansetzen und bei der digitalen Zähltechnik einen Beitrag leisten, indem die Einführung dieser Schlüsseltechnologie für mehr Energieeffizienz beschleunigt wird.

Hohe Energiepreise gekoppelt mit der Kundenerwartung, dass diese weiter steigen werden, und eine möglichst hohe Transparenz beim Energieverbrauch erhöhen den Anreiz für mehr Energieeffizienz kontinuierlich. Gleichwohl können diese Potentiale nur Schritt für Schritt gehoben werden. Ein vollständiger Austausch von Altgeräten durch energiesparende Neugeräte kann schnell eine Dekade dauern. So kommt die steigende Energieeffizienz nur in kleinen Schritten, dafür aber kontinuierlich voran.

Die Steigerung der Energieeffizienz wird zudem durch einen gegenläufigen Effekt gedämpft. Er zeigt, dass der durchschnittliche Kunde auf seine eigene Art auf steigende Energieeffizienz reagiert. Bei sinkendem Energiebedarf pro Quadratmeter Wohnfläche werden größere Wohnungen bewohnt. Mit einem Sprit sparenden Auto wird häufiger und länger gefahren. Bei immer effizienteren elektrischen Geräten erhöht sich schlicht die Anzahl der Geräte, die beim Kunden im Einsatz sind. Im Ergebnis schlagen die Steigerungen der Energieeffizienz nicht voll in einen niedrigeren Endenergiebedarf durch. Ein verändertes Kundenverhalten frisst sozusagen einen Teil der Effizienzgewinne wieder auf. Dies ist kein Grund bei den Anstrengungen für mehr Energieeffizienz nachzulassen, aber gleichwohl Grund genug, diesen Effekt bei Berechnungen zu berücksichtigen.

Die Ende des Jahres 2012 in Kraft getretene Richtlinie der EU Kommission zur Energieeffizienz setzt insbesondere in Bezug auf den Endenergiebedarf klare Ziele. Im Zeitraum von 2014 bis 2020 soll der Endenergiebedarf in den Mitgliedsstaaten um jährlich 1,5 % sinken. Nach Ansicht einiger, von der Bundesregierung eingesetzter Gutachter wird Deutschland dieses Ziel locker erreichen. Gerade die staatlichen Maßnahmen zur Unterstützung der energetischen Gebäudesanierung werden dazu beitragen.

Der staatliche Einfluss auf die Energieeffizienz beim Energieverbraucher wird trotz aller, durchaus sinnvoller Vorgaben begrenzt bleiben. Dies schließt allerdings dirigistische Maßnahmen aus, die den Verbraucher zu einem bestimmten Verhalten zwingen. Politisch werden solche Maßnahmen in bestimmten Lagern bisweilen diskutiert. Glücklicherweise sind solche Ansätze nicht mehrheitsfähig und haben sich folglich auch noch nicht durchgesetzt.

4 Emissionshandel

Der Emissionshandel ist das zentrale Instrument zur Bekämpfung des Klimawandels und zur Reduktion der Treibhausgasemissionen in Europa. Trotz seiner zentralen Bedeutung auch und gerade für die Energiewende muss in Erinnerung gerufen werden, dass in Deutschland über den Emissionshandel nur ca. 50 % der Treibhausgase reguliert werden. Die übrigen 50 % werden durch Einzelmaßnahmen zum Beispiel im Verkehrssektor reguliert. An eine Ausweitung des Emissionshandels über die heutigen Sektoren hinaus ist im Lichte einer insgesamt deutlich zu schwachen wirtschaftlichen Entwicklung nicht zu denken. Vor einer Ausweitung auf weitere Sektoren steht zunächst der Nachweis der langfristigen Wirksamkeit des Emissionshandels im Energiesektor.

Der Emissionshandel hat seine grundsätzliche Funktionsfähigkeit als ein marktwirtschaftliches Instrument zur Internalisierung der Kosten von CO_2 Emissionen unter Beweis gestellt. Und doch ist der Emissionshandel seit wenigen Jahren in einer schwierigen Phase. Bei Preisen für die Emission von CO_2 im Bereich von wenigen Euro pro Tonne CO_2 entfaltet er nicht die Steuerungswirkung, die vom Emissionshandel ausgehen soll. Ein Anreiz in CO_2 arme Technologien zu investieren, besteht bei diesem Preisniveau nicht. Darüber sind sich im Grunde auch alle politischen und gesellschaftliche Gruppen, die ein Interesse am Emissionshandel haben, einig.

Hinsichtlich der Beurteilung, was denn mit dem Emissionshandel geschehen sollte, spalten sich die Interessengruppen in zwei Lager. Es sollte der guten Ordnung hinzugefügt werden, dass keine der Gruppen aus altruistischen Motiven handelt. Vielmehr haben beide Lager ein erhebliches Eigeninteresse. Es geht dabei weniger um Macht durch Sicherung von Marktanteilen etc., sondern vielmehr um gefährdeten Profit, bei dem Einen durch steigende Kosten und bei dem Anderen durch entgangene Margen.

Die erste Gruppe argumentiert, dass mit dem Emissionshandel alles in Ordnung ist. Die gesetzten Ziele zur Emissionsminderung werden erreicht. Da ist es nur folgerichtig, dass der Preis für CO_2 Zertifikate gegen Null strebt. Das marktwirtschaftliche Instrument funktioniert und auch niedrige Preise sind zu akzeptieren, wenn die gesetzten Ziele erreicht werden. Niedrige Preise sind jedenfalls nicht per se ein Anzeichen für Marktversagen. Diese Gruppe empfiehlt die Unterlassung jeder Intervention in den Emissionshandel, auch und gerade, weil viele europäische Industrien außerhalb Deutschlands immer noch mit den Folgen der Finanz- und Wirtschaftskrise zu kämpfen haben. Gerade für die energieintensiven Industrien sind die niedrigen CO_2 Zertifikate Preise eine Kostenentlastung in diesen nicht einfachen Zeiten.

Die zweite Gruppe verweist auf die Gründe für den niedrigen Zertifikate Preis, die im Wesentlichen in der schwachen wirtschaftlichen Entwicklung in Europa zu suchen sind. Die Wachstumsschwäche im Süden und Osten Europas lassen die Nachfrage nach Energie, auch nach elektrische Energie, zurückgehen. Diese schwache Nachfrage und die in Deutschland erfolgten Investitionen in erneuerbare Energien haben den europaweit einheitlichen Preis für CO_2 Zertifikate in den Keller geschickt. Es sind also nicht nur die Investitionen in emissionsmindernde Technologien, die Europa bislang seine CO_2 Ziele hat erreichen lassen. Diese Gruppe setzt sich für eine wirkungsvolle Intervention in den Emissionshandel ein, um diesem Instrument zur Senkung der CO_2 Emissionen wieder die gewünschte Steuerungswirkung zurück zu geben.

Ein echtes Dilemma also, gerade für die Politik auf europäischer und auf nationaler Ebene. Beide Gruppen haben gute Argumente und mächtiger Vertreter auf ihrer Seite. Die Politik reagiert darauf mit einem entschiedenen „wir wissen auch nicht weiter". Jedenfalls sind Interventionen in den Emissionshandel zwar beschlossen, diese sind aber eher lau und haben nicht zur Stabilisierung des Preisniveaus für CO_2 Zertifikate geführt. Ein politischer Kompromiss also, bei dem zurzeit die Gegner einer Intervention in den Emissionshandel die Nase vorne haben. Wie auch immer diese Diskussion in nächster Zeit weiter geführt wird, sie muss zu einem Ende kommen, so oder so. Es braucht ein klares Signal, damit sich Investoren auf verlässliche Rahmenbedingungen einstellen können.

Es gibt viele Perspektiven auf den Emissionshandel und genauso viele Meinungen, was mit ihm weiter geschehen sollte. Aus der Perspektive der Energiewende ist die Lage allerdings ziemlich eindeutig. Für das weitere Gelingen der Energiewende braucht es einen funktionierenden Emissionshandel mit CO_2 Zertifikaten auf einem deutlich höheren Preisniveau. Nur so wird in emissionsarme Technologien investiert und nur so kommt die Energiewende weiter voran. Bleibt es nachhaltig bei dem niedrigen Preisniveau, wird der Zug der Energiewende verlangsamt und der Zeitpunkt zu dem erneuerbare Stromerzeugung wettbewerbsfähig sein wird, verzögert sich erheblich.

Wenn die Energiewende sprechen könnte, würde sie also für eine kräftige Intervention in den europäischen Emissionshandel werben. In diesem Szenario würde sie sich für eine deutliche und irreversible Verknappung der CO_2 Zertifikate in der jetzt laufenden Handelsperiode aussprechen. Das würde das Instrument des Emissionshandels intakt halten und die CO_2 Preise zum Wohle des Klimaschutzes steigen lassen. Die europäischen Finanzminister würden sich über eine solche Entwicklung freuen. Für die Staatshaushalte würden deutlich höhere Einnahmen aus der Auktion der Zertifikate generiert, wenn die CO_2 Preise wieder anziehen. Auch wenn nicht die gesamten Auktionserlöse direkt in die Staatskassen der Mitgliedsländer fließen, würden die öffentlichen Kassen direkt und indirekt entlastet. Den staatlichen Haushalten würde dies sicher gut tun.

Das fiskalische Argument ist in Zeiten überschuldeter öffentlicher Haushalte überzeugend. Es klingt zwar ein wenig merkwürdig, aber die desolate Haushaltslage könnte dem Emissionshandel tatsächlich aus seiner Krise helfen. Bevor dies geschieht, wird Europa allerdings seine Wachstumsschwäche überwinden müssen. Danach kann mit dem Emissionshandel ein zusätzliches Instrument zur Verfügung stehen, welches von der Politik zur Stabilisierung der Staatseinnahmen eingesetzt wird.

Die Energiewende wird durch eine Intervention in den Emissionshandel unterstützt, wenn die zulässigen Emissionen verknappt und anschließend die Preise für CO_2 Zertifikate steigen würden. Die Energiewende wird in gleicher Weise durch die Einführung einer CO_2 Steuer oder die Festsetzung eines Mindestpreises für CO_2 Emissionszertifikate gefördert. Beides wäre eine ebenso zielgerichtete Intervention, allerdings hinreichend schwierig umzusetzen. Zudem sind nicht alle Lösungen mit dem bereits eingeführten Emissionshandel kompatibel. Einige europäische Länder haben in entsprechenden Alleingängen schon Maßnahmen zusätzlich zum Emissionshandel beschlossen oder sind kurz davor es zu tun. Zum Teil handelt es sich um direkte Steuern auf CO_2 Emissionen oder auch um eine indirekte Besteuerung des CO_2 Ausstoßes, wenn CO_2 intensive Brennstoffe, wie zum Beispiel Steinkohle, besteuert werden.

Jede kräftige Intervention der EU Kommission mit dem Ziel der Stabilisierung der Kosten für CO_2 Emissionen ist richtig. Dies kann als Verknappung im Emissionshandel, Besteuerung oder auch durch Mindestpreise erfolgen. Die Intervention muss langfristig angelegt sein. Und sie muss Vertrauen in einen belastbaren und im Zweifel weiter steigenden Preis für CO_2 Emissionen schaffen. Nur so wird ein entsprechender Eingriff Investitionen in CO_2 arme Technologien nach sich ziehen. Die gewünschten Investitionen sind üblicherweise technische Anlagen mit einer langen technisch-wirtschaftlichen Nutzungsdauer. Stark schwankende CO_2 Preise ohne eine Preisuntergrenze bergen für Investoren ein zusätzliches Marktpreisrisiko. Viele Investoren erleben dies gerade in den letzten Jahren mit sehr niedrigen CO_2 Preisen. Für die Zukunft könnte diese durch eine gut gemachte Intervention verhindert werden.

Gleichwohl ist eine solche Intervention nur dann eine echte Alternative, wenn sich alle Mitgliedsländer in Europa darauf verständigen können und gleichzeitig ihre nationalen Aktivitäten einstellen oder schon bestehende zusätzliche Belastungen durch Steuern etc. zurück nehmen. Heute besteht bereits ein Flickenteppich in Europa hinsichtlich der Behandlung von CO_2 Emissionen. Viele weitere nationale Initiativen sind in Vorbereitung und werden dieses Bild in den nächsten Jahren noch unübersichtlicher machen. Wenn sich dies fortsetzt, wird es den europäischen Volkswirtschaften insgesamt nicht nutzen. Arbitrage Geschäfte über Ländergrenzen wären die Folge; alles nicht hilfreich in einem Europa, das enger zusammen wachsen sollte. Zudem werden Investoren verunsichert und suchen sich andere Anlagemöglichkeiten.

Die europäische Gemeinschaft hatte sich mit der erfolgreichen Einführung eines Emissionshandels eine globale Führungsrolle erarbeitet. Europa wollte und konnte zeigen, wie die Bekämpfung des Klimawandels mit Hilfe eines marktwirtschaftlichen Instrumentes organisiert werden kann. Die Mitgliedsstaaten, die EU Kommission und das EU Parlament müssen sehr bald klar Position beziehen, wie es mit dem Emissionshandel weitergehen soll. In jedem Fall, d. h. mit oder ohne starke Intervention, muss die notwendige Reform des EEG auf den zukünftigen Emissionshandel abgestimmt werden. Insofern braucht Deutschland auch mit Blick auf das nationale EEG schnell Klarheit, wohin die Reise mit dem Emissionshandel geht.

5 EEG Reform

Die nächste Novellierung des EEG darf nicht nur eine Reform dieses Gesetzes sein; es muss vielmehr eine Kernsanierung werden. Seit mehr als 10 Jahren haben alle Bundesregierungen das EEG mit jeder Novelle immer komplexer und immer teurer gemacht. Dieser Trend muss umgekehrt werden, ohne die Erfolgsgeschichte des EEG grundsätzlich zu stoppen. Der jährlich wiederkehrende Versuch, den Anstieg der EEG Umlage durch Anpassungen bei den Einspeisevergütungen zu dämpfen, ist wiederholt gescheitert. Diese Maßnahmen reichen nicht aus, um das EEG für die Energiewende zukunftsfest zu machen. Die nächste Novelle des EEG muss die Brücke bauen, mit denen die erneuerbaren Energien in den Wettbewerb entlassen werden können. Dazu ist eine Reihe von grundsätzlichen Veränderungen notwendig.

Für einige dieser Veränderungen mögen Übergangslösungen sinnvoll sein, gleichwohl muss die Zielrichtung deutlich werden, um die Erfolgsgeschichte des EEG fortzusetzen. Es muss klar sein, dass sich der Charakter des EEG endgültig ändert. Das EEG wird nicht mehr dem Aufbau verschiedener Technologien zur erneuerbaren Stromerzeugung dienen. Dieser Schritt ist vollendet, jedenfalls für alle Technologien, die zukünftig unter dem EEG noch weiter gefördert werden. Für Technologien, die diese Reife noch nicht haben, kann es eine staatliche Förderung außerhalb des EEG geben, die deren Weiterentwicklung ermöglicht. Dazu könnte beispielsweise die großtechnische Nutzung der Geothermie zählen. Es ist zu hoffen, dass seegestützte Windkraft nicht dazu zählen wird.

Jede zusätzliche staatliche Förderung einer erneuerbaren Technologie außerhalb des EEG sollte im Übrigen klar begrenzt werden, entweder über begrenzte Fördermittel oder über eine Ausbaugrenze für die zu installierenden Leistungen. Diese Förderung hat den Charakter einer Forschungs- und Entwicklungsförderung und sollte aus allgemeinen Steuermitteln bedient werden.

Ein neues EEG muss von den Eigentümern zusätzlicher, erneuerbarer Stromerzeugungsanlagen (im Weiteren: Neuanlagen) verlangen, dass sie ihre Produktionsmengen selbst vermarkten. Ob sie dies an den bestehenden Strommärkten tun oder über andere Stromgeschäfte, kann dahin gestellt bleiben. Neuanlagen und konventionelle Stromerzeugung werden in Zukunft gleich behandelt. Die erneuerbaren Produktionsmengen aus Neuanlagen müssen einen Markt finden, an dem sie abgesetzt werden können. Mit dem neuen EEG endet die Verpflichtung der Netzbetreiber zur Vermarktung der EEG Mengen.

Diese Veränderung braucht zeitlichen Vorlauf. Sie kann nicht von jetzt auf gleich umgesetzt werden. Es müssen bei den Betreibern von Neuanlagen Organisationen aufgebaut werden, die Vertriebsstrategien und Vertriebswege für die erneuerbare Erzeugung etablieren. Eine Vorlaufzeit von einem Jahr sollte ausreichend sein.

Die Vorteile einer solchen Veränderung liegen auf der Hand. Die erneuerbare Erzeugung wird noch näher an den Strommarkt herangeführt. Konventionelle und erneuerbare Erzeugung werden von den jeweiligen Produzenten auf den gleichen Märkten angeboten. Alle Produzenten von elektrischer Energie sind dem gleichen Marktpreisrisiko ausgesetzt.

Das bisherige System der Vollvergütung der eingespeisten elektrischen Energie durch die Netzbetreiber wird beendet. Das EEG wird vielmehr auf ein Bonusmodell umgestellt. Jede Neuanlage erhält einen Bonus für jede Megawattstunde eingespeister elektrischer Energie. Der Einspeisebonus wird durch die Netzbetreiber gezahlt. Alle eingespielten Prozesse zur Abwicklung des EEG können fortgeführt werden. Die Bonuszahlungen werden in der EEG Umlage berücksichtigt und über das etablierte Umlagesystem ausgeglichen.

Der Bonus liegt auf einem niedrigeren Niveau als die heutigen Einspeisevergütungen. Er ist so einzustellen, dass Bonus und Markterlöse zusammen eine hinreichende Attraktivität für Investoren bieten. Bei der Festlegung des Bonus wird folglich zu berücksichtigen sein, wie sich der Emissionshandel weiter entwickelt. Bleibt es bei den niedrigen Preisen für CO_2 Zertifikate, dann werden die Markterlöse niedrig bleiben und der Bonus muss höher ausfallen. Kommt es doch noch zu einer Intervention in den Emissionshandel mit anschließenden Preissteigerungen für die CO_2 Zertifikate, dann steigen die Strompreise und der Bonus kann niedriger ausfallen.

Der Bonus setzt sich aus einem Sockelbetrag und einem Zuschlag zusammen. Der Sockelbetrag muss auf die beste, d. h. die kostengünstigste, Technologie abgestellt werden. Der Zuschlag kann hingegen je nach Technologie und Größe der Anlage variieren. Die Zuschläge gibt es nur für einen sehr begrenzten Zeitraum; sie verstehen sich als Übergangsregelungen. Sie sind zügig auf null zurückzuführen, so dass möglichst bald nur noch der Sockelbetrag gezahlt wird. Folglich sind nur am Anfang des neuen EEG differenzierte Boni unterschiedlich nach Technologien und Anlagengrößen vorgesehen. Nach einer kurzen Übergangszeit verbleibt nur noch ein einheitlicher Bonus auf Höhe des Sockelbetrages. Im Anschluss an diese Übergangszeit muss die Absenkung des einheitlichen Bonus selbst beginnen, so dass auch dieser schlussendlich entfallen kann. Ist dieser Punkt wiederum erreicht, hat sich das EEG erledigt. Die erneuerbare Erzeugung ist vollständig in den Markt integriert.

Innerhalb einer Dekade kann dieser gesamte Prozess abgeschlossen sein, immer unter der Voraussetzung, dass der Emissionshandel wirkungsvoll revitalisiert wird und langfristig funktioniert. Bleibt die wirkungsvolle Intervention in den Emissionshandel aus, muss das EEG länger fortgeführt werden, um den Ausbau der erneuerbaren Erzeugung weiter voran zu treiben.

Wie jede Novelle des EEG zuvor, wird auch diese Reform Kritik von allen Seiten ernten. Den einen wird diese Novellierung nicht weit genug gehen, den anderen deutlich zu weit. Die einen werden den Untergang der gesamten erneuerbaren Industrie prophezeien, die anderen werden eine steigende EEG Umlage aufgrund des weiteren Ausbaus der erneuerbaren Erzeugung prognostizieren. Irgendwo in der Mitte wird sich die Wirklichkeit einstellen. Tatsächlich werden einige erneuerbare Technologien mit einem solchen EEG gut, andere vielleicht nicht so gut leben können. Das liegt aber dann überwiegend an der Eignung dieser Technologien für deutsche Breitengrade und am Angebot von Wind und Sonne in Deutschland, aber es liegt nicht an einem neuen EEG.

Wie wird das neue EEG auf den Ausbau der Stromerzeugung aus erneuerbaren Energien wirken? Und wie wird sich die EEG Umlage entwickeln? Dies sind die beiden zentralen Fragen an jede Reform des EEG.

Der weitere Ausbau der erneuerbaren Erzeugung wird sich auf solche Technologien konzentrieren, die angepasst an deutsche Wind- und Sonnenverhältnisse besonders preisgünstig Strom produzieren können. Es kann nicht ausgeschlossen werden, dass es zu einer einseitigen Konzentration auf den landgestützten Windkraftausbau kommt. Andere Technologien können in diesem Wettbewerb um die günstigsten Stromproduktionskosten ggf. nicht mithalten. Diese Entwicklung wird umso schneller und stärker eintreten, wenn der Gesetzgeber zügig auf einen einheitlichen Bonus zusteuert. Für manche Technologie neben der Windkraft kann es im deutschen Strommarkt schwierig werden, weitere Marktanteile zu gewinnen.

Die EEG Umlage ist in den letzten Jahren ein Deutschland weites Politikum geworden. Drei Aspekte lassen die EEG Umlage zu einem ständigen Thema in der Politik und in den Medien werden: Die absolute Höhe der EEG Umlage, die mittlerweile fast 25 % des Strompreises für Haushalte ausmacht; die Steigerungsraten der EEG Umlage über die letzten Jahre, die immer noch schlimmeres für die nächsten Jahre befürchten lassen und die stetigen Fehlprognosen über die zukünftige Entwicklung der Umlage. Wie würde ein neues EEG auf die Umlage wirken? Diese Frage ist von zentraler Bedeutung.

Im heutigen EEG ist durch jede Neuanlage eine steigende Umlage angelegt. Dies würde sich auch mit der vorgeschlagenen Novelle des EEG grundsätzlich nicht ändern. So lange es ein EEG mit einem Bonusmodell für Neuanlagen gibt, so lange wird die EEG Umlage tendenziell steigen. Die Politik sollte sich daher von der Vorstellung verabschieden, dass ein dynamischer Ausbau der erneuerbaren Energien ohne einen Anstieg der EEG Umlage zu haben ist. Das Ziel muss sein, den Anstieg der Umlage stark zu bremsen und den Ausbau trotzdem voranzubringen.

Durch ein neues EEG wird die Umlage Schritt für Schritt robuster gegen Schwankungen des Strompreises an den Börsen. Heute erzielen die Netzbetreiber an den Strombörsen Vermarktungserlöse für die eingespeisten EEG Mengen. Diese Erlöse werden bei der Ermittlung der EEG Umlage gegen die Kosten aus den Einspeisevergütungen verrechnet. Dies wird zukünftig für Neuanlagen aufgrund der Verpflichtung zur Selbstvermarktung entfallen. Die Rückwirkung der Strompreise an den Börsen auf die EEG Umlage wird zurückgehen, ein klarer Vorteil gegenüber dem heutigen System.

Eine ganze Reihe von Effekten wird umlagesenkend wirken. Die Einspeisevergütungen für Bestandsanlagen sind degressiv ausgelegt; dies senkt die EEG Umlage. Eine steigende Anzahl von Bestandsanlagen wird Jahr für Jahr aus der EEG Förderung herausfallen. Das erste Einspeisegesetz datiert aus dem Jahre 1990. Bis zum Jahr 2000 wurden mehr als 10.000 MW an erneuerbarer Erzeugung installiert, diese werden schrittweise bis 2020 aus der Förderung herausgehen; auch dies senkt die Umlage. Zur Entlastung der Umlage wird zudem die Ausklammerung der Technologieförderung beitragen, die außerhalb des EEG finanziert werden muss.

Die Entwicklung der EEG Umlage wird ganz wesentlich durch die Höhe des gesetzlich festzulegenden Bonus beeinflusst. Desto eher ein einheitlicher Bonus kommt, desto positiver wird sich dies auf die Umlage auswirken. Rein theoretisch könnte der Bonus direkt einheitlich sein, ohne jegliche Differenzierung nach Technologien und Anlagengrößen. Konsequenzen wären insbesondere für den Ausbau der seegestützten Windkraft und für den Zubau an Photovoltaik absehbar.

Der Ausbau der seegestützten Windkraft wird ohne substantielle Veränderungen am EEG zu einer deutlichen Steigerung der EEG Umlage führen. Die heute noch vorgesehenen Einspeisevergütungen werden zurzeit nur für wenige seegestützte Windparks gezahlt. Insoweit ist der Einfluss dieser Technologie auf die EEG Umlage noch gering. Dies wird sich ändern, wenn die ehrgeizigen Ausbaupläne der Bundesregierung Realität werden, denn bis zum Jahr 2030 soll die seegestützte Windkraft auf 25.000 MW ausgebaut werden. Dieser Ausbau würde die EEG Umlage weiter drastisch erhöhen. Wenn dies verhindert werden soll und die Option auf seegestützte Windkraft gleichzeitig nicht aufgegeben werden soll, dann muss der Gesetzgeber die Voraussetzungen für küstennahe Windparks schaffen. Die Kosten für die Errichtung von Windparks sinken erheblich und die Investoren können Projekte auch bei einem niedrigeren Bonus aus dem EEG realisieren. Für die bereits in Planung befindlichen Windparks müssen Übergangsregelungen gefunden werden. Vertrauensschutz für die Investoren ist sicher zu stellen.

Der Ausbau der Photovoltaik wird weitergehen, auch ohne eine technologiespezifische Förderung über ein neues EEG. Das Geschäftsmodell der Photovoltaik muss gegenüber dem heutigen Ansatz vollständig umgestellt werden. Eigentümer zukünftiger Photovoltaik Anlagen müssen den überwiegenden Teil der Stromproduktion selbst verbrauchen. Wenn die Vergütung von Strom aus Photovoltaik Anlagen nur noch mit einem niedrigen einheitlichen Bonus vergütet wird, dann wird der Anreiz für dieses Geschäftsmodell erhöht.

Der Bonus würde selbstverständlich auch für Anlagen gezahlt, die nicht zum Zwecke der Eigenbedarfsdeckung gebaut würden. Im Ergebnis wären aber Anlagen zur Eigenproduktion besonders attraktiv. Das neue EEG setzt darauf, dass sich die Photovoltaik als dezentrale Erzeugung mit dem bereits beschriebenen Geschäftsmodell durchsetzt. Der Ausbau der Photovoltaik geht weiter voran, mit verminderter Geschwindigkeit und nur noch sehr beschränkt über das EEG finanziert. Die EEG Umlage würde durch den Photovoltaik Ausbau nur noch unwesentlich steigen.

Eine weitere Herausforderung kann sich aus der Verpflichtung zur Selbstvermarktung der erzeugten Strommengen durch die Betreiber kleiner Erzeugungsanlagen einstellen. Die erzeugten Mengen sind schließlich zu gering, um dafür ganze Vertriebsorganisationen zu finanzieren, die die Vermarktung übernehmen. Kleinere Erzeugungsanlagen sollten ausschließlich als Eigenerzeugungsanlagen zum Selbstverbrauch attraktiv sein. Wenn Kleinanlagen darüber hinaus am Erzeugungsmarkt teilnehmen wollen, gelten für sie die gleichen Marktbedingungen wie für alle übrigen Erzeugungsanlagen. Dezentralität darf kein Selbstzweck sein, denn sie hat ihren Wettbewerbsvorteil in der maßgeschneiderten, kundennahen Lösung.

Alle Effekte zusammen genommen werden die EEG Umlage nicht mehr in dem Maße steigen lassen, wie dies über die letzten Jahren kontinuierlich der Fall war.

Für das Gelingen der Energiewende ist die Novellierung des EEG zentral. Ohne eine solche grundsätzliche Reform dieses Gesetzes wird die Energiewende nicht gelingen, wenigstens aber unnötig teuer für die Stromkunden werden. Sicherlich hätte das EEG schon viel eher reformiert werden müssen und die Stromkunden hätten davon über eine niedrigere EEG Umlage profitiert. Dies ist nun nicht mehr zu ändern. Die Rechnungen der bislang investierten Windkraft-, Photovoltaik-, Biomasse- und Wasserkraftanlagen sind zu bezahlen. Es werden ein hoher Betrag und ein langer Zeitraum sein, bis diese Last abgetragen ist. Dies allein sollte für die Politik aber auch Anreiz genug sein, diese Last nicht mehr unnötig weiter steigen zu lassen. Dazu gibt es Optionen, aber auch diese sind politisch nicht einfach durchzusetzen.

6 Regulierung der Stromnetze

Die heute im Energiewirtschaftsrecht verankerte Netzregulierung hat eine Reihe von Spielregeln, die auch in Zukunft unverändert Anwendung finden sollten. Dazu gehört der gesamte Prozess der Abwicklung von Netznutzung und Netzzugang. Ebenso hat sich die Kombination aus Kostenregulierung und Anreizregulierung bewährt. Die Netzbetreiber stellen bei der Bundesnetzagentur ihre Anträge auf Kostenerstattung und erhalten anschließend durch die Bundesnetzagentur oder die zuständigen Regulierungsbehörden der Länder entsprechende Genehmigungsbescheide. Die Genehmigungsbehörden prüfen nicht nur, ob die Kostenanträge sachgerecht sind, sondern stellen die Netzbetreiber untereinander auch in einen Kosten- und Qualitätsvergleich. Über das Instrument der Anreizregulierung wird ein „Als-ob" Wettbewerb simuliert, der Produktivitätssteigerungen bei den Netzbetreibern anreizt.

Für die Energiewende muss allerdings eine Reform des Preissystems der Netzentgelte angegangen werden. In einem neuen Preissystem wird der Netzbetreiber auf die gleichen Umsatzerlöse kommen, wie in dem heutigen System. Gleichwohl werden die durch die Regulierungsbehörden genehmigten Kosten auf die Netznutzer anders verteilt, als dies heute der Fall ist. Die Verteilung der Netzkosten ist auf die Energiewende anzupassen. So kann auch das Preissystem der Netzentgelte einen Beitrag zum Gelingen der Energiewende beitragen.

Das heutige Preissystem der Netzentgelte basiert auf der Grundannahme, dass die gesamten Netzkosten nach einem bestimmten Verteilungsschlüssel durch die Verbraucher bezahlt werden. Die Stromerzeuger beteiligen sich an der Refinanzierung der Netzkosten nicht. Stromtransport- und Stromverteilungsnetze sind im Prinzip das technische notwendige Verbindungsglied zwischen Erzeugung und Verbrauch. Angebot, d. h. Erzeugung, und Nachfrage, d. h. Kundenbedarf, braucht das Netz im Prinzip gleichermaßen. Eine Kostenteilung zwischen den Erzeugern und den Netzkunden wäre insofern grundsätzlich sachgerecht. Die prinzipielle Regulierungsfrage, ob und wie sich Stromerzeuger an den Netzkosten beteiligen sollten, ist nicht neu. Heute ist eine Kostenbeteiligung der Erzeugung an den Netzkosten nicht vorgesehen. Über eine sogenannte g-Komponente könnte eine solche Kostenaufteilung erfolgen. Dies ist bislang allerdings nicht geschehen. Der Gesetzgeber hat von diesem Instrument bislang keinen Gebrauch gemacht.

An dem Stromerzeuger in Deutschland, der seinen Strom nach Frankreich verkauft, wird deutlich, worum es geht. Der Stromerzeuger nutzt für diesen Transport zwar die deutsche Infrastruktur, beteiligt sich aber nicht an den Kosten der Infrastruktur. Bislang war diese Herausforderung eher eine theoretische. Die Nutzung der deutschen Infrastruktur zum reinen Transit von Strom war überschaubar. Diskussionen über eine Strommaut waren entbehrlich. Der geringe Umfang der Stromtransite hätte den Aufwand einer neuen Regulierung und eines neuen Preissystems nicht gerechtfertigt. Es gab bislang keinen Handlungsdruck. Die Energiewende mit einer zunehmenden Mischung aus erneuerbarer und konventioneller Stromerzeugung und einer zunehmenden Mischung aus großen und kleinen Stromerzeugungsanlagen erfordert aber eine neue, andere Aufteilung der Netzkosten auf alle Netznutzer.

Natürlich wird jede Kostenbeteiligung der Stromerzeuger an den Netzkosten letztendlich wieder beim Kunden landen. Die Stromerzeuger werden die Kosten der Netznutzung in die Angebotskalkulation ihrer Produktpreise einbeziehen. Diese Produktpreise stehen im Wettbewerb zu einander. Dies bedeutet einen ersten Vorteil, weil ein Teil der Netzkosten erst über den Wettbewerbsdruck der Erzeugerpreise wieder beim Kunden ankommt. Dieser Effekt hat zugegebenermaßen nichts mit der Energiewende zu tun und allein dafür macht ein neues Preissystem der Netzentgelte auch keinen Sinn. Gleichwohl deutet dieser Effekt an, welche Steuerungswirkung von der Kostenbeteiligung der Erzeugung an den Netzkosten ausgehen kann.

An einem weiteren Beispiel wird deutlich, wie sich die Dinge durch die Energiewende verändert haben. Die Stromnetze folgen in ihrem prinzipiellen Aufbau einer einfachen Struktur, die für den Aufbau von Stromversorgungssystemen prägend ist. Es gibt die bereits früher erläuterten Verbundnetze, die auch Transportnetze bezeichnet werden. Sie werden mit Spannungen von 380.000 und 220.000 V betrieben. Aus diesen Netzen speisen sich die Verteilungsnetze, die am oberen Ende bei Betriebsspannungen von 110.000 V beginnen und im Haushalt mit der bekannten Betriebsspannung von 400 bzw. 220 V enden. Während die Transportnetze untereinander eng verknüpft sind, gilt dies für die Verteilungsnetze in diesem Maße nicht. Die meisten Verteilungsnetze sind regionale Inselnetze, die überwiegend mit der höheren Spannungsebene verbunden sind. Verbindungen der Verteilungsnetze untereinander bestehen hingegen kaum.

Insbesondere in solchen Regionen, die von einem überproportionalen Ausbau der erneuerbaren Erzeugung profitieren, wandeln sich die Verteilungsnetze. Durch die Energiewende ändern solche Netze ihre Funktionsweise. Elektrische Energie wird in solchen Netzen nicht mehr nur zum Kunden verteilt, sondern von den einzelnen Produktionsanlagen eingesammelt. Diese Netze werden in jüngster Zeit primär aufgrund neuer regenerativer Erzeugungsanlagen um- und ausgebaut. Die Netzkosten steigen und mit ihnen steigen die Netzentgelte für die Kunden, obgleich diese für die Kostensteigerungen gar nicht verantwortlich sind. Diese neuen Anforderungen an die Stromnetze sind in einem signifikanten Umfang heute erst vereinzelt anzutreffen, aber mit der Energiewende verbreitet sich die veränderte Aufgabe der Netze mehr und mehr.

Zum Verständnis sei noch einmal der Vergleich mit dem Straßennetz bemüht. Die Verteilungsnetze waren sozusagen für einen simplen Einbahnstraßen Verkehr gebaut. Der Verkehr floss, Tageszeit abhängig mehr oder weniger stark, immer in die gleiche Richtung. Der Stromfluss kam aus Großkraftwerken und wurde über die unterschiedlichen Netzebenen zum Verbraucher geleitet. Mit der Energiewende und dem zunehmenden Ausbau der Erzeugung ändert sich dies nun. Die Netze müssen umgebaut werden, damit sie je nach Wind- und Sonnen abhängiger Erzeugung auch Gegenverkehr beherrschen können. Durch die Liberalisierung der Energiemärkte und insbesondere durch die

Energiewende haben sich die Lastschwerpunkte in Deutschland nicht verändert, die Erzeugungslandschaft hingegen massiv.

Die Energiewende wird die Anforderungen an die Verteilungsnetze kontinuierlich weiter erhöhen. Sie wird für eine immer heterogene, bisweilen unübersichtliche Erzeugungslandschaft verantwortlich sein. Dafür müssen die Verteilungsnetze mit hohem Auswand ertüchtigt werden. Es ist in diese Netze massiv zu investieren. Trotz der durch die neuen Erzeugungsanlagen induzierten Investitionen beteiligt sich die Erzeugungsseite an der Refinanzierung des Netzumbaus nicht. Dies ist zu ändern. Für Netznutzung sollten nicht nur die Kunden Entgelte entrichten, sondern auch alle Erzeugungseinheiten. Im Ergebnis würde sich nach einer entsprechenden Reform jede Erzeugungseinheit und jeder endverbrauchende Kunde an der Netznutzung über entsprechende Entgelte beteiligen.

Die Refinanzierung der Netzkosten würde durch die Erzeuger und durch die Verbraucher erfolgen. Netze, deren Kosten ausschließlich durch Kunden bestimmt sind, würden durch diese auch refinanziert. Netze, in denen die Kosten durch Erzeuger und Kunden bestimmt sind, würden durch diese Reform durch beide Seiten refinanziert. Die Erzeuger würden die Kosten der Netznutzung über ihre Angebotspreise in den Wettbewerbsmärkten verdienen. Dies gilt gleichermaßen für die konventionelle Erzeugung, wie auch für jede neue regenerative Erzeugung nach der vorgeschlagenen Reform des EEG.

Die Höhe des Netznutzungsentgeltes für die Erzeugungsanlagen würde sich an den Entgelten der Netzkunden auf den jeweiligen Netzebenen orientieren. Jedenfalls gibt es keinen Grund, der Erzeugung ein geringeres Entgelt abzuverlangen als den Endkunden. Gleichwohl sollte der Übergang hin zu einer anteiligen Kostenübernahme der Erzeugung gleitend erfolgen.

Mit dieser Übergangsregelung kann einer weiteren Herausforderung begegnet werden. In diesem Modell würden sich auch jene regenerativen Erzeugungsanlagen an den Netzkosten beteiligen, deren Einspeisung nach dem bisher geltenden EEG vergütet wird. Die Eigentümer dieser Anlagen werden zu Recht darauf hinweisen, dass eine Beteiligung an den Netzkosten zum Zeitpunkt ihrer Investitionsentscheidung nicht vorgesehen war. Anders als alle anderen Erzeugungsanlagen können sie diese Kosten nicht in ihrer Angebotskalkulation berücksichtigen, da ihr Produkt auf der Grundlage staatlich festgelegter Preise vergütet wird. Für sie würde eine solche Verteilung der Netzkosten zu einer Kostenbelastung, die sie nicht weitergeben können. Sie werden Vertrauensschutz für ihre Investitionen fordern. Eine Übergangsregelung würde hier helfen.

Es ist zu erwarten, dass eine solche Reform der Aufteilung der Netzkosten und eines neuen Preissystems für Netzentgelte wenige Unterstützer findet. Weder die regenerativen Erzeuger noch die konventionellen Betreiber werden eine solche Lösung sinnvoll finden. Für alle Erzeuger entstehen zusätzliche Kosten, die sie an den Strommärkten zusätzlich erlösen müssen. Dies hat deutlich mehr Risiken als Chancen. Für die Netzbetreiber ergibt sich keine zusätzliche Einnahmequelle, sondern nur eine andere Aufteilung ihrer Kosten. Für sie stecken in diesem Model weder Chancen noch Risiken.

Bleiben also nur noch die Kunden, die eine solche Veränderung begrüßen dürften. Tendenziell werden die Netzkosten durch die Erzeuger nicht vollständig an die Kunden weitergegeben werden können. Für den Kunden wird dieses System also preiswerter. Zudem wird dieses Modell eine Steuerungswirkung bei zukünftigen Investitionsentscheidungen von Erzeugungsanlagen entfalten. Investitionen in Erzeugungsanlagen werden tendenziell dort erfolgen, wo die Netzkosten niedrig sind. Diese werden nur dort niedrig sein und bleiben, wo die Lastdichten hoch und die Kosten für die angesprochene Transformation der Netze niedrig sind. Dies wird in städtischen und stark besiedelten Gegenden weiterhin der Fall sein. Es entsteht ein Anreiz für verbrauchernahe, dezentrale Stromerzeugung, also ganz im Sinne der Energiewende.

7 Strommarktgestaltung

Mit einem wirkungsvollen Emissionshandel und einem novellierten EEG, dass die erneuerbare Erzeugung an den Strommarkt heranführt, stellt sich abschließend die Frage, ob die heutige Gestaltung der Strommärkte hilft, die Energiewende voranzubringen. Braucht Deutschland eine neue Architektur bzw. Gestaltung des Strommarktes? Diese Frage beschäftigt die Stromwirtschaft, die Regulierung und die Politik. Bevor mögliche, neue Ansätze zur Gestaltung der Strommärkte diskutiert werden, sind zunächst die Probleme der heutigen Strommärkte zu analysieren und zu identifizieren.

Der Strommarkt in Deutschland spielt sich insbesondere an der in Leipzig aufgebauten Strombörse ab. Dort werden Strommengen, also elektrische Energie in Megawattstunden, sowohl kurzfristig, physisch als auch langfristig, finanziell gehandelt. Die Leipziger Strombörse ermittelt an mehreren 100 Tagen im Jahr Strompreise für den nächsten Tag, die nächste Woche, den nächsten Monat und für die nächsten Jahre. Anbieter und Nachfrager für elektrische Energie finden hier einen Markt, der mit hoher Transparenz und Liquidität ausgestattet ist. Die Preise in Leipzig sind nicht nur für den Börsenhandel selbst maßgeblich, sondern auch für den bilateralen, außerbörslichen Handel. Wenn heute zwischen einem Kunden und einem Lieferanten kurz- bis mittelfristige Stromgeschäfte vereinbart werden, ist der Preis aus Leipzig in aller Regel auch der Referenzpreis zwischen den beiden Parteien.

Die Preise in Leipzig sind die Marktpreise für elektrische Energie in Deutschland. Das Handelsgebiet ist das deutsche Staatsgebiet oder besser gesagt, das Netzgebiet der vier Verbundnetzbetreiber. Aufgrund seiner Marktgröße, seiner zentralen Lage und seiner hervorragenden Netzverbindungen in das angrenzende europäische Ausland hat der deutsche Strommarkt in Kontinentaleuropa eine Preisleitfunktion. In Kontinentaleuropa, in Skandinavien und auf den britischen Inseln werden an den jeweiligen Strombörsen weitgehend gleiche, standardisierte Produkte gehandelt. Geliefert werden Megawattstunden elektrischer Energie innerhalb festgelegter Zeiträume von Stunden, Tagen, Monaten, Quartalen und Jahren. Im Ergebnis erwirbt der Käufer an den Strombörsen folglich eine Leistungsscheibe an einem für ihn unbekannten Kraftwerk für eine definierte Zeit zu einem an den Strombörsen festgesetzten Preis.

Nach der Marktöffnung hat es zunächst einige Jahre gebraucht, bis die Strombörse in Deutschland ihre wichtige preissetzende Funktion übernehmen konnte. Seit einer Dekade funktioniert die Strombörse, jedenfalls nach Ansicht der Eigentümer der Börse, der Marktteilnehmer und der Börsenaufsicht.

Gleichwohl sind die Strommärkte in Deutschland in eine kritische Phase gekommen. Hintergrund für diese Entwicklung ist die Nachfrageschwäche in Europa und der massive Ausbau der erneuerbaren Energien. An den Strombörsen hat beides zu einem massiven Preisverfall geführt. Viele konventionelle Stromerzeugungsanlagen auf Steinkohle- und Erdgasbasis können weder die Mengen an der Strombörse absetzen noch die Margen erzielen, die notwendig sind, um die Kraftwerke wirtschaftlich zu betreiben. Für die älteren unter den so betroffenen Anlagen ist eine endgültige Stilllegung durch die Eigentümer angezeigt. Zusätzlich wären einige jüngere Anlagen wenigstens für einige Jahre einzumotten, um sie in späteren, hoffentlich besseren Zeiten wieder in Betrieb nehmen zu können. Gegen eine solche Entwicklung ist aus marktwirtschaftlicher Sicht grundsätzlich nichts einzuwenden. Unwirtschaftliche Produktionsanlagen endgültig oder vorübergehend stillzulegen, ist ein Phänomen in vielen Industrien, wenn die Nachfrage zurück geht und insgesamt zu viel Produktion am Markt angeboten wird. Dies gilt erst recht, wenn es sich um ineffiziente Altanlagen handelt.

Der Strommarkt funktionierte fast die ganzen Jahre hindurch ordentlich. In wenigen Stunden der letzten Jahre war allerdings die Versorgung der Kunden nur noch knapp gewährleistet, das gesamte System war an der Grenze seiner Tragfähigkeit angelangt. Diese Situationen können u. a. entstehen, weil der Handelsmarkt modellhaft ein Stromnetz von unbegrenzter Transportfähigkeit unterstellt. Experten sprechen von einer sogenannten Kupferplatte. Dies soll beschreiben, dass Strom beliebig überall eingespeist und ausgespeist werden kann sowie beliebig von Nord nach Süd und Ost nach West transportiert werden kann. Tatsächlich sind die Transportkapazitäten allerdings begrenzt. Diese technischen Gegebenheiten und Restriktionen der Netze können die Handelsmärkte in ihrem Marktgeschehen heute nicht berücksichtigen.

Aus dem Stromhandel können so Einsatzpläne für die Kraftwerke in Deutschland entstehen, die technisch nicht umgesetzt werden können. Die Einsatzpläne der konventionellen Kraftwerke und der erneuerbaren Erzeugungsanlagen würden zur Überlastung einiger Transportleitungen führen und das System wäre in seiner Stabilität gefährdet. Um dies auszuschließen, überarbeiten und verändern die Netzbetreiber die Einsatzpläne der Erzeugungsanlagen. Anschließend produzieren nicht mehr alle Anlagen so, wie der Handelsmarkt und die Stromproduzenten dies eigentlich vereinbart hatten.

Diese Eingriffe der Netzbetreiber sind vom Handelsmarkt nicht gewünscht und haben sich gleichwohl in den letzten Jahren immer häufiger ereignet. Im Mittel wurde in 2012 fast täglich in der beschriebenen Weise in den Kraftwerkseinsatz eingegriffen. Die zunehmende Anzahl der Eingriffe in den letzten Jahren waren die Vorboten für immer größerer Probleme, die in Zukunft auf das deutsche Versorgungssystem zu kommen können. Mit einem Eingriff in den Kraftwerkseinsatz vermeidet der Transportnetzbetreiber entweder einen Transportengpass auf mindestens einer Leitung oder ein Spannungsproblem an mindestens einem

Netzknotenpunkt. Diese Problembehebung funktioniert nur, wenn ausreichend Kraftwerke zur Verfügung stehen und zwar an den richtigen Orten im Netz. Wenn einige dieser Kraftwerke stillgelegt werden, funktioniert die Problembehebung auf diesem Wege nicht mehr.

Ein erheblicher Teil des Problems in der Stromerzeugung hängt damit weniger am Handelsmarkt als vielmehr am Netz. Die Übertragungsnetze sind in Deutschland nicht ausreichend ausgebaut. Netzengpässe führen dazu, dass Versorgungsengpässe nicht nur im Gesamtsystem entstehen können, sondern auch lokal. Wenn in einer bestimmten Region in Deutschland nicht ausreichend viele und gleichzeitig wettbewerbsfähige Kraftwerke zur Verfügung stehen, um den regionalen Bedarf zu decken, muss über das Transportnetz elektrische Energie in diese Region gebracht werden. Reichen die Zuleitungskapazitäten nicht aus, dann kommt es zu einem lokalen Engpass. Dieser lokale Engpass kann in einigen Regionen heute nur noch ausgeglichen werden, indem unrentable Altanlagen aktiviert werden. Solche lokalen Versorgungsengpässe können nur durch lokale Erzeugung beseitigt werden. Selbst wenn im Gesamtsystem der Stromversorgung eine ausreichende Versorgung sichergestellt ist, kann es zu lokalen Engpässen kommen. Neben einem lokalen Versorgungsengpass kann es auch lokale Probleme mit der Spannungshaltung geben. Auch diese sind nur mit lokalen Erzeugungseinheiten zu beherrschen.

Um diese Engpässe zukünftig zu entschärfen, hilft der Ausbau der Transportnetz und punktuell der Einsatz neuer Technologien. Das Netz kommt dadurch der im Handel unterstellten, modellhaften Annahme, es sei eine Kupferplatte, tatsächlich ein Stück näher. Wenn den Netzbetreibern für eine Übergangszeit ermöglicht wird, bilaterale Vereinbarungen mit den Betreibern von ausgewählten Kraftwerken zu schließen, dann werden sich diese Probleme in einigen Jahren nicht mehr stellen, vorausgesetzt der Netzausbau kommt entsprechend zügig voran.

Diese Art der Engpassprobleme lassen sich mit einer neuen Architektur für den Strommarkt folglich nicht beheben. Gleichwohl, wenn der Ausbau der Transportnetze nicht massiv vorankommt, wird ein anderer Schritt vermutlich ebenso helfen. Der Strommarkt in Deutschland müsste in einen norddeutschen und in einen süddeutschen Handelsmarkt aufgeteilt werden. Die Grenze dieser Handelsmärkte würde ungefähr auf der Mainlinie liegen. Auf dieser Linie entstehen die häufigsten Engpässe. Der süddeutsche Handelsmarkt würde sehr schnell ein höheres Strompreisniveau herausbilden als der norddeutsche Markt. Das höhere Preisniveau im Süden würde die Stilllegung einiger Anlagen verhindern, weil diese anschließend wirtschaftlich betrieben werden können. Ob sich dieser Schritt der Marktaufteilung politisch durchhalten lässt, ist mehr als fraglich. So gesehen hat die Politik die Qual der Wahl. Entweder setzt sie unpopuläre Transportleitungen von Nord nach Süd durch oder sie entschließt sich zu einer mindestens genauso unpopulären, regionalen Aufteilung des Handelsmarktes.

Ein zweites, ebenso bedeutendes Defizit entsteht, wenn die gesamte Leistungsbilanz in Deutschland in einigen wenigen Stunden im Jahr nur noch durch Notmaßnahmen ausgeglichen werden kann. Dies kann typischerweise bei hohem Leistungsbedarf der Kunden und bei gleichzeitig niedriger Produktion aus regenerativer Erzeugung geschehen. Strom ist nicht speicherbar und deshalb wirkt sich ein Produktionsdefizit gegenüber dem Bedarf direkt auf die gesamte Systemstabilität aus. Eine Stilllegung von Altanlagen könnte die erfolgreiche Durchführung von Notmaßnahmen verhindern und zu ernsthaften Engpässen oder sogar Unterbrechungen der Stromversorgung führen.

Damit wird faktisch eine Regel der Marktwirtschaft in den Strommärkten außer Kraft gesetzt. Alte, ineffiziente Anlagen, die nicht mehr wirtschaftlich betrieben werden können, sollten in jedem marktwirtschaftlichen System stillgelegt werden. So werden Angebot und Nachfrage wieder ins Gleichgewicht gebracht,

Preise können sich erholen und neue Investitionssignale an die Investoren aussenden. Einige Altanlagen dürfen aber aus Gründen der Systemstabilität nicht stillgelegt werden. Dies wiederum verhindert eine Angebotsknappheit, die es braucht um eine Preiserhöhung einzuleiten. Und die Preiserhöhung ist notwendig, um Investitionen anzureizen.

Die Stromwirtschaft steckt in einem echten Dilemma. Die marktwirtschaftlich angezeigten Stilllegungen von Altanlagen würde die Versorgungssicherheit im Lande gefährden. Ohne Stilllegungen werden sich die Preise nicht erholen und bei niedrigen Preisen wird nicht in neuen Anlagen investiert. Man steckt in einer Sackgasse. Die gute Nachricht ist, dass aus dieser Sackgasse mittelfristig kaum eine Gefährdung für die Versorgungssicherheit ausgeht. Die Kunden werden also versorgt und dies auch noch zu niedrigen Preisen. Industriekunden, die von der EEG Umlage befreit sind, können sich über niedrige Einkaufspreise für Strom freuen. Die Strompreise in 2012 waren zuletzt in 2004 auf diesem niedrigen Niveau. Es gibt auch keinen prinzipiellen Grund, warum das in nächster Zeit anders werden sollte. Im Gegenteil: Wenn sich der Ausbau der regenerativen Erzeugung in Deutschland fortsetzt und die Nachfrage nicht steigt, gehen die Preise an den Strombörsen noch weiter nach unten.

Das Risiko von Versorgungsengpässen, das üblicherweise zu einem Aufschlag auf die Preise führt, wird durch das Verbot von Stilllegungen minimiert. Für die Eigentümer konventioneller Stromerzeugung kann es also durchaus noch schlechter kommen. Die Energiewende setzt gerade den großen Stromerzeugern heftig zu. Hier erfüllt sich sozusagen ein Wunsch der Ideengeber der Energiewende, denen die großen Erzeuger immer ein Dorn im Auge waren.

Das Geschäftsmodell der großen konventionellen Stromerzeugung ist unter Druck und erodiert jeden Tag immer weiter. Erholung ist nicht in Sicht, auch weil die Energiewende in eine andere Richtung zeigt. Für die Energiewende wird und muss es immer noch große konventionelle Anlagen geben. Gleichwohl werden sie einen geringeren Anteil an der Stromerzeugung haben und sie werden andere Aufgaben im Stromversorgungssystem erfüllen. Es ist eine strukturelle Transformation notwendig, die für die Eigentümer einiger Anlagen schmerzhaft sein wird. Betroffen sind nicht nur die Eigentümer von Kernkraftwerken, sondern insbesondere von Steinkohlekraftwerken. Dies erscheint aus heutiger Sicht nicht einleuchtend, weil in dem derzeitigen Marktumfeld vor allem Gaskraftwerke wirtschaftlich unter Druck sind. Diese werden aber in Zukunft noch dringend gebraucht, während Kohleverstromung auf der Basis importierter Steinkohle zurückgehen muss.

In dieser durch die Energiewende erzwungenen Zukunft der Stromerzeugung wird der heutige Handelsmarkt langfristig nicht mehr funktionieren. Es ist aus den bereits genannten Gründen keine dringende Eile geboten, die Marktgestaltung umgehend zu ändern, aber für die langfristige Zukunft ist es nicht tragfähig. In einem Stromversorgungssystem, welches zu einem überwiegenden Anteil auf Stromerzeugung aus regenerativen Quellen basiert, müssen sich die Spielregeln gegenüber den heutigen Marktregeln ändern.

Keine Erzeugungsanlage kann wirtschaftlich überleben, wenn sich an den Handelsmärkten regelmäßig Preise nahe bei null einstellen. Der Grund dafür liegt an den Angebotspreisen, mit welchen die Erzeuger ihre Anlagen in diesen Märkten anbieten. Die Erzeuger müssen ihre kurzfristigen Grenzkosten verdienen, sonst macht der Betrieb der Anlage keinen Sinn. Folglich sind die Grenzkosten für die Erzeuger die Preisuntergrenze. Da sie bei der Produktion nur zum Zuge kommen, wenn der sich einstellende Marktpreis größer oder gleich ihren Grenzkosten ist, werden sie bei der Produktion wenigstens die Grenzkosten verdienen, wenn das eigene Kraftwerk Marktpreis setzend ist. In allen anderen Fällen erhalten sie sogar einen Zuschlag auf die Grenzkosten. Liegt der sich einstellende Marktpreis unter ihren Grenzkosten, dann kommt der eigene Angebotspreis nicht zum Zuge und die Anlage steht still. Die Grenzkosten von Wind- und Sonnenkraftanlagen sind nahe bei null. Scheint die Sonne und weht der Wind, wird dieses Angebot zukünftig immer häufiger ausreichen, den Bedarf zu decken. Der Marktpreis ist in dieser Zeit nahezu Null. Das reicht nicht aus, um Investitionen in Erzeugungsanlagen zu verdienen.

Die Problembeschreibung ist vergleichsweise einfach. Hingegen ist die Entwicklung einer neuen Marktgestaltung, die mit den Zielen der Energiewende kompatibel ist, eine Herausforderung. Grundsätzlich sind verschiedene Ansätze denkbar, manche davon werden im Ausland bereits genutzt. Realisierungsmöglichkeiten hängen von den Randbedingungen ab. So ist zunächst politisch die Frage zu beantworten, ob und wie die Integration der europäischen Strommärkte zu berücksichtigen ist. Die heutige Marktarchitektur unterstützt die Integration der nationalen Strommärkte zu einem europäischen Elektrizitätsbinnenmarkt. Grenzüberschreitend werden Energiemengen gehandelt und transferiert. Im westlichen Teil von Kontinentaleuropa kann heute grenzüberschreitend von einem weitgehend angeglichenen Strompreis an den Handelsmärkten gesprochen werden.

Deutschland ist nicht völlig frei, die Regeln für seinen Strommarkt neu zu definieren. Jeder Ansatz muss mit dem Binnenmarkt vereinbar sein. Es muss auch zukünftig für Stromerzeuger aus dem Ausland möglich sein, am deutschen Handelsmarkt teilzunehmen. Es ist zusätzlich zu entscheiden, ob regenerative und konventionelle Erzeugung in einem gemeinsamen Markt angeboten werden sollen. Wird die vorher beschriebene Novellierung des EEG in deutsches Recht umgesetzt, dann wird genau dies der Fall sein: Ein gemeinsamer Markt für regenerative und konventionelle Stromerzeugung. An diesen Markt werden die regenerativen Erzeugungsanlagen mit Bonuszahlungen herangeführt, um wettbewerbsfähig zu sein.

Viele Energieexperten sprechen sich in dieser Zeit für sogenannte Kapazitätsmärkte aus. Ein tieferer Blick auf die Vorschläge mancher Experten verdeutlicht, dass nicht alle von Marktansätzen sprechen, sondern zum Teil von einer Regulierung der Stromerzeugung. Natürlich ist auch ein regulierter Ansatz für die Stromerzeugung grundsätzlich denkbar. Das hat aber nichts mehr mit einem Markt zu tun. Um die Öffnung der Strommärkte für den Wettbewerb wurde über viele Jahr hart gerungen. Dies sollte nicht leichtfertig aufgegeben werden. Marktbasierte Lösungen sind den regulierten Ansätzen klar zu bevorzugen.

Die Kernfrage lautet bei den Modellen zu den Kapazitätsmärkten folglich, welche Produkte an diesen Märkten von den Erzeugern angeboten und von den Kunden gekauft werden können. Es ist zu beantworten, wie sich zukünftig Angebot und Nachfrage von den heutigen Marktregeln unterscheiden sollen. Schließlich werden am derzeitigen Strommarkt ebenso Kapazitäten von Kraftwerken angeboten und gekauft. Heute kaufen die Nachfrager am Strommarkt Energiemengen ein, die in einem definierten Zeitraum geliefert werden. Wenn ein Nachfrager am heutigen Strommarkt beispielsweise für den Folgetag 100 Megawattstunden elektrische Energie über einen Lieferzeitraum von 12.00 bis 13.00 Uhr einkauft, dann hat der Nachfrager eine Kraftwerkskapazität von 100 MW eingekauft. Auch der heutige Markt ist in gewisser Weise ein Kapazitätsmarkt.

Offenkundig lohnt sich ein Blick auch auf die Nachfrageseite an den Strommärkten und nicht nur die einseitige Betrachtung der Angebotsseite, also der Erzeugung. Auf der Nachfrage- oder Käuferseite agieren überwiegend Vertriebsorganisationen. Sie kaufen elektrische Energie ein, weil sie sich gegenüber ihren Kunden zur Stromlieferung vertraglich verpflichtet haben. Wenn alle Kunden im Stromversorgungssystem einen Lieferanten haben und alle Lieferanten ihre Lieferverpflichtungen gegenüber ihren Kunden erfüllen, dann muss die gesamte Leistungsbilanz im System ausgeglichen sein. Umgekehrt kann eine nicht ausgeglichene

Leistungsbilanz im Gesamtsystem nur dadurch entstehen, dass mindestens ein Lieferant seine Lieferverpflichtungen gegenüber seinen Kunden nicht erfüllt.

Zur Überwachung des ständigen Ausgleiches der Leistungsbilanz haben die Transportnetzbetreiber sogenannte Bilanzkreise eingeführt. Mit dem Instrument des Bilanzkreises brechen die Netzbetreiber die Gesamtaufgabe einer ausgeglichenen Leistungsbilanz auf entsprechende Teilaufgaben für die Vertriebsorganisationen herunter. Die Vertriebsorganisationen sind gegenüber den Transportnetzbetreibern vertraglich verpflichtet, diese Bilanzkreise sorgfältig zu führen. Dazu müssen sie eine ausgeglichene Leistungsbilanz im zeitlichen Abgleich aus Einspeisungen und Ausspeisungen sicherstellen. Sie sind verpflichtet, in ihrem Bilanzkreis durchgehend für den Ausgleich aus Stromerzeugung einerseits und der Summe aller ihrer Kundenverbräuche andererseits zu sorgen.

Ein wesentliches Element der Führung der Bilanzkreise ist die möglichst genaue Prognose des täglichen Leistungsbedarfs am Vortag der Stromlieferung. Basierend auf dieser Lastprognose müssen die Vertriebsorganisationen ausreichend Erzeugung einkaufen, damit die Kunden am folgenden Tag versorgt werden. Die Prognosen des Leistungsbedarfes der Kunden und der Nachweis der entsprechenden Einspeisungen ins Netz sind Aufgabe der Bilanzkreisverantwortlichen, also der Vertriebsorganisationen.

So viel zur Theorie, in der Realität stellt sich bisweilen ein anderes Bild ein. Die kritische Situation in der Stromversorgung im Februar 2012 wurde bereits erläutert; sie muss aber noch einmal in Erinnerung gerufen werden. An einigen Tagen in diesem Wintermonat ist die Situation am deutschen Strommarkt aus mehreren Gründen angespannt. Ein vergleichsweise hoher Leistungsbedarf aller Kunden in Deutschland und eine niedrige Einspeisung aus regenerativen Energiequellen führt zu einem Engpass in der Versorgung. Nur durch die Mobilisierung der letzten

Erzeugungsreserven auch aus dem europäischen Ausland können Versorgungsunterbrechungen vermieden werden. Die vollständige oder teilweise Abschaltung von Kunden war selten so nah, wie im Februar 2012.

Ein Blick in die veröffentlichten Daten der Transportnetzbetreiber verrät, wie die Vertriebsorganisationen in dieser Zeit operiert haben. In Summe haben sie ihre Bilanzkreise zum Teil massiv unterspeist, wie es im Fachjargon heißt. In den Lastprognosen unterschätzen sie den tatsächlichen Leistungsbedarf der Kunden regelmäßig. Die von den Vertriebsorganisationen beschafften Einspeisungen decken zwar den prognostizierten Leistungsbedarf, bleiben aber zum Teil deutlich unter dem tatsächlichen Bedarf.

Die Vertriebsorganisationen sind zum Ausgleich der Leistungsbilanz verpflichtet. Gleichen sie ihre Bilanzkreise nicht aus, muss von den Netzbetreibern sogenannte Ausgleichsenergie beschafft werden. Diese wird den Vertriebsorganisationen in Rechnung gestellt. Die Preise für die vom Transportnetzbetreiber ersatzweise gelieferten Energiemengen sind hoch. Sie übersteigen zum Teil erheblich den jeweiligen Börsenpreis an den Strommärkten. Für die Vertriebsorganisationen wäre es in solchen Marktsituationen eigentlich günstiger, sie hätten den gesamten Leistungsbedarf rechtzeitig eingekauft.

Es kann nur spekuliert werden, warum die Vertriebe so agieren. Die Bundesnetzagentur sieht kein absichtliches Fehlverhalten, so steht es in ihrem Bericht zur Situation im Februar 2012. Die geltenden Spielregeln reizen gleichwohl eine sorgfältige, zielgenaue Prognose und möglichst exakte Führung der Bilanzkreise nicht ausreichend an. Obwohl sich alle Vertriebsorganisationen gegenüber ihren Kunden zur Stromlieferung verpflichtet haben, sind einige Vertriebe dieser Verpflichtung in der besonders brenzligen Situation im Februar 2012 nicht ausreichend nachgekommen. Erst dies hat die angesprochenen Notmaßnahmen der Netzbetreiber ausgelöst.

Der Staat kann hier sofort ansetzen und basierend auf einem bereits existierenden Regelwerk eingreifen. Sowohl die standardisierten Bilanzkreisverträge zwischen Netzbetreibern und Vertriebsorganisationen als auch die Kalkulation der Preise für Ausgleichsenergien können modifiziert werden. Beides liegt in der Hand der Bundesnetzagentur. Die Netzagentur hat bereits reagiert und modifizierte Regeln für Ausgleichsenergien aufgestellt, die den Anreiz zur sorgfältigen Führung der Bilanzkreise deutlich steigern. Die Preise für Ausgleichsenergie sind seither deutlich höher. Die Vertriebe gehen bei einem nicht ausgeglichenen Bilanzkreis nunmehr ein deutlich höheres wirtschaftliches Risiko ein. Dies werden die Vertriebe vermeiden können, wenn sie zukünftig immer ausreichend Leistung einkaufen. Dieser Ansatz lässt sich noch sehr viel weiter führen. Am Ende einer systematischen Weiterentwicklung des Instrumentes der Ausgleichsenergien könnten die Vertriebsorganisationen verpflichtet werden, kontrahierte Erzeugungsreserven nachzuweisen, die sie im Falle einer drohenden Unterspeisung ihres Bilanzkreises abrufen können. Bei konsequenter Umsetzung kann so ein eigener Markt für Leistungsreserven entstehen. Dies wäre ein erster Kapazitätsmarkt, auf dem die Vertriebe als Käufer für Reserveleistung auftreten.

Es braucht also keine schnelle, überhastete Reform des Strommarktes, sondern nur die entschlossene Anwendung bestehender Regeln und deren Anpassung an die neuen Gegebenheiten im Strommarkt. Eine schlechte Nachricht gibt es gleichwohl für die Kunden. Die zusätzlichen Kosten, die für die Vertriebsorganisationen so oder so entstehen, werden zu höheren Strompreisen für die Endkunden führen.

Die Herausforderungen des Strommarktes sind vielfältig und ein Schnellschuss wäre der falsche Weg. Die erste Reaktion der Bundesregierung und der Bundesnetzagentur ist richtig. Sie verhindern die Stilllegung von Kraftwerken und ermöglichen eine Kostenkompensation der Eigentümer, damit diese Anlagen mittelfristig weiter betrieben werden. Zusätzliche Schritte liegen in der Anpassung des bestehenden Regelwerks zum Bilanzkreismanagement. Mit diesen ersten Schritten wird erheblich Zeit gekauft, die es braucht, um die grundlegende Reform des deutschen Strommarktes anzugehen.

Die europäische Dimension einer Reform des Strommarktes muss am Anfang aller Überlegungen stehen. Welche Priorität hat der europäische Strommarkt? Dies ist die zentrale Eingangsfrage. Anschließend muss über eine neue Marktgestaltung nachgedacht werden, die fit für die deutsche Energiewende ist.

Es wird den Verstand vieler Ökonomen brauchen, um letztendlich eine Marktlösung zu finden, die den Anforderungen aus einer Energiewende entspricht. Wie bereits deutlich wurde, ist die Energiewende ein Suchprozess nach den besten Lösungen und in dieser Frage hat die Suche erst begonnen. Soviel ist allerdings sicher. In einigen Jahren muss ein neuer Ansatz entwickelt und implementiert sein, sonst läuft Deutschland in ernsthafte Versorgungsprobleme. Dies wird erst dann geschehen, wenn die Großkraftwerke, die für die Energiewende unbrauchbar sind, weitgehend stillgelegt wurden, und neue Großkraftwerke, die für die Energiewende gebraucht werden, zwischenzeitlich nicht fertiggestellt sind. Insofern muss der Gesetzgeber beginnen, über die Architektur der Strommärkte nachzudenken. Die Bundesnetzagentur muss hier eine zentrale Rolle spielen, da sie den besten Überblick über die Defizite im Strommarkt von heute und die Anforderungen der Zukunft hat.

8 Koordinierung der Energiewende

Die bislang benannten Aktionsfelder zur Energiewende beschreiben sicherlich die wichtigsten, weil auch dringendsten Themen für die nächsten Jahre. Nicht alles kann von einer Bundesregierung allein umgesetzt werden. Zum Teil braucht es Initiativen auf europäischer Ebene, zum Teil braucht es auch ein abgestimmtes Vorgehen mit den Bundesländern. Es besteht folglich ein Koordinierungsbedarf auf internationaler und nationaler Ebene.

Die einzelnen Aktionsfelder sind zudem untereinander nicht frei von wechselseitigen Beeinflussungen. Die Ausgestaltung mancher Initiative hängt auch davon ab, ob und wie andere Initiativen umgesetzt werden. Das beste Beispiel ist die Frage nach der Zukunft des Emissionshandels, der sich auf viele andere Bereiche der Klima- und Energiepolitik auswirken würde. Die einzelnen Maßnahmen sind nicht nur inhaltlich genau aufeinander abzustimmen, sie sind auch in ihrer chronologischen Folge zu koordinieren, damit sie volle Wirkung entfalten können. So lässt sich nachweisen, dass die Bedingungen des Emissionshandels und des EEG festgelegt sein sollten, bevor ein neues Preissystem für die Netzentgelte und eine neue Marktgestaltung für die Erzeugung in Angriff genommen werden kann.

In allen Dimensionen besteht zwingender Koordinierungsbedarf, der beim Generationenprojekt Energiewende offenkundig wird. Eine erfolgreiche Koordinierung zeichnet sich zumeist dadurch aus, dass sie aus einer Hand erfolgt. Genau dies ist in den vergangenen Legislaturperioden seit der Liberalisierung der Energiemärkte nur unzureichend der Fall. In jeder Bundesregierung lässt sich in Energiefragen seit Ende der 90er Jahre ein Kompetenzgerangel zwischen dem Bundeswirtschaftsminister und dem Bundesumweltminister feststellen. Die Ergebnisse der gemeinsamen Zuständigkeit für die Energiewende sind wenig überzeugend. Ob ein eigenes Energieministerium oder eine Verlagerung der Zuständigkeit für die Energiewende in das Umwelt- oder in das Wirtschaftsministerium der richtige Weg wären, darüber lässt sich beliebig streiten. In jedem Fall kann es nicht so bleiben, wie es seit Jahren ist. Hier gibt es Änderungsbedarf.

Eine weitere, derzeit noch ungelöste Aufgabe ist die Erfolgsmessung der Energiewende. Jedes so langfristig angelegte und so bedeutende Projekt braucht eine unabhängige Instanz, die sich ausschließlich um eine Ermittlung und Dokumentation des Fortschrittes kümmert. Diese Instanz ist im besten Fall unabhängig von politischen Weisungen und ermittelt den Fortschritt der Energiewende anhand definierter Kriterien und Maßzahlen. Sicherlich sind die Maastricht Kriterien zur Beurteilung der Solidität der Finanzpolitik in den europäischen Ländern ein gutes Beispiel, wie solche Kriterien für die Energiewende definiert sein sollten und wie sie unabhängig überwacht werden. Es ist in jedem Fall richtig zu fordern, dass das Ministerium, das zukünftig exklusiv für die Umsetzung der Energiewende zuständig sei sollte, keinen Einfluss auf die Erfolgsmessung haben sollte.

Die Energiewende kann nur durch gesetzgeberische Initiativen vorangebracht werden. Der Aktionsplan beschreibt, was zu tun ist und was getan werden kann. Es beantwortet gleichwohl nicht mittel- und langfristige Fragen, z. B. nach der Zukunft des Emissionshandels über 2020 hinaus oder nach der Marktgestaltung für Strom. Das ist auch nicht das Ziel des Aktionsplans.

Die Energiewende ist an einem Punkt angekommen, an dem es weitere Schubkraft und weiteren Mut braucht, um das heutige Energiesystem weiter umzubauen und langfristig beim Energiesystem der Zukunft anzukommen. Dies rechtfertigt ein sofortiges Eingreifen. Alle in den Aktionsfeldern angesprochenen gesetzgeberischen Initiativen zeigen zudem, dass eine ständige politische und regulatorische Begleitung zwingend ist, damit der Zug der Energiewende nicht entgleist, sondern pünktlich in 2050 im Zielbahnhof ankommt.

Zusammenfassung

Die Energiewende beginnt im Jahre 1980 in den Köpfen weniger. In ihrer Zeit sind die Wegbereiter der Energiewende eher Exoten, die von ihrer Sache überzeugt sind. Über die Ziele der Energiewende sind sie sich weitgehend einig. Sie wollen weg vom Öl, sie lehnen die Kernenergie ab und sie sind gegen große Energiekonzerne. Die kohlenstoff- und uranbasierte Energieversorgung soll schrittweise durch mehr regenerative Energiequellen ersetzt werden. Die Ideengeber der Energiewende müssen sich in den 80er Jahren gegen die damalige Mehrheitsmeinung durchsetzen. Heute, mehr als 30 Jahre danach, müssen sich diejenigen politisch rechtfertigen, die die Energiewende grundsätzlich infrage stellen. Nach über 30 jähriger Reise ist die Energiewende in der Mitte der Gesellschaft angekommen.

Warum ist eine solche Energiewende gerade in Deutschland so akzeptiert? Warum ist sie in diesem Industrieland möglich, aber in keinem anderen Industrieland? Warum sind grüne Umweltideen in unserem Land überhaupt so attraktiv, dass es sich keine politische Partei mehr leisten kann, nicht auch „grün" zu sein?

Soziologische Untersuchungen werden auf diese Fragen Antworten finden. Antworten, die auch erklären, warum wir Deutsche auf Fleischskandale und Vogelgrippe genauso heftig und spontan reagieren, wie auf einen tragischen Reaktorunfall im fernen Japan. Das englischsprachige Ausland prägte dafür den Begriff „german angst", der sogar bei Wikipedia eingehend analysiert wird. „german angst" beschreibt eine der vielen Eigenschaften, die für uns Deutsche typisch sind.

Ist es tatsächlich das kollektive Gefühl der Angst, dass hin und wieder zum Durchbruch kommt? Oder ist es eher eine kollektive Vorsicht in einer deutschen DNS? Und ist es vielleicht diese kollektive Vorsicht, die uns zum Land der Versicherten und zum Land der großen Versicherungen macht. Mit dieser Vorsicht ist bei den Deutschen sicherlich ein hoher Anspruch an Qualität verbunden. Dies macht uns zum Beispiel zum Land der weltbesten Automobilindustrie. Und weil die Produkte dieser deutschen Vorzeigeindustrie so zuverlässig sind und wir auf die hohe Qualität fast blind vertrauen, dürfen wir mit Autos auch so schnell fahren, wie in keinem anderen Land der Welt. Jeder Ausländer, der uns als Kollektiv ein bisschen vorsichtig erlebt, kann sich auf Deutschlands Autobahnen davon überzeugen, dass wir als Individuen durchaus tollkühn sein können.

Trotz der weltweit besten Kernkraftwerke war der jahrzehntelange Qualitätsnachweis dieser Industrie nicht ausreichend, um in Deutschland über das Jahr 2022 hinaus zu überleben. Es ließe sich anhand vieler Argumente belegen, dass die deutschen Kernkraftwerke keinen internationalen Wettbewerbsvergleich scheuen müssen und zwar nicht bei der Verfügbarkeit, nicht bei der jährlichen Stromproduktion, nicht bei Anlagensicherheit etc.

Gerade die Sicherheit der deutschen Kernkraftwerke beeindruckt. Es ist in einem deutschen Kernkraftwerk bis dato niemals zu einem sogenannten ernsten Störfall gekommen. Nach international gültiger Definition wird ein Vorfall als ernster Störfall eingestuft, wenn er eine sehr geringe Freisetzung von Strahlung zur Folge hat, bei der die Strahlenexposition der Bevölkerung in Höhe eines Bruchteils (!) der natürlichen Strahlenexposition liegt. Seit Mitte der 70er Jahre gab es in deutschen Kernkraftwerken überhaupt nur eine Handvoll (einfacher) Störfälle. Dies ist die nächste Kategorie unterhalb der ernsten Störfälle. Es ist der deutschen Kernenergieindustrie zu wünschen, dass sie es auch in den nächsten 10 Jahren schafft, keinen einzigen ernsten Störfall zuzulassen. Im internationalen Vergleich gibt es für diese Leistung nur eine Bezeichnung: einsame Weltspitze!

Natürlich kann kein Betreiber garantieren, und zwar im Sinne 100 prozentiger Sicherheit, dass es niemals zu einem ernsten Störfall oder sogar zu einem schlimmeren Vorfall kommen wird. Dies kann nicht ausgeschlossen werden, ein Rest an Risiko verbleibt. Gleichwohl hätten sich die Betreiber längere Laufzeiten ihrer Kernkraftwerke gewünscht und zwar auf der Basis ihrer objektiv nachgewiesenen Qualität.

Aber auch die Vertreter dieser Industrie haben verstanden. Es geht nicht nur um objektive Fakten, sondern auch um subjektive Wahrnehmung. Der deutschen Kernenergieindustrie ist es über Jahrzehnte nicht gelungen, den Menschen die Angst vor der Kernenergie zu nehmen. Akut wurde es regelmäßig nach schweren Störfällen, Unfällen oder tragischen Katastrophen in kerntechnischen Anlagen im Ausland. Dann zeigte sich, wie gering die Vertrauensbasis in der deutschen Bevölkerung gegenüber der Kernenergie ist. Diese Industrie muss einräumen, dass das Wichtigste fehlt, was es braucht, um langfristig erfolgreich zu sein: Akzeptanz. Für die Kernenergie gibt es die notwendige, gesellschaftliche Akzeptanz nicht. Im Gegenteil, es gibt eine breite Akzeptanz für den Ausstieg.

Wir trauen uns, als einziges Industrieland der Welt aus der Kernenergie auszusteigen. Und wir fühlen uns gut dabei, so ist die Botschaft, die wir Deutsche aussenden. Aber nicht nur wegen des Ausstiegs aus der Kernenergie ist die deutsche Energiewende ein viel beachtetes Projekt im Ausland. Dort sehen es die Unterstützer als Vision für eine moderne Industriegesellschaft; die Gegner bezeichnen es hingegen als Experiment mit offenem Ausgang.

Die Energiewende verwundert die daran interessierten Ausländer. Sie fragen sich, ob die Energiewende wieder so etwas ist, was nur in Deutschland funktionieren kann, dort aber hervorragend.

Andere Beispiele sind die duale Ausbildung junger Menschen, die betriebliche Mitbestimmung, der besonders erfolgreiche Mittelstand und die für Ausländer nicht immer klare Machtverteilung zwischen Bund, Ländern und Gemeinden.

Besonders unsere europäischen Nachbarn beobachten die Energiewende sorgfältig und sagen: Klappt die Energiewende, dann wissen wir, was wir kopieren können. Klappt sie nicht, so trifft es ein reiches Land, das es sich leisten kann. Bedauern würde uns niemand, wenn wir scheitern. Wir Deutschen werden nicht geliebt, bestenfalls bewundert. So geht Deutschland alleine auf die Reise in ein neues Zeitalter der Energieversorgung, welches wir als Energiewende bezeichnen.

Wir Deutschen gehen nicht ohne Selbstbewusstsein in diese Zeit und wir gehen mit Sendungsbewusstsein voran. Auch im Ausland wird wahrgenommen, dass die Deutschen ein bisschen der romantische Weltverbesserer sind.

Bei der Energiewende schimmert dieser Weltverbesserer durch. Wir wissen, was in der Klima- und Energiepolitik richtig ist, so die Botschaft. Die Art der Kehrtwende nach der Fukushima Katastrophe legt dafür beispielhaft Zeugnis ab. Die deutsche Politik braucht keine intensiven, politischen Konsultationen mit unseren europäischen Partnern über die Bewertung der Ereignisse in Japan. Es kommt zu keiner Abstimmung über das Vorgehen beim Kernenergieausstieg, der nicht nur Konsequenzen für Deutschland hat. Wir erteilen regelmäßig einer europäischen Koordination zum Ausbau der erneuerbaren Energien eine Absage, obwohl der ungezügelte Ausbau der regenerativen Stromerzeugung nicht nur für den deutschen Strommarkt erhebliche Verwerfungen nach sich zieht. Wir sollten uns nicht wundern, wenn sich die europäischen Partner zurück lehnen und sagen: Dann macht mal.

Der Erfolg des deutschen Sonderweges ist keineswegs gesichert. Wir können scheitern oder wenigstens feststellen, dass der Kurs korrigiert werden muss. Es wäre nicht das erste Mal. Wir erinnern uns, wie stolz wir noch in den 90er Jahren auf den deutschen Sozialstaat waren. Die Rente war angeblich immer noch sicher. Das Ausland sah uns bereits als kranken Mann in Europa, bevor endlich politisch gehandelt wurde. Es war ein sozialdemokratischer Kanzler, der vor mehr als 10 Jahren unter der Überschrift Agenda 2010 tiefgreifende Reformen anpackte und damit Deutschland seine globale Wettbewerbsfähigkeit wieder gab. Die meisten Ökonomen sind sich über den durchschlagenden Erfolg der Reformen einig, auch weil der damalige Sozialstaat so einfach nicht mehr finanzierbar war.

Dieser Vergleich sollte uns eine Mahnung sein. Wir müssen uns den Problemen der Energiewende frühzeitig und entschlossen stellen. Sonst stehen wir in 10 Jahren vor einer Energie-Agenda 2030. Um dies zu verhindern, muss die Energiewende jetzt erwachsen werden und es dürfen uns keine gravierenden Fehler unterlaufen. Zuviel steht für das Industrieland Deutschland und für unseren Wohlstand auf dem Spiel.

Die Frage lautet also: Wie wird die Energiewende zu einem Erfolg? Wegen der Bedeutung für die Gesellschaft braucht es eine überzeugende Strategie, mit der eine Antwort auf diese Frage geliefert werden kann. Diese Strategie setzt sich aus einer Standortbestimmung, einer langfristigen Zieldefinition und einer Wegbeschreibung zusammen, die uns vom Status quo zu unserem Zielzustand führt.

Für die Politik gestaltet sich die Entwicklung einer Strategie schwierig. Bereits bei der Standortbestimmung fängt der politische Ärger an. Es sind die alten Konflikte, die auch nach dem beschlossenen Kernenergieausstieg nicht befriedet sind. Die Kritiker der Energiewende kommen überwiegend aus dem Lager der etablierten Unternehmen und Verbände. Grundsätzlich wird die Energiewende unterstützt, das „aber“ lässt gleichwohl nicht lange auf sich warten: Die Preise steigen ins Unermessliche, der Klimaschutz wäre doch viel günstiger zu haben und die Versorgungssicherheit würde auch zunehmend gefährdet, so die kurze, zusammengefasste Version der Argumente.

Die Unterstützer der Energiewende sind da nicht minder zimperlich. Die Preise sind nicht hoch und die letzten Strompreiserhöhungen sind überwiegend durch einen sozial unausgewogenen Verteilungsschlüssel verursacht. Dieser gibt zu vielen Unternehmen die Chance, sich aus der Finanzierung der Energiewende davon zu stehlen; dies sollte schnellstmöglich korrigiert werden. Zudem muss uns der Klimaschutz schon etwas Wert sein und die angebliche Gefährdung der Versorgungssicherheit ist nur Panikmache, so deren wichtigste Argumente.

Die Konflikte der beiden Lager gehen noch weiter. Nach der Kernenergie sollten wir jetzt noch aus der Kohle aussteigen und den Ausbau der Stromnetze braucht es gar nicht, sagen die besonders Progressiven. Die Abschaltung selbst modernster, konventioneller Kraftwerke steht durch den zu schnellen Ausbau der Regenerativen bevor und wenn der Netzausbau nicht rechtzeitig kommt, dann kann es schon bald zu Versorgungsunterbrechungen kommen, sagen die Defensiven.

Wo stehen wir also tatsächlich mit der Energiewende im Jahr 2013? Wie so häufig gibt es Licht und Schatten. Die vorgelegte Standortbestimmung zeigt dies deutlich. Im Jahre 3 nach Fukushima ist jedenfalls eine Kurskorrektur erforderlich. Neben dem Umweltschutz muss es in den nächsten Jahren wieder verstärkt um die Stabilisierung der Strompreise und das Thema Versorgungssicherheit gehen, sonst droht die Energiewende zu entgleisen. Wer eine Entgleisung verhindern will, muss politisch handeln.

Über den grundsätzlichen Handlungsbedarf ist sich die Politik über Parteigrenzen hinweg einig. Gleichwohl streiten die Lager bei der konkreten Umsetzung. Der vorgeschlagene Aktionsplan schlägt konkrete Schritte vor. Er liefert Ideen für den Inhalt einer notwendigen, schnellen Kurskorrektur. Diese Ideen sind nicht neu, sie werden von Wissenschaftlern und Spitzenökonomen zum Teil schon seit Jahren vorgetragen und werden in diesem Buch auch nicht zum ersten Mal veröffentlicht. Neu ist im Zweifel die Auswahl und konsistente Zusammenstellung der Ideen. Sie erfüllen zudem die Voraussetzung, schnell umsetzbar zu sein, wenn es den politischen Willen dazu gibt.

Die Energiewende ist in Deutschland heute eine positiv besetzte Marke. Eine breite Mehrheit in der Gesellschaft identifiziert sich mit der Energiewende. Raus aus der Kernenergie und gleichzeitig etwas für das Klima zu tun, so würden die meisten Bundesbürger die Ziele der Energiewende beschreiben. Die Politik musste hingegen schon konkreter werden, als es um die langfristigen Ziele der Energiewende ging. Diese sind nunmehr definiert und mit der Jahreszahl 2050 verbunden.

Es ist eine lange Wegstrecke zu gehen und eine Menge zu bewegen, um die Ziele bis 2050 zu erreichen, denn die Energiewende ist im Jahre 2013 kein sich selbsttragender Prozess. Die meisten Geschäftsmodelle, die der Energiewende helfen, funktionieren nicht ohne irgendeine Art der staatlichen Unterstützung und Regulierung. Würde die Politik die Entwicklung der Energiewende allein Markt und Wettbewerb überlassen, käme sie zum Stillstand. Es braucht also nicht nachlassende politische Schubkraft, damit die Bundesbürger im Jahr 2050 auf den erfolgreichen Abschluss der Energiewende und auf 70 Jahre Transformation des Energiesystems zurück schauen können.

Jeder Unterstützer der Energiewende und jeder Politiker kann leicht überschlagen, ob er das Jahr 2050 überhaupt erleben wird. Daher sind derart langfristige Ziele politisch leicht zu formulieren. Der derzeitige politische Handlungsdruck in der Klima- und Energiepolitik entsteht jedenfalls nicht, weil die Politik ihre Zielerreichung für 2050 gefährdet sieht. Die Politik, gerade auf Bundesebene und über Parteigrenzen hinweg, hat vielmehr verstanden, dass ihr die Energiewende zu entgleiten droht. Setzt sich diese negative Entwicklung fort, dann wird dies die Popularität der Energiewende beschädigen und sie irgendwann insgesamt infrage stellen. Dies kann niemand wollen und das wäre nicht gut fürs Land. Es steht zu viel auf dem Spiel, also packen wir es an.